普通高等教育"十一五"国家级规划教材

特种印刷

（第二版）

黄颖为　等编著

智文广　主　审

U0338000

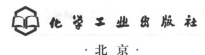化学工业出版社

·北京·

《特种印刷》（第二版）对目前常用，尤其是在包装中应用的各种特殊印刷方式，如凹版印刷、柔性版印刷、丝网印刷、无水胶印、特种机理印刷、特种油墨印刷、特种光泽印刷、特种承印材料印刷等，从原理、工艺、印刷机、油墨性能、承印材料、印刷过程中的质量控制、印刷品故障缺陷的分析和解决办法等方面进行了介绍。为了增强学生对实际工作的适应能力以及本书对生产管理过程的指导作用，在第九章编写了应用举例。

本书除供作为高等院校包装工程专业、印刷工程专业及其相关专业的本、专科教学用书外，也可作为有关技术人员的参考资料。

图书在版编目（CIP）数据

特种印刷/黄颖为等编著 . —2 版 . —北京：化学工业
出版社，2017.2（2021.11 重印）
普通高等教育"十一五"国家级规划教材
ISBN 978-7-122-28813-4

Ⅰ.①特…　Ⅱ.①黄…　Ⅲ.①特种印刷-高等学校-
教材　Ⅳ.①TS85

中国版本图书馆 CIP 数据核字（2017）第 002004 号

责任编辑：李玉晖　杨　菁　　　　　　　　　　装帧设计：韩　飞
责任校对：宋　玮

出版发行：化学工业出版社（北京市东城区青年湖南街 13 号　邮政编码 100011）
印　　装：涿州市般润文化传播有限公司
787mm×1092mm　1/16　印张 15¼　字数 369 千字　　2021 年 11 月北京第 2 版第 2 次印刷

购书咨询：010-64518888　　　　　　　　售后服务：010-64518899
网　　址：http://www.cip.com.cn
凡购买本书，如有缺损质量问题，本社销售中心负责调换。

定　　价：60.00 元　　　　　　　　　　　　　　　版权所有　违者必究

前　言

　　《特种印刷》是普通高等教育"十一五"国家级规划教材。《特种印刷》（第二版）在第一版的基础上，对目前常用的各种特殊印刷方式的原理、工艺、印刷机、油墨性能、承印材料等方面进行了介绍，增加了印刷过程中的质量控制和印刷品故障缺陷的分析和解决办法，使得本书具有更强的工程性特色。本书介绍了凹版印刷、柔性版印刷、丝网印刷、无水胶印、特种机理印刷、特种油墨印刷、特种光泽印刷、特种承印材料印刷等，同时为了增强学生对实际工作的适应能力和对生产管理过程发挥指导作用，在本书的第九章编写了应用举例。

　　本书内容具有综合性、应用性和新颖性的特点，内容系统，论述简要，注重培养学生分析问题和解决问题的能力。本书除供作为高等院校包装工程专业、印刷工程专业及其相关专业的本、专科教学用书外，也可作为有关技术人员的参考资料。

　　本书的第二章、第四章、第六章、第九章和第五章的第六～八节由黄颖为编写，第三章、第七章和第五章的第四、第五节由谢利编写，第一章、第八章和第五章的第一～三节由杨斌编写。全书由黄颖为负责统稿、修改和定稿工作，本书在编写的过程中研究生王咚、司芳芳、蔡静、贺和平等同学也做了有关工作，在此表示衷心的感谢。在编写的过程中智文广教授给出了许多有益的建议，在此表示深深的谢意。

　　本教材编写过程中，参阅了许多文献资料和书籍的内容，未能一一列举，在此谨向所有作者表示感谢。

　　由于水平有限，书中难免有错误和不妥之处，恳请读者批评指正。

编著者

2017 年 1 月

第一版前言

特种印刷是指采用不同于一般制版、印刷、印后加工方法和材料生产供特殊用途的印刷方式之总称。根据其定义来看，特种印刷包括的范围相当广泛，特种印刷与一般印刷的主要区别不是以版式为依据，而是从制版、印刷、印后加工方法和材料生产及用途等五个方面来进行衡量。凡是在这五个方面中有一方面与一般印刷不同者都属于特种印刷的范围。特种印刷目前没有一个统一的分类方法，有按印刷工艺原理分类的，有按承印材料分类的，也有按用途分类的。特种印刷不但有其特殊性，而且与普通常规印刷有许多相关关系，有些工艺原本就是相同或相似的；有些工艺发生了巨大的变化，甚至改变了印刷的原本传统的基本含义，使整个工艺过程变得非常特殊，可以说与普通印刷毫不相干，属于特殊中的特殊。本书把与普通常规印刷关系比较密切的凹版印刷、柔性版印刷、丝网印刷、无水胶印等按印刷原理、印版制作、印刷机、印刷油墨、承印材料的思路分章节给予较详细的介绍；把一些更为特殊的印刷方式如喷墨印刷、静电印刷、全息立体印刷、凹凸压印、数字印刷等放在单独一章第五章中介绍；把主要由于油墨成分发生变化而产生特殊效果的几种特种印刷归结为特种油墨印刷，而把能产生特殊光泽效果的几种特种印刷归结为特种光泽印刷；把一些曲面、金属、玻璃、陶瓷等归结为特种承印材料印刷作较为详细的介绍。这样比较便于教学过程的组织和安排，也便于课程的衔接。

特种印刷作为印刷的一个分支，包含的范围很大，目前已知的种类已达数十种，本书不可能对每一种都给予介绍。事实上只要掌握好基本的印刷方法便可以融会贯通，因此，本书仅着重介绍一些最为重要的特种印刷工艺，以及围绕这些工艺所必须掌握的一些相关知识。本书共分九章，第一～五章分别介绍凹版印刷、柔版印刷、丝网印刷、无水胶印、喷墨印刷、静电印刷、立体印刷、全息立体印刷、盲文印刷、转移印刷、凹凸压印、数字印刷的原理及工艺过程。第六章主要介绍发泡油墨印刷、液晶印刷、磁性印刷。第七章主要介绍珠光印刷、金属光泽印刷、折光印刷、仿金属蚀刻印刷、温致变色印刷、光致变色印刷。第八章主要介绍金属印刷、软管印刷、玻璃印刷、陶瓷印刷。同时为了增强学生对实际工作的适应能力，在本书的最后一章第九章编写了应用举例。本书的第一～五章、第七章由黄颖为撰写，第六、八、九章由杨斌撰写，全书由黄颖为负责统稿、修改和定稿工作。在编写的过程中智文广教授给出了许多有益的建议，在此表示深深的谢意。

本书除供作为高等院校包装工程专业、印刷工程专业及其相关专业的本、专科教学用书外，也可作为有关技术人员的参考资料。

由于水平有限，书中难免有不妥之处，恳请读者批评指正。

编者
2006 年

目　　录

第一章 凹版印刷

凹版印刷是用凹版施印的一种印刷方式，是印刷工艺的重要组成部分，在包装印刷中占据重要的地位。

第一节 概　述

一、凹版印刷的定义

凹版印刷因其版面特征而得名，属于直接印刷。在凹印印版上，图文部分低于空白部分，而且空白部分处于同一半径面。在印刷时，先在版面的所有部分着墨，然后使用刮刀沿空白部分表面将油墨刮掉，再通过压力的作用，将下凹的网穴内的油墨直接转移到承印物的表面。

二、凹版印刷工艺的发展

从凹印工艺本身来讲，随着工艺技术的变化，凹版的制作经历了手工制作法、化学腐蚀法、照相凹版法、电子雕刻法等工艺过程。手工制作法用刻刀在铜板或钢板上直接刻制。由于手工制作法有很好的防伪效果，常用于有价证券的凹版印刷中。化学腐蚀法是先在铜层表面涂一层耐酸性的防腐蚀蜡层，然后用手工或机械法雕刻出图像后，再通过化学腐蚀制成的凹版。照相凹版法采用照相制作胶片，把连续调底片的图像曝光到已敏化处理且晒有网格的碳素纸上，然后过版到铜滚筒表面，或把图像曝光到涂有感光胶的铜滚筒表面，经显影、腐蚀制成凹版，极大地提高了制版的质量和速度。照相凹版法是依靠网穴的深度的变化反映浓淡深浅的层次。电子雕刻凹版按光电原理，由电子控制雕刻刀在滚筒表面机械雕刻而成凹版，依靠网穴的表面积和深度同时变化来反映浓淡深浅的层次，使得用凹印工艺复制、以层次为主的高档活件变成了可能。特别是计算机技术在凹印领域被广泛采用以后，凹印制版及其印刷技术更是如虎添翼。从凹印制版来讲，率先实现了无软片技术，成功运用了数码打样技术。如今数码打样技术已经被凹印领域所广泛接受，并在生产中发挥着不可或缺的作用。

三、凹版印刷的特点

（1）墨层厚、色彩鲜艳　由于凹印版的载墨部分是下凹的，因而可以承载较大量的油墨，若与凹印机上的静电吸墨装置配合使用，则更可获得殷实的墨层、鲜艳的色彩及丰富的层次。

（2）耐印力高，相对成本低　由于凹印版的整个版面镀有金属铬，所以即使在印刷时有刮刀与版面不停地接触，仍然保持了较高的耐印力，一般可达几百万印，对大印量的活件来讲，相对成本较低。

（3）适合连续绵延图案的印刷　胶印是将制好的印版包在印版滚筒上的，因此，在版辊表面始终存在一条区域用于固定印版。而凹印版的制版是直接制作在滚筒筒体上，所以只要滚筒上的图像做到无缝拼接，就能在承印物上得到连续绵延的图案。

（4）适用范围广　凹版印刷既可在传统的纸张上进行印刷，又可在薄膜、铝箔、转印纸等其他材料上印刷。

（5）适合较长期投资　由于凹版制作的工艺技术比较复杂，工序相对较多，整条生产线的投资比较大，因此，它适合作为较长期的投资；另外，由于技术含量较高，投资较大，不易引起盲目的发展而引发恶性竞争。

四、凹版印刷的应用领域

（1）塑料包装印刷　适用于粮食、食品、服装、药品、日用品等产品的各种塑料薄膜的软包装印刷。

（2）纸质包装印刷　纸包装凹印主要应用于香烟包装的印刷，装饰用木纹纸、墙壁纸印刷，转移印刷用的转印纸印刷以及厚卡纸的纸容器、包装盒的印刷等。

（3）出版印刷　适合用凹版印刷的出版物应该是能够充分发挥凹印优势的那些出版物。例如，大批量的（印量以数十万或百万计的）；欲在较薄纸张上达到色彩鲜艳、层次效果丰富的出版物书刊、杂志等。如免费赠送的商业广告，每册可能有几千页，几乎是各类商品的广告大全。上面各类商品的彩色照片配上文字说明、价格、购买方式等，使读者能轻而易举地买到自己喜欢的商品。

（4）特殊印刷　适用于一些特殊行业的印刷，如钞票、有价证券、邮票等。

第二节　凹版的制作

凹版分为照相凹版和雕刻凹版。

一、照相凹版（影写版）的制作

照相凹版的制作分间接制版和直接制版两种工艺。

间接制版工艺是用连续调阳图底片和凹印网屏，经过晒版、碳素纸转移、腐蚀等过程制成凹印滚筒。印版从亮调到暗调的网穴面积相同，但深浅不同。如图 1-1 所示。

直接制版工艺是不经过碳素纸转移，直接在铜滚筒表面涂布感光胶，经晒版、腐蚀等过程制成凹印滚筒。印版从亮调到暗调的网穴面积不同，但深浅相同。如图 1-2 所示。

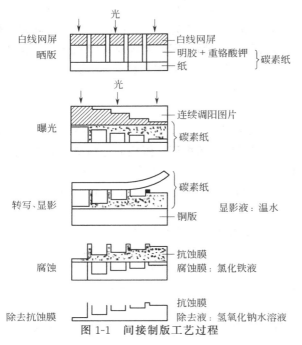

图 1-1　间接制版工艺过程

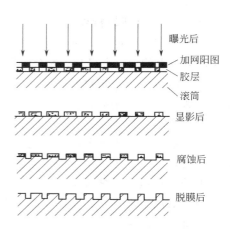

图 1-2　直接制版工艺过程

（一）间接制版工艺

间接制版工艺流程如图1-3所示。

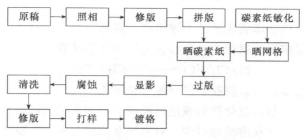

图1-3　照相凹版间接制版工艺流程

（1）照相　对任何性质的原稿，如画稿、彩色照片、黑白照片等，都必须用照相方法先翻拍成与原稿反向的连续调阳图片。原稿若是彩色图像，应先依次拍成黄、品红、青、黑四张分色阳图片，经修正后再翻晒成四色阳图。文字稿采用照相排字方法拍摄成所需规格的版式。

（2）拼版　经照相制成的阳图片或文字，若需要合并进行印刷，应按版面要求和技术参数拼成印刷版面。

（3）碳素纸敏化　碳素纸由纸基、白明胶和碳素组成。它本身无感光性能，只有经过敏化处理，使其明胶层吸收重铬酸钾（$K_2Cr_2O_7$），才具有感光性能。敏化处理一般在晒碳素纸之前24h进行为好。敏化液由重铬酸钾和水组成。在室温为22℃左右、空气相对湿度为65％的环境条件下，将碳素纸放入浓度为2.5％～5％的重铬酸钾溶液（温度约为15～18℃）内，浸泡3～4min，取出晒干，装入密闭铁筒内，避光防潮待用。

（4）碳素纸晒网线　照相凹版晒网线用的网屏有两种网目形状，一种是方块状网目，另一种是不规则状网目。它的特点是在曝光时，小黑方块不透光，只有白线条是透光的，通过曝光使碳素纸胶层有网目潜影，经过腐蚀后形成深浅不一的网目墙。为什么要晒网墙？这是因为在印刷时，凹版着墨部分面积较大，用刮刀刮墨时，刮刀不仅刮掉了空白部分的油墨，同时也要刮走一部分图文部分的油墨，影响图文质量，为了防止这种状况发生，在不影响图像层次转移的情况下，晒制网墙，使其在印刷时作为刮墨刀的支撑体，保证图文部分的油墨不受刮墨刀的侵袭，从而保证印品的质量。

（5）晒制碳素纸　将拼好的阳图片安置在晒版机的框架内，覆盖在碳素纸感光面上，并抽真空使之紧密结合，然后用紫外光源进行晒版。

（6）碳素纸过版　将阳图片在碳素纸上晒得的图案移到印版滚筒表面上的过程，称为碳素纸过版。过版方法有干式转移和湿式转移两种。

① 干式转移法　首先用碳酸镁、盐酸清洗滚筒；然后将碳素纸涂有胶层的表面对着印版滚筒表面，在碳素纸与版面之间用24℃的蒸馏水喷洒，当滚筒以一定的速度转动时，在上面的橡胶辊的压力作用下，碳素纸紧贴在印版滚筒表面上。这一工作是在专用过版机上进行。

② 湿式转移法　是将晒制好的碳素纸放入水槽内浸润，然后贴在印版滚筒表面上，由于水的作用，碳素纸的胶膜要发生膨胀，其结果会使图像变形而影响质量。现一般不采用此法。

（7）显影　将贴着碳素纸的滚筒，置于32～45℃的热水槽中，轻轻旋转，进行显影处理，使胶膜大量吸收水分，未感光的胶膜全被溶解，只留下硬化的感光胶层。显影一般约为15min，滚筒表面形成了厚薄不同的抗蚀膜。显影完毕后，降低滚筒温度，然后喷洒酒精，用热风使其干燥。

（8）涂防蚀剂　在印版滚筒不需要腐蚀的部分，用耐腐蚀的沥青漆涂抹好，以保护起来而不被腐蚀。

（9）腐蚀　腐蚀是保证印版质量的关键工序，俗称烂版。其过程是让氯化铁溶液透过硬化的抗蚀胶膜使铜外层溶解。腐蚀中，铜和氯化铁的化学反应为：

$$2FeCl_3 + Cu \rightleftharpoons 2FeCl_2 + CuCl_2$$

腐蚀过程可分为三步进行：胶膜膨胀→氯化铁渗透→化学腐蚀。腐蚀开始时，胶膜在氯化铁溶液的影响下膨胀，然后氯化铁溶液透过胶膜层而深入印版铜表面，与铜层发生化学反应。胶膜层厚，透过的氯化铁溶液相对少，对铜层腐蚀深度浅；胶膜层薄，透过的氯化铁溶液相对多，对铜层腐蚀深度深，从而形成与胶膜厚度相对应的深浅不等的凹坑，表现出图像连续调的层次。除此之外，氯化铁溶液的浓度、腐蚀液的温度和胶膜层的温度等，都会影响腐蚀的速度，在腐蚀中应严格控制。因此腐蚀过程中，被腐蚀滚筒放置在腐蚀机的架子上，一边缓缓转动，一边向滚筒上的胶膜浇泼腐蚀液，直至达到要求为止。

（10）清理　腐蚀完成后，立即用清水清洗滚筒，再用汽油或苯拭去滚筒表面的防腐漆，然后用3%～4%的稀盐酸溶液冲洗干净。涂抹碳酸镁，检查印版有无疵痕，若有可用刀补刻修正，检查合格后，再用水冲洗干净，晾干后用毛毡保护版面。

（11）打样　在打样车间用新制印版滚筒进行试印。将试印样张与原稿对照检查，看有无差错。经打样检查合格的印版滚筒方可上机印刷。

（12）镀铬　为了进一步提高凹版滚筒的耐印力，经打样合格后的滚筒表面，要进行镀铬以增强版面硬度。

照相凹版制版法，是一种传统制版方法，工艺成熟，印品层次丰富，美术效果好。但是制作印版滚筒的周期长，生产速度慢，印版的腐蚀结果难以掌握和预测，操作工人技术等级要求高等，影响这一制版方法的推广。

（二）直接制版工艺

直接制版工艺过程如图1-2所示，曝光时，空白部分的胶膜见光被硬化，图像部分的胶膜未受光，所以未硬化。显影时未硬化部分的胶膜被水冲走露出铜面，硬化部分胶层不溶于温水，以微微凸起的浮雕形式存留于滚筒表面。在腐蚀过程中，这些硬化了的胶膜保护滚筒表面不被腐蚀，而露铜部分的表面铜逐渐失去两个电子变成二价铜离子不断进入电解液，从而形成了大小不同的腐蚀凹坑，这种腐蚀俗称网格。其深度相同，而表面积不同。其制版工艺流程如图1-4所示。

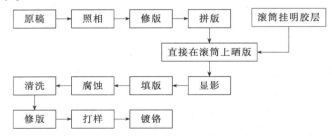

图1-4　照相网点凹版制版工艺流程

（1）照相　照相过程与间接法制版的照相过程相同。无论是天然色正片原稿，还是反射原稿，都必须先将原稿翻成阴图，再将阴图接触加网翻制成阳图。

（2）脱脂去污处理　其目的为了清洁印版滚筒的表面，以除去滚筒上的油污及氧化膜。除油采用混合溶剂（50％二甲苯＋50％醋酸乙酯）或碳酸钙粉末糊。除氧化膜采用混合酸（2％盐酸＋4％氯化钠＋5％乙酸）或砂膏。

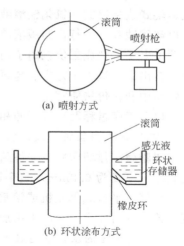

图 1-5　直接法的感光液涂布方式

（3）感光液涂布　将感光液涂布于滚筒表面，有喷射方式和环状涂布两种方式，如图 1-5 所示。前者使用喷射枪向转动的滚筒喷射感光液，它根据滚筒的周长调节喷射量来控制感光液的胶膜厚度。后者在镶上橡皮环的存储器里装满感光液，将存储器从滚筒上端垂直地缓慢滑向滚筒下端进行涂布，它必须根据滚筒直径的大小改变环状存储器的滑移速度来控制胶膜的厚度。常用的感光液有三种：聚乙烯硅酸酯感光液、光致抗蚀剂组成的感光液和常用的以聚乙烯醇为主体的重铬酸盐感光剂。

（4）晒版　晒版的方式大致可分成三种，如图 1-6 所示。

第 1 种叫普西尔方式［图 1-6(a)］：将加网阳图包裹在滚筒上，用两根辊子压住加网阳图。

第 2 种叫梅特恩海默方式［图 1-6(b)］：拉紧加网阳图两端，将它紧密附着于滚筒上。

第 3 种叫阿契格拉夫方式［图 1-6(c)］：用透明的张力膜使加网阳图紧密附着在滚筒上。

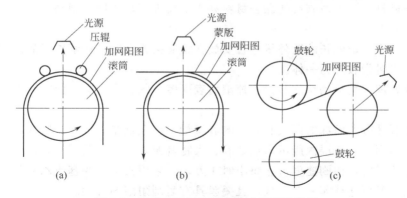

图 1-6　照相直接制版晒版方式原理示意图

晒版光源可采用氙弧灯、高压水银灯。

晒版是把加网阳图包裹在滚筒上，一面转动滚筒，一面用贯穿整个滚筒长度的细长光窗狭缝中透出的光亮对滚筒进行曝光。曝光过程中始终用蘸有挥发性溶剂的麂皮揩加网阳图，以消除沉积在阳图和滚筒之间的灰尘。曝光后，加网阳图的透光部分硬化，没有见光部分未硬化。曝光光源是 6kW 水冷氙灯，曝光速度由工作性质决定，用柯达连续调有级（14 级）灰梯尺检测，以曝光后第 6 级出影为准。为了使加网阳图与滚筒表面紧密贴合，要拉紧聚酯薄膜。

（5）显影及清洗　根据感光液的性能不同，可采用有机混合物或水作为显影液，显影方法采用浸渍法、冲洗法均可。

（6）涂防腐剂　涂防腐剂又叫填版。在腐蚀之前，把滚筒表面图像和文字以外不需要腐蚀的地方用沥青覆盖起来。填版时要十分细心，万一沥青滴入图像可用脱脂棉蘸一点煤油轻轻揩去，切不可用二甲苯擦。

（7）电解腐蚀　凹版滚筒腐蚀可用氯化铁溶液或电解溶液腐蚀，腐蚀方式一般采用喷射式、辊式或浸渍式。氯化铁溶液腐蚀的原理和过程同照相凹版间接法制版。电解溶液腐蚀是在电解腐蚀液中进行，凹版滚筒作阳极，不锈钢板作阴极，接通电流即可进行腐蚀。阳极失去两个电子，变成二价铜离子而进入电解液，二价铜离子在阴极上得到两个电子，在不锈钢板上析出铜。这种工艺方法与氯化铁腐蚀法相比较，简单稳定，易控制。电解溶液耗尽后排放物易中和，价格便宜。

以后工序过程及要求同照相凹版间接法制版，不再重复。

（三）凹印树脂版制版工艺

树脂版制作凹印版是一种新型凹印版材。凹印树脂版以0.3mm厚的薄钢板为板基，感光胶涂层厚度为0.2mm，整个凹版厚度为0.5mm，质量与胶印版相同。同普通树脂版一样，可使用平台式曝光机或滚筒式曝光机曝光。但凹印树脂版首先要预曝光以增加表面强度，控制网目深度，然后再用加网的正阳图软片晒版，根据印版种类，洗版液可采用乙醇基溶液或一定pH的水，最后烘干。制一块版时间约30min。

凹印树脂版的上版技术，尤其是包覆在滚筒上的树脂版接缝的处理工艺，是制版的关键技术，它需用紫外线固化黏合材料黏合接缝处。

（1）上版　首先用液压或气动装置将树脂版两端各安装一块夹板，一端夹板固定在滚筒体凹槽内，经转动包覆后，另一端夹板也安装在滚筒体相应的凹槽内，夹板间隙约0.7mm。

（2）滴注黏合材料　滴注前在接缝处贴上两条保护纸，然后用喷枪向空隙内注入糊状紫外线固化黏合材料，空隙填满后使黏合材料高于滚筒表面，并用弧型刮刀刮平，使黏合材料均匀地高出滚筒表面。

（3）固化　将一定波长的紫外线灯管安放在滚筒接缝上方。在紫外线的作用下，黏合材料固化变硬，将树脂版连为一体。

（4）接缝处理　用自动切削装置去掉滚筒表面多余的黏合材料，使接缝处同相邻圆弧面光滑连接。

凹印树脂版具有大而深的网穴和较大的着墨量，可在纸张、纸板、胶片、金属、陶瓷和塑料等材料上印刷。彩色层次版可印刷证券、人物肖像等高档精美产品，印版成本约为同样尺寸胶印印版的三倍，印刷速度可达每小时1万印。采用乙苯二炔基或乙醇基油墨，不需加速干燥，印版一般可连续印刷5万次，且墨膜具有耐刮耐溶剂特性。

二、电子雕刻凹版制版

电子雕刻凹版，是一种现代化的制版方法，它集现代的机、光、电、电子计算机为一体，可迅速、准确、高质量地制作出所需要的凹版。最基本工作原理是：光电扫描——数据处理——电子雕刻，如图1-7所示。

按其雕刻刀具的不同可分为：电子机械雕刻法、激光雕刻法和电子束雕刻法。

（一）电子机械雕刻法

电子机械雕刻法是发展较快的一种高速全自动凹版网孔形成的方法。它改变了以往腐蚀形成的凹孔，而是由钻石雕刻刀直接对凹版铜面进行雕刻而成。其工艺是先将原稿电分为网点片或连续调片，通过扫描头上的物镜对网点片或连续调图像进行扫描，其网点大小或深浅程度是由扫描

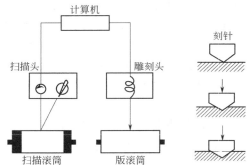

图1-7　电子雕刻机工作原理示意图

密度的光信号大小转换成电信号大小后输入电子计算机，经过一系列的计算机处理后，传递变化的电流和数字信号控制和驱动电雕钻石刻刀，在镜面铜滚筒表面上雕刻形成大小和深浅都不同的凹版网孔，其形成原理如图1-7所示。

现以K304电子雕刻机的工作过程为例，来说明机械电子雕刻的工艺过程。其工艺流程如图1-8所示。

图1-8 电子雕刻凹版工艺流程

（1）软片制作 根据电子雕刻机转换头的不同（分为O/C转换头与O/T转换头两种），可分别采用连续调和扫描网点软片。若采用O/C转换头，软片应采用伸缩性小的白色不透明聚酯感光片拍摄而成的连续调软片；若采用O/T转换头，软片应采用扫描加网软片。软片可用阳图，也可用阴图，主要根据加工件复杂程度和要求而定。

（2）滚筒安装 凹印机滚筒可分为有轴滚筒和无轴滚筒两种，无轴滚筒安装时须用两顶尖顶住凹版滚筒两端锥孔，有轴滚筒必须在两端轴套上安装后用联轴器与电雕机连接，滚筒安装好后，应用1∶500的汽油机油混合液将滚筒表面的灰尘、油污、氧化物清除干净，使滚筒表面洁净无污。

（3）软片粘贴 粘贴前，用干净的纱布加适量无水酒精将软片与扫描滚筒表面揩干净。粘贴前，软片中线应与扫描移动方向垂直，并与扫描滚筒表面完全紧密贴合，否则因扫描焦距不准，成像发虚，影响雕刻的阶调层次和清晰度。

（4）程序编制 程序编制是指给电子计算机为控制电雕机工作而输入的相应数据和工作指令，程序编制必须熟悉产品规格尺寸、客户要求、版面排版，并根据图案内容、规格尺寸选用网线、网角、层次曲线。版面开数尺寸较大的层次图案，宜用较粗线数如60线/cm，并按黄、品红、青、黑使用相应的网角和层次曲线。若复制规格尺寸较小、层次又丰富的图案，宜用较细线数如70线/cm，才能反映细微层次。而文字线条图案则宜采用较硬的层次曲线。

（5）试刻 试刻是通过调节控制箱电流值的大小，得到合适的暗调（全色调）、高光（5%）网点和通沟大小。电子雕刻的网点可分为四种形状，以3号、0号、2号、4号来表示，称为网角形状，见图1-9。使用不同角度的雕刻刀，可以得到不同深度的网点，雕刻刀的角度越小，网点深度越深。一般来说，表面粗糙吸墨量大的、雕刻线数高的、转移性能差的油墨，需要选用小角度的雕刻刀，以得到相对大的墨量来适应这些情况。不同的网点形状是通过改变电雕刻时转速进给速度和雕刻频率而获得的，如较高速度将点形拉长呈"◇"形，较低速度时点形压扁呈"◇"形。试刻是一项十分重要的工作，直接关系到印刷品的阶调层次。因此，试刻时应根据不同的网屏线数、网点形状、承印材料，选用相应的暗调、高光网点，可用网点测试仪测定网点的对角线和通沟尺寸来确定。

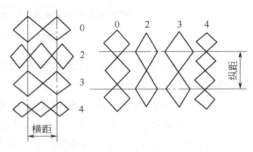

图1-9 网角形状示意图

（6）扫描校准　扫描时，以扫描滚筒的白色表面作为基面，使软片上呈黑色密度的图文与白色基面有明显的反差，为了保证凹印时第一色调的印刷，扫描头设定应有恰当的密度差，它可通过将光学头移至 5％加网密度区域，这个密度的数字输入值校准在 768，第一个着墨孔的对角线（试刻高光网点）是在这个值，余下的数字输入（768～1023），使白基面与软片空白部分间形成足够的差异，这就保证了雕刻粘贴以及底色部分所形成的边缘，都不会对雕刻或印刷过程产生影响。

（7）雕刻　上述工作完毕后，电雕机则正式进入雕刻。扫描头对软片进行扫描时，与扫描同步的雕刻头根据扫描信号进行雕刻。雕刻头的动作由石英振荡器驱动，雕刻头的最高雕刻速度可达 4000 粒/s 网点。

电雕凹版网穴的大小和深浅是变化的，印刷颜色及层次既靠网穴大小，又靠网穴深浅来体现。因此，高质量光滑的网穴是提高印版质量的关键。对网穴的质量要求如下：

① 网穴上下、左右对称；边缘清晰光洁；网墙整齐光滑；通沟清晰；网穴的宽度和深度适宜；网穴的几何形状保持一致，高光点形好，数值准确。

② 网穴内壁光滑，无毛刺。如果网穴的侧壁上有毛刺，就会减少储墨量，而且在印刷过程中还会磨损和破坏刮刀，产生刀丝。

为保证电子雕刻凹版的质量，行业标准中规定了雕刻网穴的大小及深浅。但网穴的大小及深浅受机型（不同公司的产品雕刻出来的网穴形状不同）、网线数、雕刻针的新旧程度、雕刻头的角度、铜层的厚度及产品质量要求的影响，可变因素较多。以 70 线/cm、网线角度为 30°，使用 120°新雕刻针为例，其试雕网穴宽度：高光为 34～36μm，暗调为 175～178μm。一般情况在放大镜下观察，绝对不允许有网墙缺失或网穴不完整的现象，若有则产生线条不实、有虚边、平网实地起泡等现象。

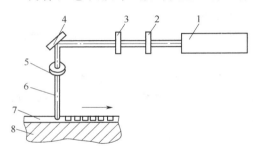

图 1-10　激光雕刻法工作原理示意图

1—二氧化碳激光器；2—调制器；3—光能量调节器；4—反射镜；5—聚光镜；6—能量可变激光束；7—环氧树脂；8—凹版铜滚筒

（二）激光雕刻法

激光雕刻法是英国克劳斯菲尔德试制成功，1977 年首次展出激光凹版雕刻机。图 1-10 为其工作原理示意图，其工作过程是，从二氧化碳激光器发出的激光束，按照凹版原稿的信息要求，通过电子计算机控制调制器和光能量调节器，变成一束所需要的激光，再通过反射镜、聚光镜（透镜）照射到凹版滚筒表面上，熔化蒸发环氧树脂形成一个所需要的凹坑，这些凹坑组成与原稿相对应的印版。激光雕刻工艺过程如图 1-11 所示。

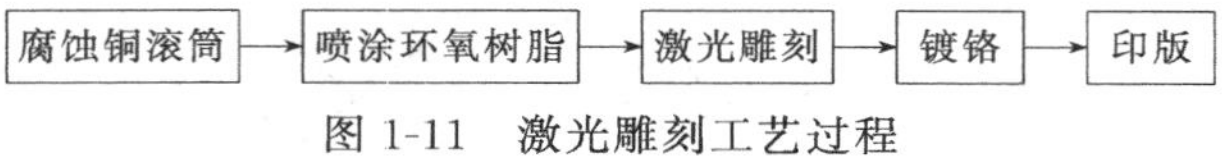

腐蚀铜滚筒 → 喷涂环氧树脂 → 激光雕刻 → 镀铬 → 印版

图 1-11　激光雕刻工艺过程

（1）腐蚀铜滚筒　按照传统的腐蚀方法，将经过精细加工的凹版滚筒表面腐蚀成所需要的网格状，供喷涂用。

（2）喷涂环氧树脂　采用静电喷射法喷射特别配制的环氧树脂粉末料，使滚筒表面涂布环氧树脂，再将滚筒移到红外炉中，从 180℃起开始熔化并慢慢旋转滚筒，整个过程由微机控制。为使滚筒达到足够的涂层厚度，可进行第二次喷涂。硬化过程结束时温度达 200℃。整个过程约需 1.5h，最后将滚筒冷却，为使滚筒表面光洁度达到一定要求，必须进行车光、磨光，使滚筒便于激光雕刻。

（3）激光雕刻　激光雕刻采用二氧化碳气体激光器（功率150W），激光束触及处的环氧树脂表面则被蒸发掉。滚筒转速1000r/min。雕刻速度根据滚筒周长而定，一般每分钟雕刻75mm。激光雕刻滚筒最大尺寸长度2600mm，周长1600mm。

（4）镀铬　雕刻好的凹版滚筒进行清洗检查合格后，在传统的镀铬机上镀一层铬以提高耐磨性，保证经久耐用。

印刷完成后，可将滚筒上的镀层剥去，再用环氧树脂填充网格，以备下次雕刻用。一只滚筒可以重复使用十次以上。

激光雕刻的优点：激光雕刻凹版是采用激光脉冲直接轰击版滚筒表面而产生网穴，由于使用的激光脉冲波长很短，所以具有非常高的能量，足以使镀层熔化、汽化形成大小相同、深度不同的网穴。网穴质量好，图像清晰，适用20～70线/cm。复制准确，不需要修正滚筒，生产能力高（雕刻长2600mm、周长1200mm的滚筒，仅用35min），可自动重复连雕，尤其适用包装印刷。

还有一种激光雕刻与化学腐蚀相结合的凹版滚筒制版方法，该方法是先在加工好的光亮滚筒表面均匀地涂上一层石蜡保护层，然后用小功率的二氧化碳气体激光器在计算机的控制下在蜡层上进行雕刻。图文部分的蜡层被蒸发掉露出铜层表面，蒸发量的大小与激光束的能量大小有关；而非图文部分仍有蜡层保护。然后进行滚筒表面腐蚀得到凹版印版。

该方法是在蜡层上进行雕刻，所用激光器的功率很小，雕刻速度快，滚筒表面制作工艺简单，但由于最终采用腐蚀方法得到图文版面，质量稍差。

（三）电子束雕刻法

1976年原联邦德国赫尔公司推出电子束雕刻机。

1. 电子束雕刻机的基本结构

电子束雕刻机的机架是一个铸铁床座，如图1-12所示，它与同长度的真空箱构成一个滚筒加工室。该室中有两个轴承座，它们通过丝杠由步进电机驱动，相互独立地顺着机器的长度方向运动。轴承座有两个辅助装置，在机器装上滚筒后自动夹紧。轴承座有一台大功率的电机驱动滚筒，滚筒速度根据滚筒直径大小而定，一般在1200～1800r/min。

当滚筒雕刻时，电子束枪固定不动，而滚筒在电子束枪前作左右移动。电子束枪装在机器中间的加工室后部，穿过真空箱罩。电子束枪与滚筒远近的距离是由一只步进电机驱动。电子束雕刻机还有控制电子束枪和机器的电子柜、高压发生器和真空泵等部分。

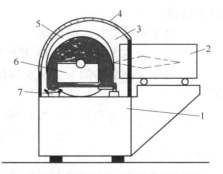

图1-12　电子束雕刻机的截面示意图
1—机架；2—电子束；3—真空室；
4—真空箱盖；5—凹版滚筒；
6—轴承座；7—移动导轨

2. 雕刻过程

将雕刻的凹版滚筒装到打开盖的定心装置上，将滚筒轴定心到轴承座的轴线上。其他步骤由多个微型计算机控制自动进行，其操作顺序是：

① 关闭真空室的箱盖；

② 夹紧滚筒；

③ 真空泵抽气使电子束枪加工室内产生真空；

④ 使滚筒转动，在滚筒的起始端进行雕刻的起始定位；

⑤ 接通并调定电子束；

⑥ 开始雕刻。

控制和调节过程大部分时间是并行的，到雕刻起始需要 6min。一个长度为 2400mm、周长为 780mm 的滚筒，雕刻时间为 15min。另一个长度相同而周长为 1540mm 的滚筒雕刻时间为 22min。雕刻时只有雕刻滚筒转动及横移，电子束枪固定不动。雕刻完毕，电子束自动切断，滚筒被刹住，加工室充气，最后滚筒被松开。雕刻一只滚筒，整个准备时间不到 15min，由此可见，1h 可雕刻 2 只滚筒。

在用电子束进行雕刻时，高能量的电子束深入铜层约 $5\mu m$，并在原子场内被刹住。它把所有的运动能传递给了铜，于是产生了过热铜熔液。在电子束中生成的等离子体压力，将铜熔液从侧面挤出熔融区。每秒 $20\sim30m$ 的滚筒圆周速度将熔液以滴状的形式沿切线抛出旋转的滚筒。微小的铜滴在真空中飞行，只稍冷却一点，仍以熔融状态碰撞到调换的反射板

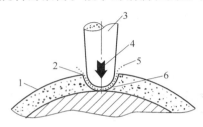

图 1-13　凹印点穴的产生原理示意图
1—滚筒表面；2—毛刺；3—电子束；
4—等离子压力；5—射出的熔钢
飞行方向；6—熔化区

上，变成了铜渣。电子束冲击后，点穴里的熔化区在熔铜表面张力的作用下重结晶，形成一个光滑面，点穴形状呈半球面形。如图 1-13 所示。

典型设备如瑞士 MDC 公司的 Laser star，它不用镀铜滚筒，而是在滚筒表面镀锌合金，用 YAG 激光，以 35000Hz 的高速进行加工，还可采用 70000Hz 的激光头，速度比普通雕刻机 4000Hz 快 17.5 倍。

激光束射向镀锌层表面，使其部分熔化成液滴，部分汽化成金属蒸气而逸出。激光雕刻完成后，剩余的氧化锌被刮刀去除掉，形成网穴，其网穴属于凹下深度可变、网穴开口面积不变的类型。

这种方法的缺点是在滚筒表面镀锌合金所耗费的时间是表面镀铜的 2 倍，而且不能再在其上镀铬。

3. 电子束雕刻技术的优点

① 电子束雕刻速度高（10 万～15 万个网格/s），易于调制和偏转。

② 电子束在射击间与快速旋转的滚筒同步运动，即在射击点穴时电子束始终在滚筒的同一位置上。

③ 电子束能雕刻任意线数和网线角度。

④ 采用特殊的电子束雕刻网点装置，使轮廓的再现有了明显的改善，这对文字和线条的复制非常重要。

⑤ 生产效率与电子雕刻比较提高 1～2 倍。

⑥ 电子束雕刻所产生的网格形状为半球形，当高热的铜熔化后，汽化铜被等离子压挤出网格，再结晶的表面厚度不到 $5\mu m$。因此网格内壁光滑，网墙无缺陷，利于在高速印刷情况下，实现非常好的油墨转移。

（四）无软片电雕凹版工艺

1. 无软片电雕凹版工艺的特点

目前，国内拥有电雕机的厂家大多采用的电雕工艺为：

这一工艺存在着两大弊端，一是电子分色工艺中存在着一个不可避免的瓶颈环节——手工修拼版，它制约着高质量、高效率的生产运作，人工拼版、拷贝，工序复杂、套准精度差、材料浪费大，由于手工操作，质量和生产周期都受影响；二是电子分色的输出方式是记录分色软片，软片要经显影，这样就受到软片的质量、显影药液的浓度、温度及处理时间等因素的影响，造成许多中间误差。因此采用新工艺代替旧工艺已成为必然趋势。

采用无软片雕刻凹版系统后，工艺流程为：

与传统工艺相比较，省略了电分机输出分色片、电雕机扫描头扫描分色片的过程，所以解决了电分机扫描数据与电雕机接口数据的匹配问题，保证了雕刻图像的层次、阶调、色彩的正确复制，是整套工艺的关键部分。

2. 无软片电雕系统基本原理

本系统包括与网络连接的彩色整页拼版及无软片雕刻两个系统，该彩色整页拼版系统为与无软片雕刻系统配套增设了曲线校正软件和分辨率变换软件。采用此系统后，原来凹印制版工艺中的修版、拼版、照相、翻晒、显影等手工工序，可完全由彩色整页拼版系统来完成，其结果为黄、品红、青、黑四个 TIFF 格式文件，一般的彩色整页拼版系统是将这四个 TIFF 文件返回电分机的记录部分输出软片，而在本系统中则将四个 TIFF 文件经过适合于电雕机的层次校正及分辨率变换软件处理后，经网络传送给无软片雕刻系统，再经接口卡和适配卡送给电雕机，真正实现无软片雕刻。

3. 无软片电雕系统流程

系统构成如下：

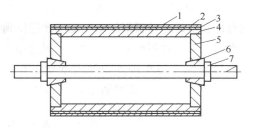

电分机接口系统将电分机与整页拼版系统相连，电雕机接口与电雕机控制工作站构成无软片雕刻系统，并通过网络与整页拼版系统连接。

电分机将彩色原稿，包括反射片、透射片、墨稿等进行扫描，将数据送入计算机，计算机使用各种软件如 Photostgler、Coreldraw、Cps 等对图片进行修版、色彩校正、层次校正、剪切等处理，图片拼贴、排字、分色均在拼版系统中完成，最终生成四个或多个分色文件，经由网络送到电雕控制工作站。

电雕控制工作站与电雕机一起完成雕刻工作。由电雕控制工作站调入要雕刻的色版文件，同时给出指定雕刻参数、网角、网线等，电雕机的计算机根据参数编制相应的雕刻程序，然后启动电雕机开始雕刻。电雕控制工作站根据电雕机的状态，自动将不同的分色文件数据送给雕刻头进行雕刻，直至完成全套凹版。

三、凹版滚筒的制备

凹版滚筒结构如图 1-14 所示。版体 4 一般为相应尺寸的无缝钢管，两端紧密地装上端盖 5，端

图 1-14　组合结构凹版滚筒结构示意图

1—版面；2—面铜；3—底铜；

4—版体；5—端盖；6—锥套；

7—锁紧螺母

11

盖 5 中间加工有与版体外圆同心的锥孔。锥套 6 与锥孔紧密配合，旋转轴与锥套内孔无间隙配合并由锁紧螺母与其紧固在一起，保证旋转轴与版体外圆同心。这种结构的凹版滚筒质量轻，易于更换，加工性能好，但是加工件多，精度要求高。目前在包装行业中应用得很广泛。

（1）铁心加工　目前凹版版辊用的基材一般有两种，一种是无缝钢管，一种是用钢板卷成钢管。

先按照所要加工的滚筒周长和工艺的要求，选择合适周长的钢管，然后根据所要加工的滚筒的长度要求，切下一段钢管并放一定余量。将切下的钢辊放到车床上平头车到所规定尺寸，并倒角 45°，做 45°的倒角是因为钢辊两侧需要焊接闷盖，倒角能够增加焊接强度防止渗水。焊好闷盖后，进行粗加工、半精加工和精加工。

钢辊的粗加工主要包括车、磨两个步骤。经粗加工后钢辊的表面清洁光滑，无凹痕、锈斑；钢辊的同轴度和平行度符合要求；钢辊无大小头现象；粗加工的版筒壁厚达到规定要求，且保证各部分的重量一致，需要时应进行动平衡配重处理。在雕刻和印刷旋转时，产生相同的离心力。

半精加工是使轴与版滚筒保持同心，有的不用加工轴件，但两侧的法兰加工要相同。精加工是精车版滚筒的外圆，使其达到设计规定尺寸。印版滚筒的加工精度直接关系到版滚筒的使用寿命和版滚筒的电镀、电雕效果，直至最终的产品印刷质量。经过加工的版滚筒，要求壁厚均匀，各项指标应符合质量标准规定。

（2）镀铜　将车圆的空心铁质滚筒芯件，先在碱性镀铜液中预镀一很薄的（0.1mm 左右）基础铜层，再在酸性镀铜液中镀以 1～1.5mm 厚度的保护铜层，避免制版印刷时碰伤、烂穿滚筒，保持滚筒圆周一致性，浇注隔离液后，再在酸性镀铜液中镀以 0.15～0.2mm 厚度的制版铜层，用于制版。隔离层使制版层与保护层既牢固又能剥离。印刷完毕，可使制版铜层轻易剥除，便于重新镀制印版铜层和制作新版，使印版滚筒循环使用。镀铜层既要掩盖钢辊的缺陷，是凹印版滚筒的雕刻层，印刷品的图文部分就完全在此层上由电子雕刻机雕刻而成。镀铜的好坏直接关系图文的雕刻质量。对铜层的形成过程的控制要非常严密，铜层电镀质量不好在电雕过程中会出现的故障就是打针，也称损针。受铜层质量的影响，电雕针在工作过程中边角磨损，使雕刻宽度或深度发生变化。

镀铜之前要进行镀前处理。首先用手工或电解的方法去除版滚筒表面的油污。然后对版滚筒进行酸洗，用化学药剂腐蚀掉版滚筒表面的锈蚀物氧化膜，最后在版滚筒表面镀一层底镍，即预镀镍之后再镀铜，可以降低空隙率，提高结合力，增强防腐能力。

（3）研磨　镀铜结束后，经研磨、抛光等加工使印版滚筒表面的粗糙度达到 $0.1～0.4\mu m$，只有研磨得好，印版滚筒的粗糙度才能得到保证，尤其当遇到大面积的平网或过渡网时，如果铜层表面粗糙度达不到要求，就会表现为印出的产品有斑点、水纹、研磨道、齐茬等问题。

以上加工过程即完成滚筒准备工作，之后在雕刻机上进行图文雕刻，为了提高版滚筒的耐磨性，雕刻后还要对版滚筒镀铬处理。

第三节　凹版印刷机

一、凹版印刷机的种类

凹版印刷机具有印刷压力较大，印刷装置简单，采用刮墨刀刮墨的短墨路供墨等特点。

凹版印刷机都是圆压圆的轮转印刷机，其分类有以下 6 种。

① 按用途分：书刊凹印机、软包装凹印机、硬包装凹印机。

② 按印刷色数分：单色凹印机、多色凹印机。

③ 按供料方式分：单张凹印机、卷筒型凹印机。

④ 按印刷机组排列分：卫星式凹印机、机组式凹印机。

⑤ 按承印材料种类分：纸张凹印机、塑料凹印机。

⑥ 按印版形式分：照相凹版印刷机、雕刻凹版印刷机。

二、凹版印刷机的结构特点

无论哪一种凹版印刷机都由收放料机构、印刷机构、供墨机构、干燥装置、传动系统、辅助装置等部分组成。

（一）收放料机构

1. 放料机构（放卷机构）

放卷机构的作用是将卷材展开，稳定并连续地将材料送入第一印刷部件，在材料到达第一印刷部件之前控制其速度、张力和横向位置，以满足印刷的需要；同时完成材料的自动或手工拼接。

放卷机构由放卷轴、机架、张力控制装置等组成。卷材是安装在支架上，支架一般可同时安装 2~3 个卷材。卷材的安装有两种方式：有心轴式安装和无心轴式安装。现代高速凹版印刷机上已不采用有心轴式安装，而采用无心轴式安装。无心轴式安装是用两个位于同一中心线上的锥头，其中可微调纸卷的轴向位置，另一个可大幅度伸缩，锥头伸出后可自锁，通过手轮夹紧卷材锥头安装在两个宽型滚动的轴承上。这种安装方式方便了卷材的安装和调节。放卷机构中卷材提升装置也就是卷材回转支架，根据安装卷材的数目，回转支架有单臂、双臂、三臂等，如图 1-15 所示。

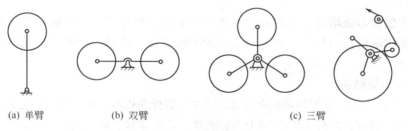

(a) 单臂　　　　　(b) 双臂　　　　　　　(c) 三臂

图 1-15　回转支架示意图

在高速凹版印刷过程中，更换料卷的频率较频繁，如停机进行更换则影响生产效率，同时增加材料浪费和废品率。为提高印刷效率，通常采用不停机自动换卷装置进行卷材的更换。自动换卷过程如图 1-16 所示。当正在印刷的卷材小到规定的直径限度时，回卷支架开始回转，直至新卷的位置与承印物保持合适的距离后，回卷支架停止；新卷加速到表面线速度与承印物速度相同时，完成粘接，粘接完毕同时切断旧的承印物，这个过程能做到不停机自动接纸。

2. 收料机构（收卷机构）

承印材料经印刷、干燥后进入凹印机的最后一个部分——收料机构，在此承印物被复卷成松紧适度、外形规则的卷材，为后续加工做准备。收卷机构的作用是牵引卷材、复卷、张力调节的作用。通常收料机构与放料机构结构基本相似。

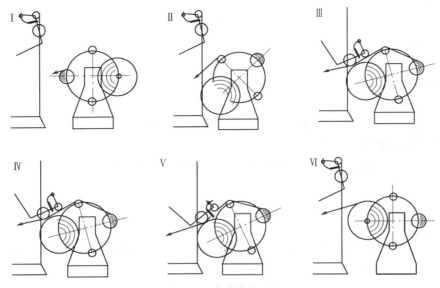

图 1-16 自动换卷过程

收料机构一般有专用电机或传动系统带动，卷材所用的收料轴通常是双轴，与放料轴不同，它们在动力作用下主动旋转，旋转速度的改变可调节卷材印刷时的张力，因此，收料机构也是张力控制系统中的重要组成部分，参与整个机器的张力调节。同时，收料轴也能做到不停机自动换卷。轴向调节装置用于调节卷材的轴向位置，以免收卷跑偏，保证卷材端面整齐，低速凹印机上由人工调节，高速凹印机上轴向自动纠偏装置来控制。张力控制装置是用来调节承印材料在收卷时的张力，同时与机器上其他的张力调节装置配合，完成整体的张力调节。

（二）印刷机构

印刷机构包含印版滚筒、压印滚筒和离合压装置，在此机构中完成油墨往承印材料上的转移。它们是印刷机构的核心，是完成印刷的关键部件，其结构合理性、制造精度、安装调节是非常严格的。

1. 印版滚筒的结构

凹版印刷的特点之一是可印刷纵向长度的图文，因此在机器上通常配有一套可变直径的印版滚筒用于与印件规格相对应。印版滚筒分为：卷绕式、固定式、活动式。卷绕式印版滚筒实际是使用平板型凹印版卷绕在滚筒表面，此类结构已不多见。固定式和活动式是现在常见的两种。

印版滚筒的传动是采用齿轮传动的。如果改变印版滚筒的直径，其轴端安装的传动齿轮也要相应更换，并调整好齿轮支架。

2. 压印滚筒的结构

印版滚筒的表面为金属结构，着墨孔中油墨的转移是通过压印滚筒实现，且卷筒型凹版印刷机的印刷速度快，印刷压力大，所以对压印滚筒要求耐压坚固、具有弹性。通常是在钢制铁芯上浇铸一定厚度和硬度的橡胶层，橡胶层的厚度一般为 12～15mm，硬度随承印材料的不同而不同。用于塑料薄膜印刷的橡胶硬度是 HS 70 左右，用于纸张、纸板及粗面牛皮纸印刷的橡胶硬度是 HS 85～90。压印滚筒的结构与印版滚筒一样，分固定式、活动式。从精度和强度来说，固定式比活动式好。

在凹版印刷中常见高调部分空白点的问题，此时可采用静电压印滚筒来提高油墨的转移量。即以压印滚筒为正极、印版滚筒为负极，在电场力作用下，带正电荷的承印材料能将带负电荷的油墨吸引。与印版滚筒的传动不同，压印滚筒不采用齿轮传动，是通过与印版滚筒接触产生的摩擦力而运转，从而使印版滚筒直径实现无级选择。

印版滚筒与压印滚筒之间印刷压力的大小，通过调节二者间的中心距来获得。

3. 离合压机构

印版滚筒和压印滚筒之间还装有离合压机构，该机构控制两滚筒的分离或合压。卫星式凹印机的离合压机构是控制印版滚筒的动作，使几个印版滚筒同时和压印滚筒离压或合压；机组式凹印机的离合压机构是控制压印滚筒的动作，逐个使各印刷单元上的压印滚筒与印版滚筒离压或合压。无论是哪种机型，都要求离合压机构在工作过程中，被控制滚筒要平行位移，离压、合压的位置要准确、稳定。大多数凹版印刷机都采用偏心机构来控制。

（三）供墨机构

根据向印版滚筒供墨方式不同，有以下几种：直接供墨式、间接供墨式和循环供墨式（见图 1-17）。

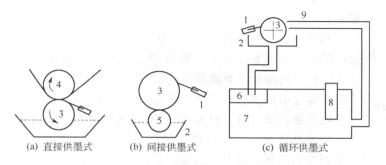

(a) 直接供墨式　　(b) 间接供墨式　　(c) 循环供墨式

图 1-17　供墨系统的分类

1—刮墨刀；2—墨槽；3—印版滚筒；4—压印滚筒；5—橡胶墨辊；
6—过滤装置；7—封闭墨槽；8—墨泵；9—喷射口

直接供墨式中印版滚筒的 1/4～1/3 浸在墨槽中，当版辊旋转时完成油墨的涂布，依靠刮墨刀把印版上多余油墨刮去，承印材料经压印滚筒和印版滚筒间完成油墨的转移。间接供墨式中印版滚筒不浸入墨槽，油墨由浸在墨槽中的橡胶辊提供，传递的墨量较难控制，印品容易出现色差。这两种装置对油墨的搅拌不够均匀，油墨容易起皮。

循环供墨式由油墨循环装置、油墨黏度自动控制器、墨槽、喷射口、排墨口等组成。工作时，油墨循环装置中的墨泵将储墨箱中油墨吸出，通过喷射口喷到墨槽中，从而使印版滚筒着墨，当墨槽中的油墨超过一定量后通过排墨口回到储墨箱，这个过程是循环进行的。储墨箱上装有油墨黏度自动控制器，来保证油墨的黏度在印刷过程中保持相对稳定。根据生产需要，往往在各印刷机组旁放置油墨罐，配有电子泵来完成供墨。

不同的供墨系统的组成各有不同，但主要部分则差别不大，工作原理也相差无几。供墨系统主要由刮墨刀、加压装置、基座、刮刀架等组成。

1. 刮墨刀的结构

刮墨刀的作用是将印版表面空白部分的油墨刮除，是用优质低碳钢加工制成。刮墨刀硬度应比印版硬度稍低，为维氏硬度 500～600，硬度太高会使印版磨损过快，且产生刮纹，影响印品质量；硬度太低油墨刮不干净。刮墨刀的厚度一般有：0.1mm、0.15mm、0.2mm、0.25mm 等。刮墨刀的刃口形状有两种，如图 1-18 所示。

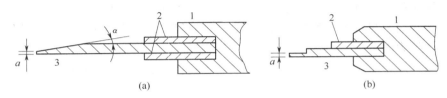

图 1-18　刮墨刀的刃口形状

1—刀座；2—垫片；3—刮墨刀

2. 刮墨刀的安装

刮墨刀通过支撑垫片安装在刀架上，支撑垫片可增加刮墨刀的弹性，其厚度为 0.25～0.35mm。安装位置通常在刮墨刀与印版的接触点和压印点的距离为 1/4 左右的印版滚筒直径的地方。安装角度如图 1-19 所示，分别过接触点画印版滚筒的切线，刮墨刀与该切线形成的夹角称接触角，用 α 表示。当 α 大于 90°称反向安装，小于 90°称正向安装。图中 A 点为正向安装，B 点为反向安装。正向安装和反向安装分别形成积墨区，正向安装形成的积墨区对刮墨刀有向外推的趋势，而反向安装形成的积墨区对刮墨刀有向印版靠的趋势，相比而言，反向安装刮墨效果好。然而 B 点到压印点的距离长，造成刮墨后到印刷时的时间增加，对油墨黏度影响较大。在印刷压力一定时，印版滚筒上的着墨孔中油墨转移是否良好直接由黏度决定，所以凹版印刷中主要采用正向安装，接触角一般为 70°，伸出长度约 25mm。

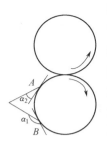

图 1-19　刮墨刀的
安装方式

3. 加压装置和横向位移装置

为保证刮墨刀对印版滚筒的压力和彻底刮除多余油墨，供墨机构中还装有加压装置和横向位移装置。常见加压装置有：蜗轮蜗杆加压、重锤加压、弹簧加压、空气加压，如图 1-20 所示。

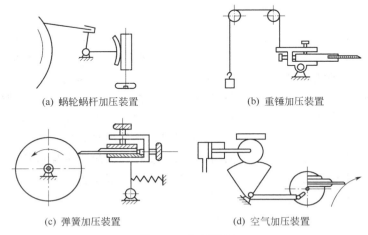

(a) 蜗轮蜗杆加压装置　　　　　　　　(b) 重锤加压装置

(c) 弹簧加压装置　　　　　　　　(d) 空气加压装置

图 1-20　加压装置

蜗轮蜗杆加压、重锤加压、弹簧加压这三种加压方法压力不易控制，而空气加压适用于高速凹印机。空气加压是借助气压对活塞的移动达到调节压力的目的，压力值可设定，在气压表上能观察到所设的压力值，停机时压力随之消失，对印版和刮墨刀起保护作用。

横向位移装置能使刮墨刀横向往复移动，这样更有效地刮除多余油墨，对刮墨刀磨损较均匀，如无此装置，当刀片上某一位置出现磨损，会造成该区印版上油墨不能去除完全，对印品质量产生影响。刮墨刀的位移量一般为10mm，位移量的调整是无级的。该装置使用偏心凸轮的蜗轮蜗杆来驱动，可确保刮墨刀每分钟往复行程次数与印版滚筒的每分钟转速比值为除不尽小数，这样不会产生刀线。

（四）干燥装置

凹版印刷的承印材料很大部分为塑料薄膜，其表面无吸收性，同时凹版印刷机的印刷速度很快，最高可达650m/min。为使油墨能迅速干燥，装有干燥装置。凹印油墨的干燥主要依靠溶剂的挥发，当溶剂从色料、固体连结料中彻底逸出时意味着油墨完全干燥。干燥装置的作用就是加速溶剂的挥发，为印刷的每一步骤提供便利。

凹印机中的干燥装置，常见有红外线干燥、电热干燥、蒸汽干燥等。无论是哪种干燥方式，都要注意控制干燥温度，大多数承印材料的温度控制在60℃。温度过高，对纸张造成含湿量下降，机械强度下降，对塑料薄膜造成变形，导致套印不准。温度过低，油墨干燥不够彻底，产生反粘和背面沾脏。

印刷色组间、最后一色与收卷装置之间均设有干燥装置，分别称为色间干燥装置和终干燥装置（顶桥干燥装置）。色间干燥装置的作用，是保证承印材料进入下一印刷色组前，前色油墨尽可能固化而非固着；顶桥干燥装置的作用，是保证承印材料在复卷或分切堆叠前，所用色墨完全干燥，尽可能排除油墨中溶剂，以免产生粘连。

（五）传动系统

传动系统把电动机的动力通过各种传动机构分配到凹版印刷机的各个部分，确保它们协调完成各种运动。在这些运动中，印版滚筒与压印滚筒的旋转运动是主运动，其余机构的运动是配合主运动的运动，为辅助运动。

现在的凹印机多采用有轴传动，即机器的动力来源于主电动机，经皮带、齿轮、蜗轮蜗杆、链轮链条等传动部件将动力传递、分配给各机构，保证它们运转中的配合关系，而在某些装置上设有独立电机驱动，用以辅助机器完成整体工作，如牵引装置等。

新推出的无轴传动印刷机，在每个印刷单元都有独立电机驱动，各电机间由专门控制系统进行平衡和跟踪，各印刷单元在压印过程中实现纵向套准，横向套准依靠步进电机来完成，无需套准补偿辊装置。

（六）辅助装置

1. 张力控制系统

卷材印刷时，需要一定的张力将卷材张紧进入印刷单元，才能保证套印准确。张力过小，卷材的动力不足会产生堆积、褶皱，正常印刷无法进行；张力过大，卷材变形甚至断裂。张力控制系统是凹版印刷机的核心。

凹版印刷机的张力可分成3个区张力：开卷区张力、印刷区张力、收卷区张力。开卷区张力是指开卷轴到进入第一印刷机组前送纸张力辊间的张力；印刷区张力是指进入第一印刷机组后，到最后一色印刷机组出纸张力辊间的张力，这里包括各机组间的印刷张力；收卷区张力是指最后一色印刷机组出纸张力辊到复卷轴间的张力。

张力控制系统的作用，就是根据各区张力的变化，分别控制卷材开卷轴速度、收卷轴速度、印刷机构间个别张力辊的转速，消除从开卷机构到收卷机构间张力的波动，达到张力调节的目的。

张力控制主要有开环和闭环两种。开环控制是依靠位于开卷机构和收卷机构两端的信号发生器完成，此类控制或只有调节装置，或只有调节与检测装置，没有反馈装置，无法形成随机调节，只适用于低速凹版印刷机，在高速凹版印刷机中多采用闭环控制，如图1-21所示。

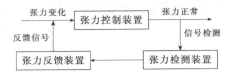

图 1-21 闭环控制

闭环控制是通过张力检测装置随时测定卷材的实际张力值，与预先设定的张力值比较，得到反馈信号后，通过张力控制装置对卷材张力进行调节，直至实际张力值与设定值相同。

凹版印刷机张力控制系统的组成如下。

① 制动器、离合器。当张力发生变化时，通过激磁电流来改变转差或转矩。

② 张力调节辊。设置在各印刷机构的前、后，用于改变卷材张力的大小，它可在一定范围内移动或摆动。

③ 张力检测辊。也称张力浮动辊。当张力改变后，会产生位移，并将位移信号通过反馈装置传递到调节装置。

④ 导向组辊。包括导向辊、牵引辊、展平辊和制动辊。各辊用于牵引、支撑卷材，消除纵向褶皱，并调节卷材张力。

⑤ 专用交流电机。

开卷区张力控制工作原理主要是根据印刷机组输纸量的需求来调整卷材的供应量，这是通过对开卷轴转速的控制来实现的。当卷材半径逐渐减小时，瞬间的卷材提供量增加，致使张力检测辊产生位移，并将信号传递到张力控制装置，该装置能控制进入开卷机构磁粉制动器激磁电流的大小，从而改变卷材的转速。收卷区张力控制工作原理与开卷区相似。

印刷区张力控制是整个凹印机张力控制系统的主要环节，它直接影响到套印精度的准确。该区张力发生改变，导致张力检测辊发生位移，同样信号传递到此处的张力控制装置，由它来控制印刷机组间各导向组辊的转速差，来调整进入印刷机组的卷材速度和进出机组的卷材量，同时张力调节辊产生移动或摆动。

2. 自动套色控制系统

对于卷筒型凹版印刷机而言，张力不稳定最直接的反映就是印品的套印不准。因此，通过对承印材料套印精度的控制，来完成张力调节辊的位移是很重要的。图像的套印包括横向与纵向。当各色印版滚筒的轴向位置调整好后，图像的横向套准主要依靠卷材横向位置的调整，纵向套准主要依靠对套色标志位置的检测。

自动套色控制系统主要包括光电扫描头、脉冲发生器、电子控制器、电源适配器、地址板、张力调节辊、调节电机组成。其工作原理：当承印材料上的套印标记通过光电扫描头，产生脉冲信号，该信号传递给电子控制器，如果后一色套色标记超前或滞后于前一色套色标记，发生脉冲信号的时间会参差不齐，于是电子控制器启动调节电极，使二色间的张力调节辊有少量位移，从而消除套色误差。

三、典型凹版印刷机

（一）单张纸凹印机

单张凹印机的承印物主要是纸张，是对大型卷筒纸凹印机的补充。单张凹印机结构示意图如图1-22所示，主要由给纸装置、印刷装置、输墨装置和收纸装置等组成。

单张纸凹印机采用与胶印机相同的传纸方式，即印刷面在整个传递过程中始终朝上，以

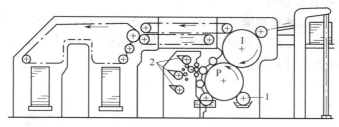

图 1-22　单张凹印机标准机型

1—擦拭装置；2—输墨装置

避免印刷面的划伤和蹭脏。在输纸过程中，输纸咬牙、滚筒咬牙及链条咬牙均为自动调节咬牙，适应纸张厚度的变化。

单张纸凹版印刷机有以下主要机型。

1. 标准型

图 1-22 为标准型单张纸凹纸印刷机的基本构成。本机由自动给纸机将单张纸送往印刷滚筒进行印刷。印刷后由收纸装置送到收纸台进行堆积。

① 印刷滚筒　印版滚筒与压印滚筒采用等直径倾斜排列形式。

② 输墨装置　有单辊式输墨装置和多辊式输墨装置两种形式，可进行单色或多色印刷。

③ 擦拭装置　由溶剂槽和擦拭辊构成。擦拭辊用木棉或皱纹纸制成，将其下部浸入溶剂中，上部直接与版面接触并由传动装置带动与印版滚筒同方向旋转，将多余的油墨刮净。

④ 收纸装置　本机一般采用雕刻凹版进行印刷。由于雕刻凹版图文部较深，印刷墨层较厚，所以，收纸装置采用较长的收纸路线，以防止印品蹭脏。

2. 刮墨式凹版印刷机

刮墨式凹版印刷机的基本构成如图 1-23 所示。在印刷滚筒上装有两副凹版，压印滚筒上也对应安装两个加压面。版面先由输墨装置全面着墨后，再用摆动式刮墨刀刮墨。然后由擦拭装置将版面上多余的油墨擦净。纸张由给纸装置输入印刷滚筒进行压印，最后由收纸装置完成输出、收纸。为了防止反印，可在印张间放入间纸。

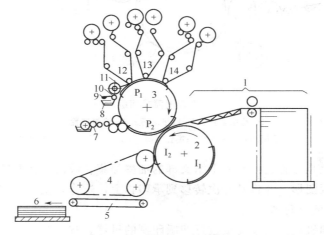

图 1-23　刮墨式凹版印刷机

1—给纸装置；2—压印滚筒；3—印版滚筒；4—收纸装置；5—输送带；6—收纸台；
7—输墨装置；8—墨斗；9—刮墨刀；10—墨辊；11—摆动式刮刀；12~14—擦拭装置

19

3. 链条给纸式凹版印刷机

本机的特点在于给纸装置和输墨装置，其基本构成如图1-24所示。在输纸板右侧有给纸、收纸链条，上面按一定间隔设置咬纸牙排。纸张从输纸板上输入由链条上的咬纸牙咬住纸张沿图示箭头所示方向送到压印滚筒处。

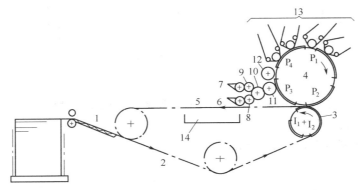

图1-24　链条给纸式凹版印刷机

1—输纸板；2,5—链条；3—压印滚筒；4—印版滚筒；6～12—输墨装置；13—擦拭装置；14—收纸台

4. 集合滚筒式凹版印刷机

这种机型是凹印机的一种特例，属于特种印刷机，主要用于有价证券印刷，以满足防伪基本要求。主要是完成多色接纹印刷工艺过程，所以一般也将此机型称为接纹凹版印刷机，或称为凸版-凹版组合型印刷机，其基本构成如图1-25所示。

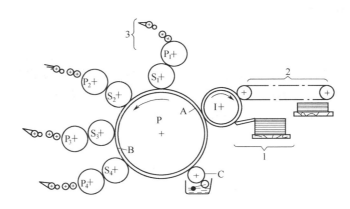

图1-25　集合滚筒式凹版印刷机

1—给纸装置；2—收纸装置；3—输墨装置；

P_1～P_4—色模凸版；S_1～S_4—集合滚筒；A，B—凹版；C—擦拭装置

这种机型实际上是将各色模凸版上图文部的油墨经集合滚筒印在凹版上连接起来，而形成一块多色的凹印版图形，并将其一次转移到承印物上，这样，就不存在套印不准的问题。

（二）卷筒纸凹版印刷机

卷筒纸凹版印刷机是指用卷筒纸进行凹版印刷的机器。按滚筒部件的排列形式分，主要有两种机型，即卫星式凹版印刷机和机组式凹版印刷机。

1. 卫星式卷筒纸凹版印刷机

卫星式凹版印刷机是在大的共用压印滚筒周围设置各色凹版滚筒的凹版印刷机，其基本构成如图 1-26 所示。

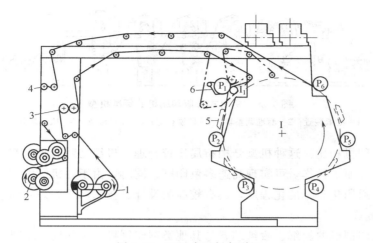

图 1-26　卫星式凹版印刷机

1—给料部；2—收料部；3—制动辊；4—牵引装置；5—干燥部；6—输墨装置

本机承印物由给料部解卷后经传纸辊进入印刷装置，可连续完成六色套印；也可通过反印装置完成一面单色另一面五色的印刷。印刷后由收料部进行复卷。

由于各色组印刷尺寸不同，印版滚筒的直径也就有所不同，因此，印版滚筒与压印滚筒的中心距应能进行调整。一般而言，都是通过改变印版滚筒的高低位置和左右位置来实现的。

若在第一色印刷机组设置双面印刷装置，可以实现单面多色或一面单色，另一面多色印刷的要求，其基本原理如图 1-27 所示。在第一印版滚筒右侧增设一压印滚筒 I_1。增设的压印滚筒有两个工作位置，根据需要可进行调整。当进行单面多色印刷时，增设的压印滚筒处于图示实线位置，承印物按图示实线传送路线从印版滚筒与增设压印滚筒 I_1（实线）中间通过，进行第一色印刷，而后进行其他各色印刷。当双面印刷时，将增设压印滚筒调整到图示虚线位置，这时改变走纸路线，使承印物按图示点划线所示方向传送，承印物则可在印版滚筒与增设压印滚筒 I_1（虚线）中间通过进行一面的单色印刷，而后，从第二色组开始进行另一面的印刷。

由于卫星式凹印机机组之间的空间距离很短，干燥装置一般选用结构紧凑的远红外线干燥器。其基本布局如图 1-28 所示。由于塑料薄膜的热变形较大，所以应特别注意合理控制干燥温度。

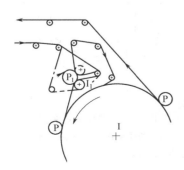

图 1-27　双面印刷装置

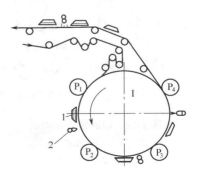

图 1-28　通风干燥装置

1—远红外干燥器；2—通风喷嘴

2. 机组式卷筒纸凹版印刷机

机组式凹版印刷机的标准机型如图1-29所示。

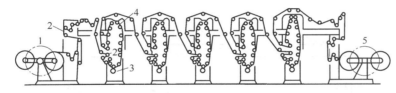

图1-29　机组式凹版印刷机的标准机型

1—给纸装置；2—套准调整辊；3—印刷机组；4—干燥装置；5—收纸装置

与卫星式凹印机相比，这种机型结构布局比较合理，机组之间有较大空间，有利于设备的安装与调整，并便于操作，可实现高速多色印刷。同时，由于各机组的结构相同，可提高产品的系列化、通用化和标准化程度，具有较高的设计、技术水平，是目前卷筒纸凹印机的标准机型。

机组式凹版印刷机的给纸、收纸装置与其他类型印刷机基本相同。印刷装置按印刷滚筒的构成形式分类，主要有两种类型，即标准型和顶压滚筒型，如图1-30所示。顶压滚筒是为了增加压力实现油墨的良好转移。一般凹版印刷机所需印刷压力为12～15MPa。

机组式凹印机的干燥装置主要有两种类型，即干燥滚筒型和热风干燥装置。

干燥滚筒型：采用水蒸气加热或电加热方式使干燥滚筒表面辐射热能，印品直接与干燥滚筒表面接触使印迹固化，图1-29所示干燥装置就属此种。这种干燥装置干燥效果较好，目前得到广泛应用，但容易引起印品的伸缩变形。

热风干燥装置：图1-31为热风干燥装置的基本构成。本装置由发热装置、通风装置和排气口等组成热风干燥室，印张从热风干燥室内通过进行干燥。通过调整风量大小来控制干燥速度。采用这种干燥装置，印张变形较小，有利于保证印品质量。印张经热风干燥后一般还应由冷却辊进行冷却。

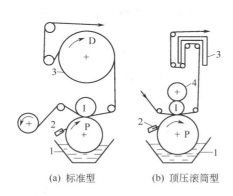

(a) 标准型　　(b) 顶压滚筒型

图1-30　印刷装置的构成

1—墨斗；2—刮墨刀；

3—干燥装置；4—顶压滚筒

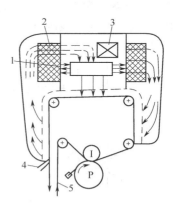

图1-31　热风干燥装置

1—通风装置；2—发热装置；

3—排气口；4—进气口；5—印张

机组式凹版印刷机当印刷速度超过60m/min时，一般应设有光电套准自动控制装置、自动正位装置、印品同步观察装置、油墨黏度自动调节装置以及张力自动控制装置等附属装置。附属装置是现代机组式凹印机的重要组成部分，基本决定了整机的工作性能和技术水平。

（1）套准与检测装置　保证机组之间一定的套准精度，其套准误差一般不超过 0.1mm。套准误差的调整包括纵向套准误差和横向套准误差的调整。

纵向套准误差调整：纵向套准误差即沿承印物进纸方向套准误差。纵向套准误差的调整有两种方式，一种是改变各色机组之间纸带通路的长度以调整纵向印刷位置，如图 1-32 所示，这种装置结构简单，调整方便，在凹印机中得到广泛应用；另一种是通过改变各印版滚筒周向回转角度来实现纵向套准误差的调整，如图 1-33 所示，在各机组印版滚筒的传动齿轮与主动轴之间设置差动齿轮箱，通过差动齿轮使印版滚筒转动一定角度，以达到改变印版滚筒周向位置之目的，实现纵向套准误差的调整。

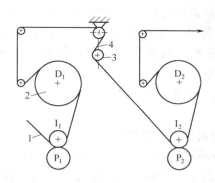

图 1-32　辊式套准调整装置
1—承印物；2—干燥滚筒；3—调整辊；4—摆动轴

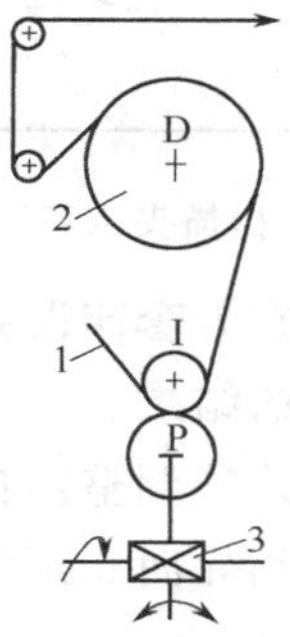

图 1-33　差动齿轮式套准调整系统
1—承印物；2—干燥装置；3—差动齿轮箱

纵向套准自动控制系统：在多色、高速凹版印刷机中应设置纵向套准自动控制系统，以保证在印刷过程中能及时、快速、自动地调整套准误差，自动控制系统的基本原理如图 1-34 所示。从第二个印刷单元起装有光电扫描头 S_2、S_3、S_4，分别检测各单元的套印标记。检测信号送入自动套准装置电子控制台，经三个独立的数控电路运算处理后，发出补偿调整信

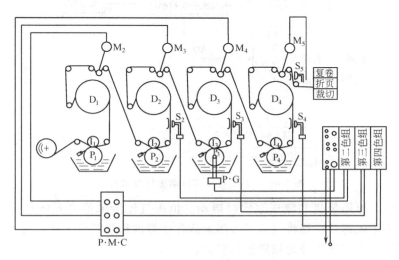

图 1-34　套准自动控制装置原理图
$S_2 \sim S_5$—扫描头；$P \cdot G$—脉冲发生器；$M_2 \sim M_5$—调整电机；$P \cdot M \cdot C$—印机控制盘

23

号，控制调整电机 M_2、M_3、M_4，驱动补偿调节辊摆动，调节印刷单元间卷筒印刷材料的张力，从而校正套印误差。P·G 为脉冲信号发生器，随着某印版滚筒转动，发出系统的同步控制脉冲。$D_1 \sim D_4$ 为干燥器。

目前印刷机上对图像信号的输入普遍采用 CCD 扫描技术，套印标记的检测方法分为平放式和垂直式两种。

扫描头由一个光源、两个聚光透镜和两个光电倍增管组成（图 1-35）。

在印刷过程中，扫描头监视印刷品上的套印检测标记。马克线在扫描头下通过时，进入光电倍增管的光量发生变化，光电倍增管将光量变化转换为电流变化，输出一个电流脉冲，一般以第一色的马克线为基准。其产生的脉冲信号称为主脉冲，检测某一色（例如第二色）时，该色马克线所产生的脉冲信号称为副脉冲，主副脉冲之间的时间差（相位差），即代表两色之间的套印误差，如果两者同步，表明无套印误差，套印准确；如果副脉冲信号超前或滞后，则表明存在着套印误差，主副脉冲时间差越大，则套印误差也越大。扫描图像也可得到与扫描线相同的结果。

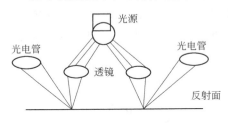

图 1-35 扫描头示意图

横向套准误差的调整：自动正位装置又称边位控制器，它能对印刷过程中卷筒承印物的横向位置进行自动导向和正位，以保证整个印刷过程顺利进行。目前，在多色凹印机中广泛采用气动-液压式自动正位控制器，其灵敏度一般不低于 0.15mm。该装置为一闭环自动控制系统，由气动与液压两部分组成。气动部分为自动跟踪检测部，发出调整指令；液压部分为液压伺服机构和执行机构，根据控制部的指令驱动卷筒支架的拖车实现承印物的横向位移，其控制调整原理如图 1-36 所示。

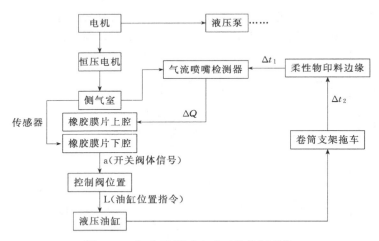

图 1-36 气动-液压式自动正位控制系统

电机通电后，恒压风机和液压泵同时启动。恒压气流沿风道进入压差式传感器的侧气室。侧气室有两个风道，一路将气流送入压差式传感器的橡胶膜片下腔，另一路通过气流喷嘴和气流检测器对承印物边缘的位置进行检测。

如果承印物的边缘有横向偏移量，那么气流检测器输入橡胶膜片上腔的气流就会产生气流变化，即上腔与下腔出现压力差，则由传感器内部的二位四通阀放大发出开关阀体信号，以改变阀体位置，作为液压油缸的位移指令，以驱动液压油缸活塞运动，带动卷筒支架拖车沿导轨横向移动，以改变承印物边缘的横向位置。

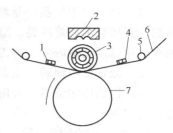

图 1-37　静电辅助
印刷装置示意图
1,4—集电针棒；2—放
电针棒；3—半导体层压力
辊；5—导辊；6—印刷
基材；7—印版滚筒

（2）印品同步观察装置　在印刷过程中不停机观察印品的色彩和套准的瞬间变化情况而设置的监视系统，即印品在线检测系统。该系统通过图像采集单元（如 CCD 摄像镜头），先对一定数量的合格产品进行图像采集，去除随机因素的影响，获得印刷版面的标准图像作为模板，然后在印刷生产线上采集待检图像，将采集到的每一帧待检图像与标准图像进行对比分析，根据比较结果确定生产线上的产品是否符合质量要求，是否存在缺陷并判断缺陷的位置。找出有质量问题的图像，从而发现该图像所对应印刷品的质量问题，最后调节相应的印刷部件，实现对印刷品质量的在线控制。

（3）油墨黏度自动调整装置　由于溶剂的不断挥发，使油墨的黏度上升而流动性下降，设置油墨黏度自动调整装置，以保证印刷过程中油墨性能的稳定性。

（4）静电辅助印刷装置　设计静电压印滚筒，以提高印版上油墨的转移率，这种方法被称之为静电辅助印刷。静电辅助印刷是以压印滚筒作为正极，印版滚筒作为负极，在电场作用下，使带有负电荷的油墨向带有正电荷的承印物表面转移。静电辅助印刷装置的主要部件有：静电发生器、放电针排、消电荷针排等，如图 1-37 所示。

第四节　凹版油墨

一、概述

凹版印刷油墨同凸版、平版油墨相比，性质明显不同。它是一种快干型的油墨，具有相当的稠度且墨丝短，有适当的触变性。在印刷过程中，油墨既要易于填充入凹版滚筒的着墨孔，又要易于转移至承印材料上。油墨印至承印材料上后，墨迹不应铺开变大，且干燥要迅速。

二、分类

印刷品用途和承印材料的不同，所对应的凹版印刷油墨种类繁多，但无论哪种类型都主要由色料、连结料和辅助剂组成。凹版印刷油墨的分类方法很多。

1. 根据用途不同分类

分为出版凹印油墨、包装凹印油墨和特种凹印油墨。

（1）出版凹印油墨　这类油墨一种以脂肪烃类为溶剂，并附加一些芳香烃类溶剂；另一种完全以芳香烃类溶剂，加入季戊四醇酯胶、沥青、松脂酸的金属盐类、乙基纤维素等树脂。

（2）包装凹印油墨　包括食品用凹印油墨、药品用凹印油墨、耐高温蒸煮油墨等。根据产品对包装材料的要求来确定油墨中树脂的种类、溶剂的配方等。

（3）特种凹印油墨　主要是指证券凹印油墨。由于证券印刷所用凹版多为雕刻凹版，因此其油墨黏度较高，具有某些特定性能，如耐光性、耐磨性、耐热性、耐水性、耐醇性、耐化学剂和折光性等。

2. 根据承印材料不同分类

分为塑料凹印油墨、纸张凹印油墨和铝箔凹印油墨。

（1）塑料凹印油墨　分表印油墨和里印油墨两大类。表印油墨，一般是以聚酰胺为主体树脂，其稀释溶剂是醇类、酯类、苯类这三类，一般不加入酮类及其他芳烃类的溶剂。里印油墨，是以氯化聚丙烯系列树脂生产的，其稀释溶剂主要是酮类、酯类、苯类。

（2）纸张凹印油墨　主要使用硝化纤维素系列树脂，以酯、醇为主要的混合溶剂。

（3）铝箔凹印油墨　采用氯乙烯醋酸乙烯共聚合树脂、丙烯酸树脂，以芳香烃、酮类、酯类为溶剂。

3. 根据印刷方法分类

分为雕刻凹印油墨和腐蚀凹印油墨。

（1）雕刻凹印油墨　大多用于印刷有价证券，其表面看上去比较黏稠，墨丝较短，具有适当的触变性。所用颜料表现力以墨色为主，不使用透明颜料，对颜料的各种性能要求较高，如耐光、耐水、耐热、耐油性等。

（2）腐蚀凹印油墨　主要有照相腐蚀凹印油墨和激光腐蚀凹印油墨，是一种典型的挥发性干燥油墨，黏度是各种油墨中最低的。它流动性好而表面张力低，油墨附着力强，干燥速度极快。

4. 根据连结料分类

分为有机溶剂型凹印油墨和水基型凹印油墨。

（1）有机溶剂型凹印油墨　主要使用易挥发的低沸点有机溶剂，配以能溶解于其中的树脂。

（2）水基型凹印油墨　采用的是丙烯酸类树脂，并配有水、氨水、乙醇等物质。

三、性能

1. 流变性和流平性

凹印油墨要有好的流变性和流平性。由于凹版印刷的特征，要求油墨黏度低，触变性小，屈服值小。

2. 附着性

油墨要有适合承印材料要求的附着性，凹版印刷的承印材料除了纸张类吸收性承印材料以外，还有塑料薄膜类非吸收性承印材料。对于纸张类，油墨的附着适用于"抛锚"理论。对于薄膜而言，油墨要先润湿后吸附，即油墨的表面张力小于材料表面张力或油墨的内聚力小于油墨与材料之间的附着力，油墨的润湿性好；其次油墨分子与薄膜分子之间的极性牵引力要尽可能大，油墨的附着性好。

3. 干燥性

油墨转移到承印物上后，干燥速度要符合印刷条件的要求。油墨的干燥性一方面受其溶剂种类、性质的影响；另一方面受机器干燥装置的影响。合理配制混合溶剂的比例是确定油墨干燥性能的关键。

4. 黏弹性

凹版印刷机由于印刷速度快，在印刷时要求不易拉丝，即墨丝短，在瞬间内发生断裂，不呈现黏性流动，而在油墨内聚力下，又要求表现出良好的回弹性。

第五节　凹版印刷承印材料

一、凹印纸张

1. 常见凹印用纸

（1）白卡纸　常见的一种凹印用纸，主要用于印刷香烟、食品、化妆品等包装盒。除此还用于名片、封皮、请柬等的印刷。

（2）铜版纸　即涂料纸，是一种经过涂布和整饰之后制成的高级印刷纸。用于印刷图片、画报、画册、年历等。铜版纸按涂布面可分单面和双面两种，按光泽度分高光泽、有光泽和无光泽三种。铜版纸有卷筒纸和单张纸。

（3）证券纸与邮票纸　证券纸用以印刷支票、汇票及长期保存又不易伪造等的印刷品。邮票纸是专门用来印刷普通邮票、纪念邮票和特种邮票。

（4）水松纸　是特种工业用纸，专供卷烟厂做过滤嘴烟滤嘴棒外包装用，因外观类似松木纹而得名。主要分为印刷型和涂布型两大类，印刷型水松纸主要用于中、高档香烟；涂布型一般用于低档香烟。

（5）铝箔纸　采用复合方式和铝箔形成复合材料，或者通过真空镀铝的方式把金属铝涂布在纸张上而获得。常见有如下两类。

① 用于各类卷烟用内衬和印刷基材　常见有涂油铝箔纸、染色铝箔纸、印字防伪铝箔纸、压花铝箔纸、印刷用铝箔纸等。

② 用于烟盒、酒盒等各种产品的外包装印刷基材　常见卷筒或平张覆膜卡纸、覆箔板卡纸、印金板卡纸及覆箔、覆膜插舌卡纸等。

2. 凹印纸张的性能

无论是哪类纸张，其印刷适性的好坏将直接影响印刷品质量。凹版印刷特点之一是印版上的图文低于印版表面，印刷时压力较大，印版滚筒自身是不可压缩的金属，纸张的平滑度对油墨转移是否均匀起决定作用。为了适应这样的印刷条件，凹版印刷用纸首先要有良好的平滑度，否则，纸张就不能很好地与印版滚筒紧密接触。与平滑度同等重要的是可压缩性，纸张在受压时体积减少，意味纸张是可压缩的。它决定纸张在压印瞬间时的平滑度，影响印刷品亮调和中间调区域的密度均匀性。凹印纸张若没有很好的可压缩性就无法使印版滚筒中凹下的油墨充分转移。

由于纸张具有多孔性，对油墨接受和吸收能力的大小将决定印刷品的干燥速度和墨层的光学性质。凹印油墨的黏度很低，印刷速度又快，因此，纸张在受压瞬间对油墨的接受性要好，但对油墨的吸收性要小，这样可以延缓纸张对低黏度油墨的吸收，否则，会产生透印、印迹无光泽等缺点。

由于凹印用纸是卷筒纸，在印刷的过程中最忌讳断纸，对纸张的强度要求很高；此外，由于凹版印刷备有色间干燥装置，干燥时纸张中的水分会蒸发，纸张的强度会减低，反复进行几次后，纸张的强度会大大降低，因此，要求有很高的抗张强度。如果是特殊用纸如钞票纸，则要求高耐折度；如果是包装用纸，则要求高耐破度。

此外纸张白度要求较高，如白度不够，则影响图像的反差。纸张的均匀度也很重要，如纸质不均匀会因吸收能力不同而产生斑点，影响印刷质量。

凹印用纸中填料的硬度不能太高，否则，易划伤印版而降低印版的寿命；在印刷过程中，填料脱落掺入油墨中会使刮墨刀磨损加剧，导致频繁更换刮墨刀。对纸张表面强度的要求不高，因为凹印油墨的黏度很低，印刷时不会因为油墨的因素而产生纸张的起毛等印刷弊病。

二、塑料薄膜和铝箔

1. 塑料薄膜

凹版印刷中除纸张外，塑料薄膜也是一种很重要的承印材料，特别是用于包装印刷行业。凹印用塑料薄膜最多的是聚乙烯，其次是聚丙烯、聚氯乙烯、聚酯、聚酰胺、聚偏二氯乙烯、玻璃纸等。在复合材料中还要用铝箔等包装材料。

（1）聚乙烯（PE） 是比较难以印刷的材料，这是由其基本性质所决定的。第一，聚乙烯无极性，化学性质稳定，几乎不溶于任何溶剂，油墨涂布后仅仅依靠二次结合力附着于表面，油墨与聚乙烯的黏合力很弱，印迹干燥后容易脱落，耐磨性差。其次，聚乙烯因温度变化或因张力变化伸缩率很大，加上薄膜自身非常薄，易产生套印不准或起皱现象。因此对聚乙烯薄膜在印刷前要进行相应处理。对于聚乙烯薄膜的印刷最好是使用卫星式凹版印刷机。

（2）聚丙烯（PP） 薄膜的物理性能与高密度聚乙烯相似，凹版印刷中常用的是双轴向拉伸聚丙烯薄膜（BOPP）、拉伸聚丙烯薄膜（OPP）、未拉伸聚丙烯薄膜（CPP）、聚丙烯热收缩膜。聚丙烯薄膜可采用卫星式凹版印刷机。

（3）聚氯乙烯（PVC） 聚氯乙烯是由乙炔与氯化氢进行加成反应所生成的氯乙烯经聚合而成的一种热塑性塑料，在光、热作用下易释放出 HCl 气体而分解，此外在空气中也会发生分解，经添加助剂进行处理后，可提高薄膜的使用功能。聚氯乙烯膜常与纸张、铝箔或其他塑料层合成复合材料，广泛用于化学品、油脂类、军用材料、食品及医药品的包装中。对聚氯乙烯的印刷与聚乙烯、聚丙烯不同，它的表面能较高，不需要在印刷前进行表面活化处理。

（4）玻璃纸（PT） 玻璃纸又名赛璐玢，是一种非热塑性薄膜。它最主要的优点是印刷适性好，印前不需要经过任何处理，且本身具有很高的透明度和光泽度，故印刷后色泽鲜艳，这是其他塑料薄膜所不能达到的。易与其他薄膜复合，具有抗静电性能，处理时易完全分解。适用于食品包装。有不少玻璃纸用于同铝箔、聚乙烯、纸张等复合。

（5）聚酯（PET） 与其他薄膜相比，有较大的机械强度、优良的尺寸稳定性、较强的韧性和弹性等优点。它的绝缘性能位于各种塑料薄膜之首，在凹版印刷过程中极易产生静电积累现象，因此需要有效的静电消除器。

2. 铝箔

铝箔同纸张、塑料薄膜等材料相比，具有阻隔性好、气密性强、防潮防水；对内容物的保护性强；导热性和遮光性优良等特点。同时无毒，能和纸张、塑料薄膜等材料进行复合，便于印刷和着色。因此，铝箔是一种至今尚无法被替代的包装材料，故用途很广。在现代包装中，几乎所有要求不透光的高级复合材料中，均采用铝箔。

铝箔是采用纯度在 99.5% 以上的电解铝，经过压延制成，能和塑料薄膜、纸张等包装材料复合，并利于着色和印刷。用于复合材料中的铝箔，厚度通常为 0.07～0.09mm。

铝箔是金属，无吸收性，在印刷前要进行相应的预处理，即涂布一层虫胶涂层或硝化纤维素，用以提高油墨的附着力。

3. 塑料薄膜的印前预处理

液体对固体材料润湿性取决于固液表面的附着力和液体自身的内聚力，当附着力大于内聚力时，液体扩散，反之液体聚集，如图 1-38 所示。换句话说，当液体与固体间的接触角大于或等于 90° 时，液体不润湿；接触角小于 90° 时，液体润湿。纸张之所以对油墨的吸附性好，一方面由于纸张具有毛细孔，油墨便于渗透；另一方面纸张与油墨的接触角小于90°，油墨能铺展。塑料薄膜的表面结构与纸张不同，它表面光滑，无毛细孔，不能产生毛细作用，且油墨与多数薄膜的接触角大于 90°，难以在薄膜表面浸润。此外，塑料薄膜分子大多为非极性分子，化学稳定性好，表面能低，也会影响油墨在其表面的附着和铺展。为此

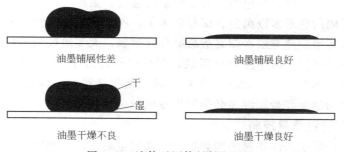

油墨铺展性差　　　　　　　油墨铺展良好

干
湿

油墨干燥不良　　　　　　　油墨干燥良好

图 1-38　液体对固体材料润湿性

必须进行印前表面预处理。

塑料薄膜进行印前表面预处理的方法很多，总体可分为化学处理法、火焰处理法、电晕放电处理法、紫外线辐射处理法等。

化学处理法主要是在薄膜表面导入极性基团或用化学试剂去除薄膜表面的助剂，以提高薄膜的表面能。

火焰处理法的工作原理是：让塑料薄膜快速通过距内焰 10～20mm 处，利用内焰的温度，空气激化产生自由基、离子、原子等，在薄膜表面进行反应，形成新的表面组分，改变薄膜的表面性质，以改善对油墨的附着性。处理后的薄膜材料要尽快印刷，否则，新生的表面很快又被污染，影响处理效果。火焰处理法难以控制，现在已被电晕放电处理法取代。

电晕放电的工作原理是主要让薄膜通过一电压场，电压场产生高频振荡脉冲迫使空气电离。电离后气体离子撞击薄膜使其粗化提高薄膜的比表面积，同时游离的氧原子与氧分子结合生成臭氧，在表面生成极性基团，最终提高塑料薄膜的表面张力，有利于油墨和黏合剂的附着。

以上处理均为提高塑料薄膜表面能，除此还要进行抗静电处理。塑料薄膜加工过程、印刷过程都容易产生静电积累现象，而大多薄膜绝缘性很好，无法将产生的电荷通过传导而消失。静电电荷如不排除，会使墨层干燥不透，收卷后印品易粘连造成废品；此外，会增加薄膜印后加工的难度。抗静电处理的方法有两种：第一，在塑料薄膜加工过程中，添加适量的抗静电剂；第二，在凹版印刷机中使用静电处理装置。此类装置能使空气电离生成阴、阳离子气体，将气体喷到薄膜的表面，可起到消除静电的作用。前一种方法能长时间抗静电，后一种方法只能暂时去除静电，现在主要使用第一种方法进行抗静电处理。

第六节　凹版印刷质量控制

为了得到优良的凹版印刷质量，凹版印刷需要对印前和印刷过程进行有效的控制。

一、凹版印前质量控制

在凹版印前制作中，需要对设计的图文进行适当的修改，使其尽可能满足凹印的要求。其中，线条、文字和色彩等只有设计和控制合理，才能达到理想的印刷效果。

凹版印前质量控制的重点是原稿图文信息处理、色彩管理、层次校正、色彩校正和灰平衡控制等方面。为了套印的需要，细小的线条、文字不能采用多色套印，且文字字号不应小于 5 号字，字高不得小于 2mm；线条线宽不得小于 0.1mm。套色的图案上不能有细小的反白字，更不应该在套色图案上留空，套上其他细小文字。对人像等要求套印较严的版，黑、蓝、红、黄版中间尽量不隔其他色版。为了印刷的需要，条形码应安排使线条方向与版筒圆周方向一致，条形码的色彩多以黑色、深蓝色为主，不宜采用金属油墨或浅色油墨印刷。如果有条件的话，大实地底色与层次图案版最好分开制版，大实地底色尽量采用专版。挂网版必须充分考虑80％和5％这两个颜色跳跃区，渐变挂网时最小网点极限应在10％以上，可印刷的最小网点面积率为15％～25％，尽量不做大面积挂浅网，以免大批量印刷时造成网点丢失。另外，透明油墨和金属油墨必须采用专色版。

二、凹版印刷过程质量控制

在凹版印刷中，影响产品质量的因素很多，这里主要以轮转凹版印刷机，承印物为塑料薄膜包装装潢类印刷为例。

(1) 明确表印和里印印刷　据印刷方式是表印还是里印确定薄膜种类、区分电晕处理面；确定印版滚筒的类型（反版或正版）；为油墨选用不同类型的稀释剂等。

(2) 印刷车间温度、湿度控制　印刷车间温度过高、湿度过大容易导致印刷品出现回粘、退色、色转移、粘连、牢固度差等现象，严重时还会使油墨分解、印不上色。如果车间过于干燥，在高速度印刷时会产生静电，使油墨在薄膜上游动；而在低速度印刷时，则会使印刷品无光泽，出现干版、糊版等现象。一般印刷车间温度控制在18～25℃，相对湿度控制在55％～75％为宜。

(3) 凹版滚筒定位平衡　凹版滚筒的平衡取决于印刷机和版辊，以及安装的影响。安装时要根据印版滚筒上的对版线和印版滚筒的长度确定好各色印版滚筒的位置，并安装牢固。

(4) 印刷压力要合适　凹版印刷的压力主要来源于压印胶辊橡皮布的压缩变形。不同厚度和不同平滑度的承印物，印刷时需要的压力量是不同的。要提高凹印质量，必须对印刷压力进行控制。胶辊压力过大，印刷图案会出现重影、不清晰、无光泽等现象；胶辊压力过小，会出现浅网部分不上色、文字部分不清晰等。胶辊不平整，会出现漏印、上色不匀等现象，因此应选用高质量的胶辊，在印刷时调节好胶辊的压力。

(5) 刮刀角度的调节控制　刮刀与印版滚筒间的角度根据网穴深浅和印刷速度一般控制在45°～65°，调整时应注意刮刀和压印胶辊间的距离，要跟印刷速度相配合。同时，还要根据印版图文的网穴深浅、叠印次序调整刮刀的压力。

(6) 油墨的工作黏度调节控制　油墨黏度过低，会产生过多气泡，载体带动色料的能力减弱，从而导致印品表面出现白点、印刷图文颜色过浅或细线条和小文字变粗等问题。油墨黏度过高，油墨的流动性会变差，印刷时油墨流平性变差。油墨的工作黏度一方面要考虑到印刷速度，印刷速度快，应选择快干型稀释剂；印刷速度慢，应选择慢干型稀释剂。另一方面，在印刷过程中还要及时补充挥发掉的稀释剂，而且最好与油墨混合一起加入墨斗中，以保证印刷品的一致性。

(7) 张力控制　凹版轮转印刷离不开张力控制，在印刷过程中，有各种环节和因素会引起张力变化，并导致材料的变形，套印误差增大。一般凹印机的上料、下料处都安装了磁粉张力控制系统，对张力进行自动控制。一些高档凹印机还在各色组安装了电脑跟踪、自动控制系统。对于没有电脑套色系统的印刷机，各色组的张力就要靠人工来调整。调整时要综合考虑印刷速度和张力的大小。

(8) 干燥系统要配套　干燥系统影响着凹印机的速度。从单烘箱到双烘箱和多功能烘箱、烘道，无论哪种干燥系统，其主要作用相同，一是提高印刷机速度，二是提高油墨在薄膜表面的附着牢度，使油墨中稀释剂彻底干燥，防止假干，造成回粘或制袋后产生异味。因此，干燥系统应与印刷机速度配合好，再根据印刷品上图案面积的大小来调整烘箱温度和风量。

　　一般凹版印刷机每印完一色以后要求油墨中的溶剂能够快速的挥发掉，因此在每个印刷机组后都安装有干燥装置，采用电加热或蒸汽加热的方式加热空气，并使热空气通过喷嘴吹到承印物表上，促使油墨中的溶剂快速挥发，再由排气扇将废气带出机外。烘干温度应根据油墨类型、承印物的不同、印刷面积大小而定。对于溶剂型凹印油墨，如进行纸张印刷时，对大面积色块或满版印件，温度一般控制在 40～80℃；线条、文字等细小图案，干燥温度一般控制在 40～60℃；醇溶性光油干燥温度一般控制在 70～110℃。水性凹印油墨也以挥发干燥为主，但干燥墨膜的复溶性比溶剂型油墨差，如印刷铝箔酒标，烘干温度在 100℃ 以上；塑料薄膜印刷烘干温度在 50～60℃ 为宜。水溶性光油干燥温度一般控制在 80～120℃，干燥风力应比使用溶剂型油墨强。

三、凹版印刷常见故障及解决方法

　　凹版印刷中，有很多因素影响印刷质量。表 1-1 列出常见故障及解决方法。

表 1-1　凹版印刷常见故障及解决方法

故障现象	原因分析	解决方法
套印不准	① 套印系统数值设定不准确 ② 印刷基材存在暴筋或荷叶边 ③ 印刷周长加工不精确，马克线设计得不规范	① 重新设定参数，将光电眼对准马克线 ② 使用无缺陷的印刷基材 ③ 印版周长的径差应由第一色至最后一色逐渐增大，用于套印的马克线必须非常标准、规范
刀线	① 刮墨刀片上有缺口 ② 油墨中有杂质、运转过程被带到刮墨刀片上形成刀线 ③ 印版的表面处理不好	① 用 500 目水磨砂纸研磨刀片，直到缺口完全消除，或者更换新刀片 ② 油墨在上机前用 120 目尼龙网进行过滤，滤除杂质 ③ 印版在进行镀铬抛光处理时，必须使光洁度达到满足生产目的
浮脏	① 油墨的印刷适应性差 ② 刮墨刀的压力过小 ③ 印版的表面处理达不到要求	① 选用优质的油墨，有效降低废品率 ② 调整气刮刀的气缸压力 ③ 严格控制印版的表面质量
色差	① 刮刀的角度不对 ② 油墨的色相不对 ③ 印版未清理、擦拭干净	① 调整刮刀的角度，颜色太深，刮刀角度加大；颜色太浅，刮刀角度变小；将刮刀架往前推使上墨量加大，提高着色的饱和度 ② 更换油墨或重新调配油墨颜色，也可以适当加一些稀释剂来降低色浓度，以达到色相一致的目的 ③ 轻微堵版可用喷粉清理网穴中堵塞的油墨；严重者要用洗墨液进行清洗，并用铜刷蘸溶剂进行清洗
漏印	① 印压胶辊表面有凹孔 ② 压印胶辊压力过小	① 将有凹孔的胶辊表面进行打磨处理，情况严重时须考虑重新挂胶 ② 加大胶辊的印刷压力，提高油墨的转移率
粘连	① 设备烘干能力不够，收卷时张力过大，易发生粘连 ② 天气炎热，湿度大，油墨、溶剂中水分超标，易发生粘连	① 改善油墨的干燥条件，改善收卷张力的大小，以膜卷不出现暴筋现象为最低限度 ② 炎热季节，油墨的溶剂在使用后应该密封保存，以防止油墨吸水后影响印刷质量，油墨的溶剂一旦吸水，可通过提高干燥温度，防止油墨的粘连现象
堵版	① 混合溶剂的配比不合适 ② 工作车间的温度太高 ③ 设备的进风量太大，将印版吹干，影响了油墨的转印	① 重新调整溶剂配比，加入慢干溶剂 ② 降低车间温度 ③ 控制进风量，减少版面干燥现象
毛刺	① 工作环境湿度太小，空气过于干燥 ② 油墨中没有加入防静电剂 ③ 印刷机没有安装接地线和静电毛刷	① 在印刷机周围洒水，增加湿度，使湿度达到 30% 以上 ② 选择使用优质油墨或在油墨中掺加抗静电剂 ③ 印刷机安装接地线和静电毛刷
附着力差	① 错用印刷薄膜的油墨 ② 聚烯烃表面张力没达到要求 ③ 墨膜未干彻底或加热不够	① 在使用油墨时，坚持油墨专用、异类不掺的原则 ② 可自配达因水，检查薄膜的表面处理度 ③ 印刷材料保管环境不应潮湿；印刷时，要根据当时的温度、湿度来调配稀释剂

思 考 题

1. 凹版印刷的原理是什么？

2. 凹版印刷有哪些特点？适用于哪些应用领域？

3. 凹版的种类有哪些？

4. 照相腐蚀凹版的制版工艺有哪些？分别是什么？

5. 凹印树脂版制版工艺的关键技术有哪些？

6. 电子雕刻凹版的基本原理是什么？具体有哪些方法？

7. 对雕刻凹版网穴的质量要求有哪些？

8. 电子束雕刻的特点有哪些？

9. 激光雕刻的优点有哪些？

10. 无软片雕刻系统的原理及工艺过程是什么？

11. 简述凹版滚筒的结构及制作工艺。

12. 凹印滚筒镀铬的目的是什么？

13. 干式转移法和湿式转移法分别指什么？

14. 凹版印刷机有哪些种类？

15. 凹版印刷机主要由哪些机构组成？

16. 凹印机的供墨方式有哪几种？特点是什么？

17. 刮墨刀安装方式有哪些？特点是什么？

18. 凹印机中的干燥装置有哪几种方式？色间干燥装置和终干燥装置的作用是什么？

19. 凹印机中无轴传动技术指什么？

20. 凹版印刷机的张力控制分为哪几部分？张力控制系统的作用是什么？

21. 凹版印刷机张力控制系统由哪些部分组成？

22. 凹印机的套色控制系统由哪些部分组成？各部分的作用是什么？

23. 简述集合滚筒式凹印机的印刷过程。

24. 机组式凹印机的干燥装置主要有哪些类型？

25. 纵向套准误差的调整有哪两种方式？

26. 横向套准误差的调整应如何进行？

27. 现代凹印机的附属装置有哪些？

28. 凹版印刷对油墨有哪些要求？

29. 凹版印刷油墨按连结料可分为哪几种？

30. 塑料薄膜进行印前表面预处理的方法有哪些？处理的目的是什么？

31. 凹版印刷的常见印刷故障有哪些？

32. 影响凹版印品质量有哪些因素？如何控制凹版印刷质量？

第二章 柔性版印刷

第一节 概 述

一、柔性版印刷的定义

柔性版印刷（flexography）是使用柔性印版，通过网纹传墨辊传递油墨的印刷方式。柔性印版是由橡胶版、感光性树脂版等材料制成的凸版，所以，柔性版印刷属于凸版印刷的范畴。柔性版印刷原名叫"苯胺印刷"，因使用苯胺染料制成的挥发性油墨印刷而得名。现在已不再使用苯胺染料，而改用不易退色、耐光性强的染料或颜料，所以在1952年10月的第14届包装会议上将苯胺印刷改称为"flexography"，意为可挠曲性印版印刷，中国也相应改称为柔性版印刷。

美国柔性版印刷协会1980年对柔性版印刷做了如下的定义：柔性版印刷是一种直接轮转印刷方法，使用具有弹性的凸起图像印版，印版可粘固在可变重复长度的印版滚筒上，印版由一根雕刻了着墨孔的金属墨辊施墨（网纹传墨辊），由另一根墨辊或刮墨刀控制输墨量；可将液体和脂状油墨转印在承印材料上。

二、柔性版印刷工艺流程

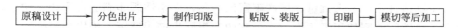

原稿设计 → 分色出片 → 制作印版 → 贴版、装版 → 印刷 → 模切等后加工

三、柔性版印刷的特点

柔性版印刷兼有凸印、胶印和凹印三者之特性。从其印版结构来说，它图文部分凸起，高于空白，具有凸印的特性；从其印刷适性来说，它是柔性的橡胶、树脂面与印刷纸张接触，具有胶印特性；从其输墨机构来说，它的结构简单，而且与凹印相似，具有凹印特性。除此之外，柔性版印刷还具有如下特点。

（1）柔性印版使用高分子树脂材料，具有柔软可弯曲、富于弹性的特点 柔性印版肖氏硬度一般在25～60之间。印版耐印力高，一般在几百万印以上。属于轻压力印刷（凸印压力5MPa、凹印压力4MPa、平印压力0.4～1MPa，而柔印压力仅0.1～0.3MPa），所以，柔性版印刷特别适用于瓦楞纸板等不能承受过大印刷压力的承印物的印刷。

（2）制版周期短，制版设备简单，制版费用低 一般情况下，柔性版印版制作约5h。制版费用是凹印制版费用的1/10。

（3）承印材料非常广泛，几乎不受承印材料的限制 光滑或粗糙表面、吸收性和非吸收性材料、厚与薄的承印物均可实现印刷。可承印不同厚度的纸张和纸板、瓦楞纸板、塑料薄膜、铝箔、不干胶纸、玻璃纸、金属箔等。

（4）机器设备结构简单，成本低 柔性版印刷机由于构造相对简单，因此设备投资低于相同规模的胶印机或凹印机，同样色组的印刷设备，柔性版印刷生产线比胶印机价格低40%～60%，为凹印生产线价格的1/3。

（5）应用范围广泛，可用于包装装潢产品的印刷 柔性版印刷既可印刷各种复合软包装产品、折叠纸盒、烟包、商标及标签；也可以印刷报纸、书籍、杂志和信封等。

（6）可使用无污染、干燥快的油墨　柔性版印刷生产线可使用水溶性或 UV 油墨，对环境无污染，对人体无危害。柔印水墨是目前所有油墨中唯一经美国食品药品协会认可的无毒油墨，因而，柔性版印刷又被人们称为绿色印刷，被广泛用于食品和药品包装。

每个印刷色组都设有红外线干燥系统，墨层可在 0.2～0.4s 内干燥，不会影响下一色组的套印。

（7）印刷速度快、效率高、生产周期短　柔性版印刷通常采用卷筒材料，可进行双面和多色印刷。一般机组式窄幅柔印机印刷速度可达 150m/min，卫星式宽幅柔印机印刷速度可达 350m/min。柔印机可与上光、烫金、压痕、模切等印后加工设备相连接，形成印后加工连续化生产线，设备综合加工能力强。因此，生产周期比其他印刷工艺短。

（8）经济效益高　柔性印版费用仅为凹印的 10%～20%，耗墨量比凹印少 1/3，节电40%，废品率低于凹印和胶印，从而降低了生产成本。

（9）柔性版印刷着墨量大，印刷的产品底色饱满　柔性版印刷特别适合印制古香古色、色调暗淡的图像，但是，柔印产品网点扩大量大，层次不如凹印和胶印丰富。

四、柔性版印刷的应用范围

近十几年来，柔性版印刷在世界范围内有较大发展，其印刷工艺也日趋成熟，使用范围越来越广泛，几乎可以应用于任何承印物的印刷。不仅在包装行业，而且在出版印刷领域也占有越来越大的应用量。

1. 软包装的印刷

其印刷产品有食品、化妆品、卫生品等塑料软包装。柔性版印刷正与传统的凹版印刷争夺市场。凹版印刷适合于印制大批量、层次丰富的产品，而柔性版印刷适合于印制中、低档的产品，加之由于柔性版印刷使用无污染、无公害的油墨，生产周期短，价格相对低廉，随着经济的发展，人们对环保意识的增强，柔性版印刷在软包装印刷中将会得到越来越广泛的应用。

2. 瓦楞纸箱的印刷

柔性版印刷技术在瓦楞纸箱印刷行业占有绝对优势，不存在柔性版印刷与其他印刷工艺竞争的问题。

3. 不干胶标签的印刷

不干胶标签是窄幅连线柔印机的主要产品，连线柔印机的印刷质量和生产效率远远优于凸印商标印刷机。

4. 折叠纸盒的印刷

用组合式连线柔印机印制折叠纸盒，是当前国外柔性版印刷发展较快的一个领域，印刷机类型也由窄幅而派生出"中幅"。烟盒、食品、医药卫生用品等领域的折叠纸盒都是柔性版印刷的市场。柔印机配备上 UV 油墨干燥装置后，使用 UV 油墨印出的纸盒无论其亮度、墨色厚度、牢度都不亚于胶印的效果，而由于印后加工的联机操作，更显出优越性。

数字式无轴轮转模切系统，集裁切、压痕、凹凸整饰等多种工艺于一体，多道工序能够一次完成，大大降低了生产成本。

5. 报纸的印刷

在发达国家中柔性版印刷不仅用于包装装潢印刷，而且用于商业和报纸印刷。由于采用柔性版和水性油墨印报，不污染环境，印刷后干燥快，不沾手。

此外，柔性版印刷还用于纸质手提袋、多层复合袋、信封及建筑装饰材料的印刷。

第二节　柔性版制版

一、柔性版的版材

柔性版版材的主要特点是：有较强的反弹能力和一定的柔软程度，柔性版的硬度一般为肖氏 35°～50°，最硬可控制在 60°，传墨性能良好。版厚一般约为 2～2.5mm，高弹性高感光度的柔性薄版的厚度约在 0.8～1.1mm 之间。

1. 分类

最常见的柔性版有手工雕刻橡皮版、铸造橡皮版、感光树脂柔性版和无缝版。其中感光树脂柔性版应用最为广泛。手工雕刻橡皮版、铸造橡皮版因为应用日趋减少，此处不讲述。感光树脂柔性版又分为固体感光树脂柔性版和液体感光树脂柔性版。液体版可具有不同的硬度、厚度和浮雕深度。固体版近年来发展很快，印版制作非常简单。

2. 感光树脂柔性版特点

（1）尺寸稳定　感光树脂版收缩量小，固体版比橡皮版和液体版收缩量更小，在制版时不会产生伸缩变形，可以制作尺寸精确的印版，且尺寸稳定性好。

（2）节省制版时间　制版工艺过程比橡皮版简单，利用阴图片直接曝光。

（3）图像清晰　直接曝光可以得到比橡皮版更清晰的图文，对原稿的再现精度高。

（4）图文质量高　能印刷线条版及高质量的层次版。但在印刷压力下，感光树脂网点有变形。在印前环节要进行相关图文处理，使柔印产品很好地再现原稿。

（5）版材厚度均匀　版材平整度达 0.013mm，压力均匀，可保证最佳的印刷质量。

（6）耐磨性好　杜邦公司的赛丽版的耐印力是橡皮版的 3～5 倍，耐印力可达几百万次。

3. 感光树脂版材的结构及组成

由聚酯支撑膜、感光树脂层和聚酯保护层三部分组成，如图 2-1 所示。感光树脂层涂布在聚酯支撑膜上，感光树脂层的表面被一层可揭去聚酯保护。聚酯支撑膜和聚酯保护层保护版材在搬运、裁切和背面曝光过程中免受损伤。当聚酯保护层被撕下时，还有一层很薄的膜非常严实地铺在感光树脂层的表面用作减少直接接触。

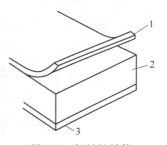

图 2-1　版材的结构

1—聚酯保护层；2—感光树脂层；3—聚酯支撑膜

柔性版用感光材料有液体和固体两种。

① 固体感光柔性版的组成有主体聚合物、反应聚合引发剂、丙烯酸酯类乙烯单体、热阻聚剂（稳定剂）和为改变橡胶硬度使用的添加剂等。

主体聚合物，一般使用本身有弹性的合成橡胶体系的树脂。例如，聚丁二烯、聚异戊间二烯、异戊间二烯-苯乙烯共聚物、聚氨基甲酸酯、乙烯-醋酸乙烯共聚物等合成橡胶。

光聚合引发剂，是光聚合反应中传递光能的媒介物。通常使用有机光聚合引发剂，主要是安息香（二苯甲醇酮）、二苯甲酮、蒽醌等。

乙烯基单体，是交联剂，感光前后使版材产生物理性能差异的主要成分是丙烯酸酯类，如季戊四醇四丙烯酸酯等。

热阻聚剂（稳定剂），是抑制暗反应发生的物质，提高版材的保存期。它使感光树脂版的组分只在特定的光线照射下，才发生光化学反应。常用的阻聚剂有：对苯二酚和对苯二胺。

② 液体感光柔性版是用在分子内含有丙烯基低聚物的物质作为主要原料，并在其中加入表现橡胶弹性的氨基甲酸酯橡胶、丁基橡胶、硅橡胶以及天然橡胶的聚合物和苯乙烯-丁二烯橡胶、乙烯-丙烯橡胶等。

4.柔性版材的选用

柔性版材种类较多，不同承印物的性能对印刷的要求也不相同，需要用不同硬度、不同厚度、不同深浅、不同的油墨来满足印刷需要，为此，选用柔性版材应注意以下问题：

① 使用设备与油墨、纸张应配套。

② 考虑版材的透明度。为保证产品质量要求，尺寸稳定的底基树脂片可确保印刷套准的精度。特别在进行四色套印时，十字线是印版套色的关键，在分色印版的十字线对位时，只有比较透明的版材才能更清楚地看到下面的十字线。

③ 价格和服务。价格和服务也是选用版材的关键，满足质量要求的前提下，橡胶版材优于树脂版材，液态树脂版与固态树脂版相比又有环保的优势。

二、感光树脂柔性版的制作工艺

1.固体感光树脂柔性版的制作工艺

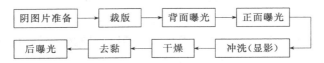

（1）阴图片准备　首先要检查阴图片的质量，对阴图片做清洁工作。其次检查图文的方向是否正确。在正面印刷时，从乳剂面一侧看图文是正向；如果是反面印刷（里面），从乳剂面看图文是反向。

（2）裁版　裁切版材时要根据阴图尺寸，版边预留12mm夹持余量，正面朝上进行裁切。

（3）背面曝光　从背面对印版进行均匀曝光，如图 2-2（a）所示。版材背面曝光的主要

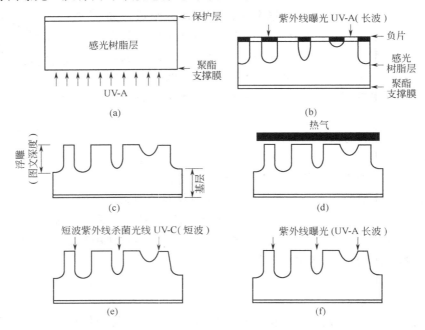

图 2-2　感光树脂柔性版制作工艺

目的是建立印版的浮雕深度和加强聚酯支撑膜和感光树脂层的黏着力。背面曝光时间的长短决定了版基的厚度，曝光时间越长，版基越厚，印版硬度越大。

（4）正面曝光　也叫主曝光，是将阴图片（负片）上的图文信息转移到版材上的过程。如图 2-2(b) 所示。感光原理：感光树脂版材在紫外光的照射下，首先使引发剂分解产生游离基，游离基立即与不饱和单体的双键发生加成反应，引发聚合交联反应，从而使见光区域（图文部分）的高分子材料变为难溶甚至不溶性的物质，而未见光部位（非图文部分）仍保持原有的溶解性，可用相应的溶剂将非图文部分的感光树脂除去，使见光部位（图文部分）保留，形成浮雕图文。

柔性版晒版也可采用圆形曝光的方法。圆形晒版方法如图 2-3 所示，把按尺寸要求裁好的感光版材撕去保护膜，用双面胶带把它的片基面粘贴在装版辊上（此辊和柔性版印刷机版辊直径一致），用有胶的连接片和阴图片（药膜面朝里）连接好，把图像或文字位置与感光柔性版接口对好，拉紧张紧弹簧。开灯，开动电机，使从 A 点到 B 点的时间恰好等于平面曝光的时间，就这样一面转动，一面曝光，直到最后图文离开 B 位置。圆形晒版对于晒制套色版很有必要，可解决套色不准和阴图尺寸需计算纠正的问题。

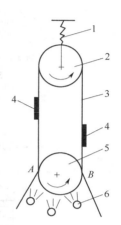

图 2-3　圆形晒版方法
1—弹簧；2,5—版辊；
3—传送带；4—感光
版；6—曝光源

（5）冲洗显影　版面经曝光后，见光部分硬化，未硬化的部位需要用溶剂除去，称为显影。如图 2-2(c) 所示。显影的目的是，除去未见光部分（非图文部分）的感光树脂，形成凸起的浮雕图文。未曝光的部位在溶剂的作用下用刷子除去，刷下去的深度就是图文浮雕的高度。

（6）干燥　经冲洗后的印版吸收溶剂而膨胀，通过热风干燥排出所吸的溶剂，使印版恢复到原来的厚度。如图 2-2(d) 所示。一般采用暖风干燥 30min 左右，温度应保持为 70～80℃。

（7）去黏处理　用光照或化学方法对版面进行处理。目的是去掉版材表面的黏性，增强着墨能力。有光照法（图 2-2e）、化学法、喷粉除黏。

（8）后曝光　对干燥好的印版进行全面的曝光，如图 2-2(f) 所示。后曝光使整个树脂版完全发生光聚合反应，版面树脂全面硬化，以达到所需的硬度，提高印版的耐印力，并提高印版的耐溶剂性。后曝光时间一般在 10min 左右。

2. 液体感光树脂柔性版的制作工艺

（1）成型　成型方法有铺流成型和注入成型两种。

① 铺流成型　如图 2-4 所示。制版时，首先将底片 5 放在下玻璃板 8 上展平，盖上保护膜 7 并贴实。然后通过料斗 1 将树脂倒入，用刮平刀 2 刮平，用压辊 4 将片基 3 压在树脂上面，再盖上上玻璃板 10，即可进行曝光。

② 注入成型　如图 2-5 所示。制版时，将片基 4 放在底座 1 上抽真空贴紧，放上垫板 8，盖上与上玻璃板 7 贴紧的底片 3，则组成一个空腔，再用压盖 2 压牢，然后从注入孔 9 将树脂注入腔内。

（2）曝光　铺流成型后，如图 2-4 所示，首先用紫外线灯 9 进行背面曝光数秒，然后用紫外线灯 9 进行正面曝光。注入成型方式采用单面曝光。

（3）冲洗　从曝光设备上将已曝光的树脂取出（如图 2-4），揭去保护膜 7，喷射弱碱

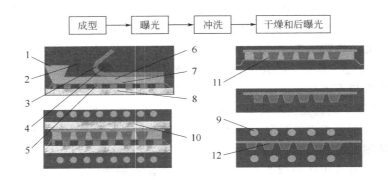

图 2-4　液体固化型感光树脂制版过程

1—料斗；2—刮平刀；3—片基；4—压辊；5—底片（胶片）；6—液体树脂；7—保护膜；

8—下玻璃板；9—紫外线灯；10—上玻璃板；11—感光固化树脂；12—印版

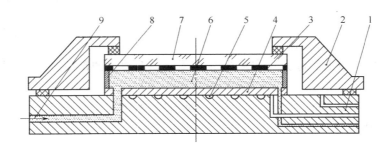

图 2-5　注入成型示意图

1—底座；2—压盖；3—底片（胶片）；4—片基；5—抽真空孔；6—树脂；

7—上玻璃板；8—垫板；9—注入孔

水，把未曝光硬化的树脂冲洗掉。留下曝光硬化的树脂，即形成印版。

（4）干燥和后曝光　冲洗完毕，吹热风将印版干燥，然后进行后曝光（如图 2-4），使树脂充分硬化而最后制得印版。

三、其他柔性版的制作

1. 橡胶版的制作

（1）手工雕刻橡胶版的制作过程　制作过程如下：

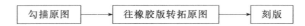

具体操作是：先用铅笔在描图纸上勾出图样，把图样原图转拓在橡胶版材上，用刻刀刻制成版。这种方法最简单，多用于瓦楞纸箱或纸袋的文字或简单图案的印刷。

（2）复制橡胶版　用天然或合成橡胶，经过加压成型制成橡胶版，制作过程如下：

具体操作是：①画制设计底样；②用无粉腐蚀法晒制铜或锌金属凸版；③用压型机压制凹形纸模版，即在金属铜（锌）凸版面撒布或涂布脱膜剂后与纸型贴合，推入压型机加热加压制取凹形纸模版；④通过凹形纸模版压制橡胶版，具体方法是，加热加压后，未加硫的橡胶版即软化，被压进模板里，连续加热、加压、加硫，橡胶被硫化变硬后揭下橡胶版；⑤加工橡胶版，即用研磨机研磨橡胶版背面，以保证印版的精度。

2. 雕刻版的制作

（1）激光雕刻橡皮版　20世纪90年代，激光技术广泛用于印刷领域，用激光雕刻陶瓷网纹辊亦是柔性版印刷的一个新突破。国际上已使用激光技术雕刻橡皮版，来替代感光树脂版。它不仅可以减少感光树脂版腐蚀时所产生的污染，并且可以做成衬套，大大简化了贴版时间，还解决了印版接头的难点。此外，通过扫描原稿，用图像信号控制激光束直接在橡皮滚筒上雕刻制成无缝版，制作工艺简单，其再现性能较好，可以印刷如壁纸等连接图像的印刷品。激光雕刻橡皮版的工艺流程如下：

（2）激光直接制版　柔版直接制版机的推出使图像直接曝光到柔版。通过柔版直接制版机制版，网点扩大值变小了，可印刷网点更小且容易控制。另外，调频网屏的应用，大大地促进了柔印的质量，并使其优势变得更加明显。

无软片制版工艺意味着所有印前都是数字化的流程，客户提供的软片将作为原稿通过特殊的扫描仪进行扫描和数字化处理。另外，包装设计完成计算机组版后需要进行陷印处理、数字式拷贝，而且需要在数字打样机上打样，以确认其最终效果。曝光后的版材将最终用以印刷。由于这些印版要比传统的制版软片价格费高很多，为了避免版材的浪费，必须以低成本的打样来对图像效果进行确认。数字化工艺流程成功的关键很大程度上依赖于精确的数字打样机。

激光直接制版机（以下简称CDI）将图像输出到Cyrul DPS/DPH光敏聚合版上。这种版材的表面附涂一层感光合成碳膜，以代替传统工艺中的负片，将成像载体直接合成入版材之中。与胶片相比，Cyrul DPS/DPH柔版曝光的图像更清晰，网点的边缘轮廓更加陡峭。曝光前，柔版被安置在快速转动的滚筒上，激光头沿着滚筒方向移动进行曝光。整个滚筒由轻碳纤维材料制成，可更换版辊。

柔印激光直接制版的工艺如下：

① 装版　真空吸气装置启动时，将版材安置在滚筒上，滚筒转动，吸气装置将版材吸附在滚筒上。版材的连接处用胶黏带密封以达到真空，然后将机盖盖上开始曝光。

② 数字成像　版材被密封在达到真空状态后，滚筒转动并开始曝光，即CDI激光通过合成膜成像，激光灼烧形成的烟雾与微粒由真空净化装置进行净化。合成膜下是传统的光敏聚合物，它只在UV激光激活下进行反应。红外激光并不对数字柔印版材有任何的作用，它的最终目的是造成局部高能量，使合成膜消失后不留任何痕迹。最终的图像经过合成膜被激光灼烧、击穿后，光敏聚合物表面不留下任何物体，从而极为清晰。

③ 背部曝光　曝光后的版材进行背部曝光。激光从版材的背部开始对单聚体进行逐渐曝光。单聚体见光聚合，进而向版材的正面反应，曝光的时间决定了最终版材的厚度。这是一个非常关键的因素，因为版材的厚度将在印刷中直接影响到图像的网点扩大及网点扩大补偿。

④ 主曝光　UV光通过合成膜上已被洞穿的开口处，对其下层的光敏聚合物进行直接曝光（没有任何散射或漫反射），因此，网点的边缘更加陡峭、清晰。

⑤ 冲洗　数字式柔版冲洗过程与传统的工艺一样，未被灼烧的合成膜与残存的光敏聚合物被溶解。

⑥ 其他处理　包括：干燥过程，将版材上的溶剂残余物去除；后曝光，进行大剂量UV曝光，光聚合反应将残余光敏聚合物硬化，降低版材的黏度；最终完成阶段蒸发溶剂残余物，从而维持版材的正常尺寸，然后上机印刷。

通常，硬度低的厚版材印刷质量差且压印力大，特别是在印刷瓦楞纸板时，太大压力容易压坏纸板，降低纸板强度。因此，固体版材的发展趋于薄型，硬度也相应变大。薄版在上版后变形极小，减少了图像的凸起高度，在一定程度上增加了图像的稳定性和复制的宽容度，印版定位也更为稳定。数字感光树脂版是一种新型的、更薄的用于柔性版印刷的版材。其表面的黑色保护层能被CTP设备所发射出来的激光烧蚀掉，它在不同的气候条件下具有十分稳定的使用性能。CTP直接制版有着印版质量高、速度快、节省人力等多方面的优势，但投入较多，技术要求较高。

3. 套筒式印版滚筒的数字化制版技术

套筒式印版滚筒的数字式制版加工工艺，主要有两种模式：①使用激光曝光型印版的有缝数字式套筒；②使用激光曝光型印版的无缝数字式套筒。

迄今90%以上的柔性版印刷都是采用印版粘贴在印版滚筒上的工艺方法。只有当印件上的图文具有连续性（循环不断的），例如墙纸、地板面纸、咖啡包装袋以及烟壳包装等印件的印刷加工时，才使用无缝的套筒工艺。

套筒系统是一种新型的版辊结构，可由一人装卸，可方便地在气撑辊上改变位置或进行定位；在同一支气撑辊上可以根据需要装两只或更多的套筒，最大的好处是能重复使用和随时在套筒上贴印版，灵活方便。

（1）气撑辊　气撑辊的制造与印版辊十分相似，同样的辊轴与同样的长度，只是在装有齿轮的一端有一个进气孔。气撑辊表面还有一些精密的小孔，与进气孔是贯通的。压缩空气进入过气孔后，可以从辊面上的小孔中均匀排出。套筒内径一般小于气撑辊外径，以保证其啮合。当压缩空气输入后，压缩空气从辊的小孔中均匀排出，在套筒与气撑辊间形成一层"空气垫"，这层空气垫使套筒内径扩大膨胀，使套筒可以任意地在气撑辊上轻便滑动。当压缩空气切断后，套筒立即收缩，并与气撑辊紧固成为一体。

（2）套筒　套筒专用于装贴印版，并可装在气撑辊上，套筒的壁厚可在1.4～25mm之间任意选择。这意味着只采用一支气撑辊可以使印刷周长增长约150mm。可以采用传统的双面胶带纸或衬垫来装贴印版。套筒可以重复使用。

无缝套筒滚筒的加工是通过一套特殊的工序将经过预曝光的光敏型印版（此时它尚未具有激光敏感性能）缝对缝地密接拼贴在套筒滚筒上，并将印版表面加工至所需的厚度，然后涂上一层对激光具有光敏性的黑白涂层。然后用激光进行图像的记录曝光以及与前述相同的加工步骤。

第三节　柔性版印刷机

一、柔性版印刷机的分类和特点

通常是根据印刷部件的排列形式不同，将柔性版印刷机分为卫星式、层叠式和机组式等几种。

1. 卫星式柔性版印刷机

卫星式柔性版印刷机如图 2-6 所示，有四色和六色两种，各色印刷滚筒对称排列在大直径压印滚筒周围，当承印物进入印刷部分后，紧贴在压印滚筒表面，顺序完成四色或六色印刷。

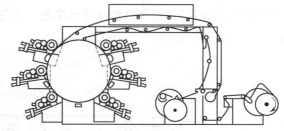

为了获得良好的套印精度，压印滚筒必须经过精密加工，压印滚筒轴承也需选配使用，以减小滚筒的径跳。为了防止干燥加热引起的压印滚筒膨胀对套准造成影响，压印滚筒采用了夹壁结构，通入循环水流，使压印滚筒保持恒温。

图 2-6　卫星式柔性版印刷机结构

这种机型适于印刷薄的、在张力作用下易于伸长变形的承印材料及高精度产品。

该机的主要特点是：

① 各色印刷部分间的距离短，需要干燥装置；

② 各个印刷部件的走纸路线不变，只能进行单面印刷；

③ 设有冷却装置，用以控制压印滚筒的温度，保证印刷压力恒定，使印刷质量稳定。

2. 层叠式柔性版印刷机

层叠式柔性版印刷机是将多个独立的印刷机组一层一层地以上下组合形式装配起来的设备，如图 2-7 所示。

图 2-7(a) 为四色柔性版印刷机，设置在印刷机主墙板的一侧，上下排列着四个印刷部件，另一侧是解卷和收卷部件。这种机型的结构非常紧凑，造价较低。

图 2-7(b) 为六色柔性版印刷机，它的印刷部件排列在印刷机主墙板的两侧，而解卷、收卷部件安装在另外的墙板上，中间以顶桥相连。顶桥上安装动力系统和干燥装置。

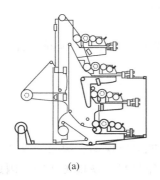
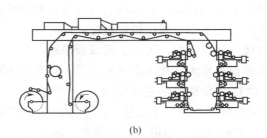

|(a)|(b)|

图 2-7　层叠式柔性版印刷机的结构示意图

该机的主要特点是：

①利用导向辊改变承印物的穿行路线，实现单双面、多色印刷，方便灵活；

②印刷部件相互独立，便于安装干燥装置，以实现高速印刷，还可以在主墙板上安装其他的附加装置，如复合、模切、纵切等，增加印刷机的功能；

③印刷部件具有良好的可接近性，便于调整、更换、清洗等操作；

④承印物在印刷部件之间没有支承，多色印刷套准精度较低，不适合印刷易伸缩的塑料薄膜和容易起褶的承印材料。

3. 机组式柔性版印刷机

机组式柔性版印刷机的印刷部件为水平排列，如图 2-8 所示。承印物沿水平方向前进，依次完成各色印刷，这种机型可进行单色、多色、单面和双面多色印刷。承印材料可以是单张也可以是卷筒式。

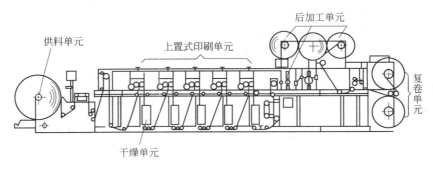

图 2-8　机组式柔性版印刷机结构简图

机组式印刷机各印刷部件相互独立，设计灵活，可以通过变换承印物的传送路线实现双面印刷；也可附设诸如张力、套准等自动控制系统，实现高速多色印刷。但机组式印刷机占地面积较大，技术水平要求高。

目前，机组式柔性版印刷机印刷纸张、铝箔、薄膜、纸板、瓦楞纸、不干胶商标和报纸等各种材料，适用范围广，联线能力强。机组式柔性版印刷机是柔性版印刷发展的主流。

机组式柔性版印刷机按印刷幅面大小分为宽幅和窄幅两大系列。承印物幅面在 600mm以下的柔性版印刷机可称为窄幅柔性版印刷机。窄幅式柔性版印刷机的各印刷机组间距较小，便于多色套印，所以这种机器可用来印刷精度较高的票证、商标等小型印刷品。

该机的主要特点是：

① 适应各种规格幅面，工艺设计方便灵活；

② 便于安装辅助设备，印刷后可以进行辅助性联合加工，如烫金、覆膜、打孔等；

③ 印刷装置水平排列，稳定性好；

④ 灵活使用导向辊，可以实现双面印刷；

⑤ 占地面积较大，技术水平要求高，制造成本高。

二、柔性版印刷机的主要部件

当前柔性版印刷机发展较快，既能进行多色套印，又能进行模切、覆膜、打孔、裁切等多种功能，可对纸张、纸板、塑料薄膜、不干胶等不同承印材料实现精美印刷，因此现代柔印机不仅具备多色的基本印刷机组，以及具备给纸部、输墨系统、滚筒部件、干燥冷却部和收料部等之外，还可增设连线加工装置（如模切、覆膜等）、自动调节和自动控制系统以及其他辅助装置等，以满足当前印刷技术发展的需要。

但是不论柔印机如何发展，柔印机各印刷机组必须由两部分组成，即滚筒部件和输墨系统，如图2-9所示。

1. 印刷部件

柔性版印刷机的特点之一是可以印刷不同纵向长度的图文，因此，柔性版印刷机一般都配有一套与常用印件规格相应的印版滚筒。对于层叠式或机组式柔性版印刷机，压印滚筒的直径较小，结构比较简单，而卫星式柔性版印刷机上的压印滚筒因尺寸较大，工作条件特殊，其结构有多种形式，相对复杂。

印刷机组的印刷部件主要包括印版滚筒和压印滚筒。印版滚筒与压印滚筒直接压印，完成图文印刷，滚筒的精度对印刷质量有着直接的、重要的影响，因此滚筒的加工要求非常精密。为提高滚筒部件运动的平稳性，滚筒传动齿轮一般采用小压力角的斜齿轮，并采用外侧传动方式。

(1) 印版滚筒　印版滚筒体一般采用无缝钢管。与其他印刷机的印版滚筒一样，由滚筒体、滚枕、滚筒传动齿轮等组成。

印版滚筒的形式根据滚筒体的结构特点不同，主要有两种形式，即整体式和磁性式。

整体式印版滚筒：采用整体式的滚筒结构，对于卷筒纸柔性版印刷机，其滚筒体不设空当。装版时用双面胶带将印版粘贴在印版滚筒体表面。

磁性式印版滚筒：滚筒体表面由磁性材料制成，而印版的版基层为金属材料，装版时将金属版基的印版靠磁性吸引力直接固定在印版滚筒体上。

图2-10为固定装配式印版滚筒的结构图。采用这种结构时，滚筒体2与两端支承轴1采取过盈配合，加热后装配为一体，然后对滚筒体及支承轴进行切削、磨削加工，以精确保证两者的同轴度。在滚筒体表面沿轴向和周向还加工有若干条浅细的定位刻线3，作为粘贴印版时的定位基准。机加工后，滚筒体表面镀上一层硬铬，以防锈蚀，并提高表面光洁度。

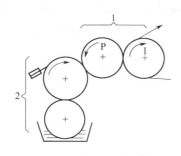

图2-9　印刷机组的基本构成单元

1—滚筒部件；2—输墨系统

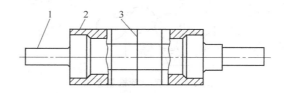

图2-10　固定装配式印版滚筒结构

1—支承轴；2—滚筒体；3—定位刻线

柔性版印刷机一般都配有20根甚至更多的直径不一的印版滚筒，以得到各种尺寸的重复印刷长度，适应印件规格的需要。

(2) 压印滚筒

① 卫星式柔性版印刷机的压印滚筒　压印滚筒是这种机型的核心部分，大多采用铸铁材料，少数由钢辊制成。现代高速印刷机大多采用双壁式结构，双壁腔内与冷却水循环系统相连接，以调节和控制滚筒体的表面温度，如图2-11所示。

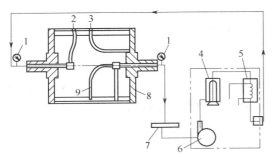

图 2-11 双壁结构恒温控制压印滚筒
1—温度计；2—进水口；3—排气口；4—加
热气；5—冷却器；6—泵；7—水箱；
8—压印滚筒；9—出水口

② 机组式和层叠式柔性版印刷机的压印滚筒　压印滚筒的构成与印版滚筒基本相似。对压印滚筒的基本要求主要包括两个方面：一方面，压印滚筒的印刷直径应等于印版滚筒的印刷直径，这是消除重叠印、光晕和脏版等故障的基本措施；另一方面，应严格控制压印滚筒的加工精度，以实现理想的印刷压力。

由于柔性版和承印材料的厚度都有误差，存在一定的不平整性，为了保证柔性版在整个幅面上都接触到承印材料，就要增加印刷滚筒对承印物的压力。柔性版本身有弹性，当受到垂直压力作用时，柔性版就会在水平方向膨胀变形，导致承印物上的实际着墨面积比理想面积大。另外柔性版上网点顶部的油墨受到柔性版和承印物的挤压也会沿网点的边缘向外扩张。压力越大，扩展越严重，由于油墨的吸光特性和承印物的光散射作用，会形成扩散晕影，使印张上的网点比原版上的网点面积大。柔版印刷中应该尽量保持"零压力"，一般来说压力控制在 $1\sim3\mathrm{kgf/cm^2}$（约 $0.1\sim0.3\mathrm{MPa}$）。

2. 输墨系统

柔性版印刷机的输墨系统，类型较多，一般采用短墨路系统。

（1）形式及其特点

① 双辊型输墨系统　这是现在柔性版印刷机的基本模型，如图 2-12 所示。墨斗辊 1 和网纹辊 2 以不同的线速度转动，传递油墨。

一般情况下，墨斗辊的表面线速度低于网纹辊表面线速度，使墨斗辊在向网纹辊传墨的同时，还具有刮去网纹辊上多余油墨的作用。

② 顺向刮刀型输墨系统　这是网纹辊加刮刀的单辊输墨系统，如图 2-13 所示。网纹辊 1 直接在墨槽内着墨，刮刀 2 顺着网纹辊旋转方向，刮去网纹辊 1 表面多余的油墨。

图 2-12　双辊型输墨系统
1—墨斗辊；2—网纹辊

图 2-13　顺向刮刀型输墨系统
1—网纹辊；2—刮刀

③ 逆向刮刀型输墨系统　如图 2-14 所示，该系统将刮刀 2 反角度安装，逆着网纹辊 1 旋转方向在网纹辊上刮墨。

这种方法可以减少刮刀刮墨时对网纹辊的磨损，保证网纹辊的精度，使网纹辊可靠使用期延长，并可除去网纹辊表面微小异物，防止网眼堵塞。使用正向刮刀，刮刀角度为 $60°\sim65°$，油墨在液体压力的作用下堆积起来，容易损坏刮刀；而使用反向刮刀，角度减少到 $30°\sim40°$，消除了堆积现象。

④ 组合型输墨系统　这种方式是前三种的综合型，具有它们各自的特点，如图 2-15 所

示。刮刀的安装方向可以是正向，也可以反向。墨斗辊与网纹辊1可以同步，也可以不同步，由网纹辊和刮刀来准确地控制供给印版的墨量。

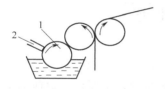

图 2-14　逆向刮刀型输墨系统
1—网纹辊；2—刮刀

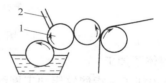

图 2-15　组合型输墨系统
1—网纹辊；2—刮刀

（2）输墨系统的输墨性能　对上述几种输墨系统分别进行印刷试验发现，当改变印刷速度时，测定各输墨系统的传墨量，得到印刷速度与传墨量变化的关系曲线，如图2-16所示。

由此可以得出如下结论。

① 采用双辊型输墨系统，当印刷速度小于200m/min时，印刷速度对传墨量的影响较小，当印刷速度由200m/min增加到400m/min时，印刷速度增加1倍，传墨量则增大到3倍左右，这说明印刷速度对传墨量将产生很大影响，其输墨性能较差。

② 采用正向刮刀型输墨系统，印刷速度提高，对传墨量产生一定影响，但影响并不十分显著，特别是当印刷速度小于500m/min的范围内，其输墨性能较好。

③ 采用逆向刮刀型输墨系统，无论印刷速度如何变化，其传墨量基本保持稳定，说明其输墨性能最佳。因此，对于网点印刷应采用逆向刮刀型输墨系统。

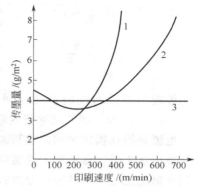

图 2-16　印刷速度与传墨量
关系曲线
1—双辊型；2—正向刮刀型；
3—逆向刮刀型

（3）输墨系统的离合装置　在柔性版印刷中，由于使用速干型油墨，当印版滚筒与压印滚筒离压时，输墨系统不应停止转动，否则，网纹辊上的油墨层就会固化。因此，当印刷滚筒一旦离压，输墨系统应继续处于回转状态，但网纹辊相对于印版滚筒来说，则应处于离压位置，为此，网纹辊应设离合压装置。

第四节　网　纹　辊

柔性版印刷由于使用溶剂型油墨，一根网纹辊（辅以刮刀）可以代替传统输墨系统所有墨辊的全部功能，它是柔性版印刷机专用的传墨辊。其表面制有无数大小、形状、深浅都相同的凹孔，这些凹孔又称为网穴（或着墨孔），一般用眼睛观察看不出网穴，必须用放大镜才能看到。凹下的网穴，能储存油墨。通过网纹辊墨穴的不同形状、大小及深浅可以控制传墨量，达到所需的墨层厚度。网纹辊在柔性版印刷中起重要作用。

一、网纹辊的加工工艺过程

网纹辊按表面镀层可以分为金属镀铬网纹辊和陶瓷网纹辊。金属镀铬网纹辊是在金属辊表面用电子雕刻机先雕刻出网穴，然后再镀铬制成的。陶瓷网纹辊是用等离子的方法，将金属氧化物（Al_2O_3 或 Cr_2O_3）熔化、熔射涂布在金属光辊表面，并与金属辊结合牢固，形成高硬度、致密的陶瓷薄膜，然后用激光雕刻制成。

网纹辊加工工艺过程如图 2-17 所示。

图 2-17　网纹辊加工工艺过程

1. 辊体预加工

辊体预加工是指网纹辊加工网线之前的机械加工工艺过程，主要包括镀前加工、电镀和镀后加工等工艺过程。

网纹辊的基材一般选用优质碳素钢管，大多选用中碳钢钢管，钢管的壁厚为 7～10mm。辊体结构均采用带轴辊体形式，即用法兰盘和心轴与钢管连接在一起。镀前加工工艺过程如图 2-18 所示。

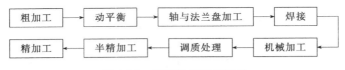

图 2-18　镀前加工工艺过程

镀前加工后网纹辊的辊体外圆中心应与法兰盘内孔中心重合，其同轴度应不大于 0.002mm。辊体外圆的尺寸精度应不低于 2 级，表面粗糙度在轴颈、轮部位一般为 0.8。

电镀是指在辊体表面镀镍和镀铜，以便在辊体表面形成网纹的基材层。

镀后加工是辊体预加工的最后工序，即在镀铜后、网纹加工之前对辊体进行车磨加工。所谓车磨加工是指用特种车刀或砂轮、细砂纸等对辊体铜表面进行精加工的工艺过程。

经车磨加工后辊体表面应满足以下要求：

辊体直径应与印版滚筒相等，其尺寸精度不低于 2 级；

辊体的椭圆度≤0.015mm；

锥度≤0.015mm；

径向跳动≤0.006mm；

同轴度≤0.009mm。

2. 网纹加工

网纹加工就是在辊体表面上形成所要求的网纹或墨穴。网纹辊网纹的加工主要有以下几种方法。

（1）机械加工法　用金刚石刀头或专用滚刀具直接在辊体表面加工网纹的加工方法。这种加工方法工艺比较简单，成本低廉，一般仅限于加工 200 线/in（1in＝0.0254m）以下的网纹辊。

（2）照相腐蚀法　利用光栅掩膜技术进行照相、腐蚀的网纹辊制作方法。由于要求较高的技术水平，所以，其应用受到限制。

（3）电子雕刻法　利用光电转换原理，在电子雕刻机上雕刻墨穴的加工方法。这种加工工艺，网纹加工质量较高，质量的稳定性好，并可加工高网线的网纹辊，是目前国外加工高质量网纹辊的典型工艺。

（4）激光雕刻陶瓷网纹辊　上述网纹辊属于金属网纹辊。经镀铬后，虽然可提高耐磨性能，但是，由于镀铬层厚度很小，网纹辊的使用寿命受到限制。因此，开发出陶瓷网纹辊制造技术。在基材表面上喷涂 0.6mm 左右厚的陶瓷，经研磨、抛光，最后用激光束在陶瓷表面直接雕刻出墨穴。

这种加工方法的生产效率较高。陶瓷表面具有很高的硬度，维氏硬度可达 1300，其耐磨性能为镀铬辊的 5 倍以上，目前已得到应用与推广。

3. 后处理

网纹加工后，为提高耐磨性，一般应进行镀铬处理。镀层厚度为 0.01～0.15mm。由于铬为银白色金属，具有很高的硬度，一般为 HV800～1000，所以，镀铬后可明显提高耐磨性能。

二、网纹辊的性能参数

网纹辊的性能参数主要有网穴形状和网纹线数。

1. 网穴形状

网穴（墨穴）形状主要有棱锥形、格子形、圆锥形、螺旋线形等。目前常用的网穴形状大多采用棱锥形结构，其中以倒四棱锥形（倒金字塔形）和四棱台形应用最为广泛，如图2-19 所示。

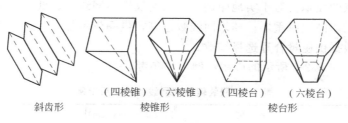

斜齿形　　（四棱锥）（六棱锥）　（四棱台）　（六棱台）
　　　　　　　　棱锥形　　　　　　棱台形

图 2-19　墨穴形状示意

四棱锥形网穴加工雕刻刀具有锋利的刀尖，所需雕刻压力小，易于保证网穴的几何精度，一般与橡胶墨斗辊配合使用。四棱台形底部是平截棱锥而形成的平面，网穴的侧面一般较棱锥形的更趋垂直，网穴之间的隔墙比四棱锥形宽，因此四棱台形网穴网纹辊的传墨性能较好，具有通用性，既可与橡胶墨斗辊配合，也可与刮墨刀配合使用。六棱台形网穴的开口角度较大，因而着墨、传墨性能较前述两种要好；其网墙具有更高的强度，可减缓刮墨刀的磨损。现代激光雕刻网纹辊多采用正六边形的开口。实践证明，这种正六边形的开口供墨方式可以有效地避免莫尔条纹的产生。斜齿形网穴的法向截面为等腰梯形，是与网纹传墨辊线成 45°螺旋雕刻斜槽形成的。这种网穴可保证油墨（或涂布液体）的流动性，具有良好的传墨性能。斜齿形网纹辊供墨量较大，一般用于涂布。除了以上几种常用的网穴结构外，利用激光雕刻等先进加工方法，加工出的半球形网穴及其他异形网穴的网纹传墨辊，其传墨性能进一步提高。

网穴的开口、网墙、深度及锥角等参数均直接影响传墨量，应根据印刷要求，合理进行选择。网穴的开口面积决定了网纹传墨辊向印版表面的传墨单元的大小。网穴开口边长 a 与网穴间隔墙宽度的比值决定了网纹传墨辊传墨的均匀性。网穴的开口尺寸 a 和深度 h（锥角 α）也影响网穴的传递油墨性能，开口大，深度浅（锥角大），则容易传递油墨；开口过小、深度大（锥角小）时，网穴的传递油墨性能对油墨的黏度比较敏感。另外，网穴的边角对传墨有阻碍作用，这种现象可称为"边角效应"。四棱锥形网穴（图 2-20）底部的边角效应最为强烈，约占网穴的 1/3 高度的底部不能传递油墨。这也是改进采用四棱台、六棱台及

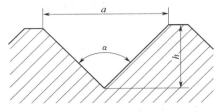

图 2-20 四棱锥形网穴的几何参数

半球形网穴的一个原因。

2. 网纹线数

网纹线数是指单位长度的网线数，一般用"线/厘米（cm）"或"线/英寸（in）"表示。网纹线数可以表示网穴大小，与其容积有着直接的关系。网纹线数愈高，说明单位面积内的网穴数愈多，网穴则愈小；反之，网穴则愈大。

一般来讲，网纹辊的供墨量随网线数的增加而降低，即网纹辊线数越高，传墨量越小。在进行半色调或彩色印刷时，需要采用高线数的网纹辊。这是因为，在印版的高光区，网点的尺寸很小，如果采用低线数的网纹辊，每个网穴的面积会大于印版上某些网点的面积，这样在印刷时，某些网点会正好与网纹辊的网穴相对，由于没有隔墙的支撑，网点浸入网穴中，不仅网点表面被着墨，网点的侧壁也着了墨。这样的网点在承印材料上着墨所产生的色调值比周围网点增大；另外，由于柔性版油墨稀薄，黏度低，这种网点有时会与相邻网点粘连。所以在进行半色调或彩色印刷时，网纹辊的网线数一般较高，保证网穴的开口面积小于印版上最小的网点的面积。对于实地印刷，如果网纹辊的网线数过低，则供墨量太大，印版边缘因积墨而造成印品边缘重影；如果网线数过高，供墨量不足，实地密度不够而发花。实际工作中，必须根据供墨量合理选择线数。

一般情况下，如表 2-1 所示的应用示例可供参考。

表 2-1　网纹辊不同网线数的应用示例

网纹线数/(线/cm)	应 用 示 例	网纹线数/(线/cm)	应 用 示 例
40	上光及涂布	120	多色网目调印刷或以文字为主的印刷
60	吸收性承印材料进行实地印刷	140	非吸收性承印材料进行网点套印
80	非吸收性承印材料印实地图像	160	低色调印刷
100	实地版印刷或 0.5～1.0mm 宽线条印刷	180～220	特殊高级品精细印刷

实践表明，网纹辊的网线数应与印版的加网线数保持（3～4）∶1 的比例关系，并采用逆向刮刀方式，这是实现网点印刷的重要条件之一。因此，可根据各色版的加网线数确定网纹辊的网线数。

除网穴形状和网纹线数外，网穴排列角度对网纹辊的传墨性能也有影响。网穴的排列方式多种多样，但一般选择 60°和 30°排列的六边形网穴和 45°排列的棱形网穴三种，确定网纹角度应以减轻莫尔条纹（龟纹）为基本原则。60°排列的正六边形网纹辊，已经成为行业标准。主要是因为 60°排列的正六边形网穴有以下优点。

① 在这种排列方式中，网穴排列最紧凑，在给定的面积上，网穴的数量比其他排列方式可多将近 15％。因此在相同面积的网纹辊表面上，可以雕刻更多的同等大小的网穴，传输更多的油墨。

② 在以激光雕刻 60°排列的正六边形网穴时，网穴间的多余位置可以被最大限度地消除，在传递相同墨量的条件下，网穴可以做得更浅，这利于油墨的传递。

③ 60°排列的正六边形网穴可以避免出现沟渠，也就不会由此而造成墨痕。

④ 对于网纹辊制造商来说，60°排列的正六边形网穴更易于雕刻，易于保证标准形状和体积。所以，制作各种网纹辊的稳定性会更高。

三、网纹辊的选用

网纹辊是柔性版印刷机的一个极为重要的机件，它是决定和影响印刷质量的重要因素之一，因此，在使用中应根据不同的印刷对象和各色组传墨量的基本要求合理选用不同网线数的网纹辊，即各色组网纹辊的网线数应有所不同。

1. 根据输墨方式的类型选择

一般情况下，双辊式输墨的传墨量大，反向刮刀式的传墨量最小，为满足一定传墨量及耐磨性要求，反向刮刀式一般采用棱台形网纹辊，双辊式和顺向刮刀式由于油墨的上抬作用，磨损小，则采用棱锥形网纹辊。

2. 根据承印材料选择

对于一般较粗糙、吸收性强的瓦楞纸选用 48～60 线/cm 的网纹辊，新闻纸选用 60～70 线/cm，吸收性较差的涂料纸、不干胶纸选用 70～80 线/cm，塑料、金属薄膜选用 80～100 线/cm 的网纹辊。

3. 根据印品的精细程度选择

对精细线划和一般网点的印品，选用 80～140 线/cm 的网纹辊；对于精细的彩色网点印品，选用 140 线/cm 以上的网纹辊。比如，对于报刊印刷，第一色组往往印刷大的色块，要求有较大的传墨量，这时，可选用 200 线/in（1in＝0.0254m）以下的网纹辊；第二、第三色组一般印刷小色块，或印大字、粗线条等，这时，网纹辊的网线数可适当增大，可选用 200～220 线/in 的网纹辊；第四色组主要印刷正文文字（小字）或细线条，这时，可选用 250 线/in 左右的网纹辊。

4. 根据印版加网线数选择

按网纹辊的网纹线数与印版加网线数之比为（3～4）：1 的关系确定之。至于网纹辊的网线数是取高限还是取低限，可参考各色版不同的要求决定。一般来说，对于青版，网纹辊的网线数可低些；对于黄版，网纹辊的网线数比青版再低些；而对于品红版和黑版，网纹辊的网线数可取高限。

网纹辊影响产品质量的因素主要有网线数、网穴深度和耐印力等。

网纹辊的传墨量一般以网线数来衡量。网线数是指在每厘米（英寸）范围内所包含的墨穴数量。一般来言，网纹辊的供墨量随网线数的增加而降低。实践证明，要获得品质优良的印刷品，网纹辊的线数要和印版网线数相匹配，避免树脂版的网点正好接触到非墨穴区，造成不着墨的情况。对于实地印刷，如果网纹辊的网线数过低，则供墨量太大，印版边缘因积墨而造成印刷品边缘重影；如果网线数过高，供墨量不足，实地密度不够，色彩饱和度低。

四、网纹辊的维护与保养

在使用和存放过程中，应加强对网纹辊的维护与保养，其中要特别注意以下几点。

① 网纹辊是备用件，应有固定的存放场所，在存放中应将其吊置，防止产生变形。

② 在使用、存放过程中，要注意保护网纹辊表面，防止表面划伤。

③ 网纹辊的清洗。由于网纹辊是靠墨穴来传递油墨的，而墨穴往往很小，在使用中很容易被固化的油墨所堵塞，影响油墨的传送量，因此，加工质量再好的网纹辊，如不注意清洗也不能印出好的印品，清洗对网纹辊的合理使用是十分重要的。

网纹辊的清洗方法主要有以下几种。

（1）化学溶剂刷洗法　将化学溶剂喷射在网纹辊表面，根据网纹辊材料选用适宜的细密刷子（陶瓷网纹辊用不锈钢丝刷子，金属网纹辊用铜丝刷子），用刷子反复刷洗。这种方法只适于清洗粗网线的网纹辊。优点是成本低、清洗方便、不污染环境；缺点是无法深入到墨穴中刷洗，所以清洗不彻底，很难清洗网穴底部的污垢及积墨，因此，不能恢复墨穴容积。

（2）化学溶液浸泡法　将网纹辊全部或部分浸入高 pH 值的强腐蚀性清洗剂槽内，让溶剂溶解软化干固的油墨，最后用清水洗去腐蚀性清洗液和经充分腐蚀且软化的油墨。这种方法虽然较为有效，但长期使用，腐蚀性溶剂会渗透保护层，腐蚀钢体，也不利于环保。

（3）超声波清洗法　将网纹辊浸放在一个充满化学清洗溶液的超声波清洗系统的槽内，槽内变频装置发送高频声波，使溶液振动并产生气泡，网穴内的干油墨、树脂、涂布料在溶液振动及气泡定向爆炸而产生的内向爆炸力的共同作用下，从网穴中逸出并随清洗液流走。清洗时间根据辊的大小及油墨堵塞情况而定，一般需要 0.5～24h。在这个时间内，网纹辊长期处在高频超声波振动之下，会破坏陶瓷层，对网纹辊的网穴、网穴内壁会造成一定的损坏。另外，这种方法占地面积大、投资成本高、工艺复杂，虽然有一定清洗效果，但这种方法是否完善，尚需实践检验。

（4）喷射清洗法　将小苏打软化性清洗介质喷射在网纹辊表面上，把固化的油墨击碎，达到清洗的目的。因小苏打是易溶、无毒、无害物质，加之其颗粒与其他物质相碰撞时其结晶易于破碎，不会对网纹辊表面和墨穴壁产生破坏作用，因此，这种清洗方法具有良好的清洗效果，有推广、使用价值。

（5）塑料细珠喷射法　这种方法是喷射清洗法的特例，是将含有微小聚乙烯塑料细珠的喷洗剂喷射在网纹辊表面，靠塑料细珠射入 1000 线/in 的墨穴中将固化油墨清洗干净。由于塑料细珠是一种非黏性物质，对墨穴的损害较小，具有良好的清洗效果。经实验检测表明，用这种方法清洗的网纹辊提高了油墨的转移率，改善了传墨性能，对金属网纹辊和陶瓷网纹辊均适用。

第五节　柔性版印刷油墨

柔性版印刷油墨主要有三种类型：溶剂型油墨、水性油墨和紫外线光固化（UV）油墨。溶剂型油墨主要用于塑料印刷；水性油墨（或称水基油墨）主要适用于具有吸收性的瓦楞纸、包装纸、报纸印刷；而 UV 油墨为通用型油墨，纸张和塑料薄膜印刷均可使用。柔性版油墨有两个显著特点：一是黏度低，流动性良好；二是能快速干燥。

一、溶剂型油墨

（一）溶剂型油墨的组成

溶剂型油墨主要是由色料、连结料、溶剂和少量助剂组成。

（1）色料　色料为油墨提供颜色。

（2）连结料　连结料是一种由树脂和溶剂组成的混合剂。树脂是连结料的主体，在油墨中起扩散、携带颜料或染料以及提供与承印物的黏附力的作用。目前常用的树脂主要有聚酰胺树脂、丙烯酸树脂、环氧树脂、醇酸树脂及硝化纤维素、乙基纤维素等。

（3）溶剂　溶剂的作用是溶解树脂，使油墨具有流动性和一定的黏度，以便在印刷时实现油墨的转移，并可控制干燥速度。以醇类为主要溶剂加工制作的油墨，又称为醇溶性油墨。醇类溶剂是毒性最小的一类溶剂。包装用的各种塑料薄膜的柔性版印刷绝大部分都是采用醇溶性油墨。醇溶性油墨对柔性印版没有溶蚀和损害，但对环境和安全仍有一定的危害性。一般常用的溶剂为乙醇、正丙醇、异丙醇、正丁醇、异丁醇等，有时也少量加入芳香烃和酯类溶剂。油墨中一般不采用单一溶剂，而是以几种溶剂相配合，以改善溶解性能和干燥性能。

（二）溶剂型油墨的种类

根据色料的不同，溶剂型油墨又可分为染料型和颜料型油墨。

（1）染料型油墨　染料型油墨主要有两类：碱性染料油墨和耐光染料油墨。碱性染料油墨的主要成分有：碱性染料、媒染剂、树脂黏合剂、溶剂、蜡。它的特点是：色浓度高，明亮，价格便宜，但易退色，即耐水性能差。碱性染料油墨通常仅用于纸袋、包装纸、涂蜡的面包纸、糖果纸等的印刷，不宜用于薄膜印刷，因为染料容易渗入薄膜内。

耐光染料油墨主要成分有：耐光染料、黏合剂、溶剂、塑化剂、蜡。它的特点是：耐水、耐光性能比碱性染料油墨好，其强度和亮度略低于碱性染料油墨，具有极好的透明效果，所以耐光染料油墨除了用于纸张印刷外，还经常用于各种金属箔的印刷。染料型油墨对于大多数橡皮版和感光树脂版副作用较小。由于染料是完全透明的，所以在印刷有颜色的纸张如牛皮纸时，获得的颜色亮度较低。在染料型油墨中加入一些钛白颜料可以降低其透明度，但是扩散钛白的介质必须与染料相适应。在染料型油墨中加入颜色料还可以产生特殊的颜色效果，增加油墨的色强度，并保持低黏度。

（2）颜料型油墨　颜料型油墨同染料型油墨的根本区别在于，染料可以溶解于所用的油墨连结料中，而颜料是不能溶解的。颜料必须借助于研磨设备扩散在油墨连结料中。颜料型油墨由颜料、黏合剂、塑化剂、溶剂和蜡等成分组成。特点是耐光性、耐水性、耐蜡溶、耐热性好，光泽度、透明性及着色力高。可以用来印刷纸张、塑料薄膜、尼龙薄膜及铝箔。

（三）溶剂型油墨的印刷适性

溶剂型油墨具有良好的流动性，干燥快，光泽好，色彩鲜艳，储存稳定，沉降后经搅拌易于再分散等。

溶剂型油墨的质量控制指标主要包括：油墨的颜色和着色力、光泽、细度、黏度、干燥性、附着牢度、耐热性和耐冷冻性等。其中黏度和干燥性对塑料印刷的印刷适性及防止糊版和印品粘连均有较大影响，应注意控制。

由于柔性版印刷版材的限制，含有苯类、酯类溶剂的凹印塑料油墨不宜在柔性版印刷中使用。

二、水性油墨

水性油墨由水性高分子树脂和乳液、有机颜料、溶剂（主要是水）和相关助剂经物理化学过程混合而成。水性油墨具有不含挥发性有机溶剂、不易燃、不损害人体健康、对大气环境无污染等特性。特别适用于食品、饮料、药品等卫生条件要求严格的包装印刷产品。

（一）水性油墨的组成

水性油墨与溶剂型油墨的主要区别在于水性油墨中使用的溶剂不是有机溶剂而是水，也就是说水性油墨的连结料主要是由树脂和水组成。

1. 色料

色料是油墨的着色物质。品红墨、黄墨、青墨等一般均用有机颜料；白墨多用钛白粉；黑墨则用炭黑。不管使用何种颜料，最好都要经过阴离子、非离子表面活性剂处理后进行使用，原因是水性油墨中水的表面张力和极性都比较大，使色料的分散比较困难，如未经处理，色料分布会不均匀，不利于印刷。

2. 连结料

水性油墨连结料主要是水溶性或水分散性树脂。它是影响水性油墨质量的重要因素。水墨的黏度、附着力、光泽、干燥等印刷适性主要取决于水性油墨连结料。水性油墨连结料种类很多，可根据不同的场合和用途进行选择。目前对油墨的研制与开发多集中在连结料的研究上，通常有如下几类。

（1）水溶性连结料　这类连结料包括聚乙烯醇、羟乙基纤维素和聚乙烯吡咯烷酮等。这类连结料可以永久地被水溶解，因而用它调配的油墨的使用范围会受到一定的限制。它们只能应用在不接触水的场合。

（2）碱溶性连结料　这类连结料在印刷时可以被水溶解，而在印刷干燥后变成不溶于水的物质。此类连结料通常是在一种酸性树脂的碱溶液中加入适量的氢氧化氨，两者经化学作用后形成的可溶性树脂盐。在油墨干燥过程中，氨挥发后使油墨变成不溶于水的物质。这类油墨的性能主要取决于所采用的酸性树脂的种类。现在国内外普遍采用丙烯酸树脂作为连结料，由于水溶性丙烯酸共聚树脂在光泽、耐候性、耐热性、耐水性、耐化学性和耐污染性等方面具有显著的优势，被广泛应用于水性油墨和水性涂料中。

（3）扩散连结料　这种连结料是悬浮在水中的细小树脂粒子，通常被称为乳胶。这类连结料中通常含有丙烯、乙烯或丁苯聚合物。乳胶油墨最大的问题是印刷比较困难，而且难于清洗，因为一旦乳胶凝结，就会变成不溶性的物质，所以乳胶通常作为涂层油墨。此外乳胶还可以与碱溶性连结料混合使用，这样既可保留乳胶特有的一些性能，又具备碱溶性连结料所具有的印刷适性。

3. 溶剂

水性油墨的溶剂主要是水，再加入少量的醇。醇类通常使用乙醇、异丙醇或多元丙醇等。加入醇类有助于提高油墨的稳定性，加快干燥速度，降低表面张力。异丙醇还起到消泡的作用。

4. 助剂

水性油墨的助剂主要有：稳定剂、消泡剂、阻滞剂、冲淡剂及其他助剂。

（二）水性油墨的适性

油墨的黏度受温度和触变性的影响。在印刷前应把所用油墨的温度稳定在印刷车间的温度，否则印刷过程中的油墨密度将会有较大的变化。在使用新鲜水墨时，一定要提前搅拌均匀后，再做稀释调整。在印刷正常时，也要定时搅拌墨斗。

pH 值对油墨黏度和干燥性有影响。水墨应用中另一个需要控制的指标是 pH 值，其正常范围为 8.5～9.5，这时水性油墨的印刷性能最好，印品质量最稳定。当 pH 值高于 9.5 时，碱性太强，水基油墨的黏度降低，干燥速度变慢，耐水性能变差；而当 pH 值低于 8.5，即碱性太弱时，水基油墨的黏度会升高，墨易干燥，堵到版及网纹辊上，引起版面沾脏，并且产生气泡。

经验表明，当在一种颜色上面套印另一种颜色时，应该逐步提高油墨的黏度并逐步降低油墨的 pH 值。这样有助于油墨的干燥，防止后印的油墨使先印的已经干燥的油墨再次变湿而影响印品质量。

油墨在干燥前可与水混合，一旦油墨干固后，则不能再溶解于水性油墨，即油墨有抗水性。因此，印刷时要特别注意，切勿让油墨干固在网纹辊上，以免堵塞网纹辊的着墨孔，阻碍了油墨的定量传输，而造成印刷不良。另外需注意的是，印刷过程中柔性版始终要保持被油墨润湿，避免油墨干燥后堵塞印版上的图文。

三、紫外线固化干燥（UV）油墨

（一）UV 油墨的定义及特点

1. UV 油墨的定义

紫外线固化干燥油墨，简称 UV 油墨。UV 油墨实质是一种在一定波长的紫外线照射下，能够从液态转变成固态的液体油墨。

2. UV 油墨的特点

UV 油墨能在任何承印物上印刷，印品质量优于溶剂型和水性柔印油墨，具有网点扩大量小、亮度高、耐磨及防化学侵蚀、无污染、具有良好的网点复制效果和遮盖力、成本低等优点，在今后的印刷领域将成为主流。

（1）性能价格比高　UV 油墨在印刷过程中没有溶剂挥发，固体物质 100％地留在承印物上，色强度及网点结构基本保持不变，很薄的墨层厚度就可达到良好的印刷效果。尽管价格比溶剂型油墨高，但是 1kg UV 油墨可印刷 70m² 的印刷品，而 1kg 溶剂型油墨只能印 30m² 的印刷品。

（2）可瞬间干燥，生产效率高　在紫外光的照射下，能快速固化，瞬间干燥，印品可立即叠起堆放以及进行后续加工，生产效率高。

（3）不污染环境　不含挥发性溶剂，即无溶剂配方，因此在印刷过程中不向空气中散发有机挥发物，在当今环保呼声日益高涨的印刷业，更易于被人们所接受。

（4）安全可靠　UV 油墨是一个不用水和有机溶剂的系统，油墨一旦固化，墨膜结实，具有耐化学性，不会出现因接触化学药品而产生破损和剥离的现象。燃点高，不易燃，使用安全。适用于食品、饮料、药品等卫生条件要求高的包装印刷品。

（5）印品质量优异　在印刷过程中可保持均匀一致的色彩，印品墨层牢固，色料及连结料比例保持不变。网点变形小、瞬间干燥使它胜任薄膜或难印的合成材料的多色套印印品。

（6）性质稳定　只有在 UV 光线照射下才会固化。因此，这种油墨在印刷机上无 UV 光线照射时不会"干燥"，不干时间几乎无限。这种不干特性使得印刷机长期运转时油墨黏度保持稳定，由于没有有机挥发物，几乎不需要监控油墨黏度就能保证印刷过程顺利进行及印品质量的稳定性。所以油墨可在墨斗中保存过夜，次日开机使用，无需校色。

（二）UV 油墨的组成

1. 颜料

颜料是 UV 柔印油墨的着色剂。很多种类的颜料都适用于 UV 油墨的着色剂，但不同色相的颜料吸收紫外光波的速度不同，往往影响 UV 油墨的聚合作用，即影响油墨的干燥速度。

2. 预聚物

预聚物也叫低聚物，是 UV 油墨的主体物质，是一种具有高分子量和高黏度的带有不饱和基团的光敏树脂，如同传统油墨中的树脂，是油墨的主要成膜物质，含量占 30％～50％。它的性能在很大程度上决定了油墨的物理性能、化学性能、印刷适性以及印刷品的性能。这种预聚物是一种未经聚合的液态化合物，需要受紫外光波的照射后才发生聚合。最常用的预聚物有环氧丙烯酸酯、聚氨酯丙烯酸酯、聚酯丙烯酸酯等。

3. 单体

单体也叫活性稀释剂，可以说是预聚物的前身，都含有丙烯酸根。单体的主要作用是调整油墨的黏度，便于印刷使用，在油墨中占有 40％～60％。油墨所用的预聚物，一般是高黏度化合物，因此，常要用较低黏度的单体，调成适合印刷所需的黏度。单体在 UV 油墨的组合中，就和传统油墨中的溶剂极相似。不过，溶剂会挥发掉或被承印物吸收，而单体是不会挥发的，它只会在紫外光作用下和预聚物合成色膜或涂层。

所以，预聚物＋单体＝聚合物。

根据这个理论，UV 油墨或 UV 光油所含固体量是 100%。

4. 光引发剂

光引发剂是一种易受紫外光能激发产生自由基或阳离子的化合物，在油墨中含量虽小（通常 1%～5%），但对油墨光固化性能的影响却是直接的、关键性的。其作用是吸收紫外光（波长为 300～400nm）能量后，发生光解反应产生自由基或阳离子，继而引发预聚物（光敏树脂）和活性单体发生光聚合反应使油墨发生固化成膜。有离子型化合物（如芳香基重氮化合物、二芳基碘化物等）、安息香及其衍生物、苯乙酮衍生物等。光引发剂不宜加得过多，否则干燥后墨膜分子量过小，影响油膜性能。

5. 添加剂

添加剂是为使产品性能稳定而添加的辅助剂，常有如下类型。

（1）受阻胺稳定剂　在生产以及储存时保护 UV 柔印油墨中光引发剂双键不受聚合反应，以提高存储稳定性。柔性版印刷油墨储存期一般可长达 12 个月，因为不易燃，所以保存就更为安全。

（2）UV 光吸收剂　一般配合阻聚剂使用，可产生令人满意的效果。

（3）聚乙烯蜡　用于提高墨膜强度。

（三）柔性版印刷油墨类型

目前，UV 柔印油墨主要有两种，即自由基型和阳离子型。此外，还有电子束（E.B）固化油墨，由于 E.B 固化油墨成本太高，现在还未广泛应用于印刷领域。下面介绍自由基型和阳离子型两种 UV 柔印油墨。

1. 自由基型 UV 柔印油墨

自由基型 UV 柔印油墨是目前 UV 柔印油墨应用的主体，其主要特点是固化时间极短，可实现瞬间固化，在印刷时可以连续垛纸，不必担心背面粘脏。

2. 阳离子型 UV 柔印油墨

这种 UV 油墨具有良好的着墨特性以及对承印物的印刷适性，加之其本身气味较小，有利于环保，特别在食品包装印刷中占有一定的优势，适用于食品包装印刷、金属箔印刷以及附着性较差的承印材料印刷，常用于宽幅卷筒纸柔版包装印刷。

（四）UV 柔印油墨的性能

1. 黏度

黏度是 UV 柔印油墨的主要参数，它是影响柔印产品质量的关键因素。在柔印过程中，UV 油墨的黏度并非仅仅由油墨自身的黏度所决定，而是由网纹辊、刮墨刀、图像等因素共同作用的结果。

在实际工作中，油墨的黏度应该是以油墨能很容易地通过泵循环到刮墨刀上，并能等量地转移到印版和承印物上，使印品密度和图像网点不发生明显的变化为原则。油墨黏度太高，色彩变暗，油墨用量增加，干燥速度减慢，油墨循环泵供墨量减少而导致网纹辊供墨不足；黏度太低，色彩发生变化，网点增大，从而导致印品质量下降。

在柔印中，油墨的黏度是最主要的可变因素，所以必须进行监控，UV 柔性版印刷油墨

的黏度一般为 $0.2\sim1\mathrm{Pa\cdot s}$，当黏度需要超过时，则应安装加热墨斗、墨斗搅拌器等辅助装置，以保证油墨良好地附着在网纹辊墨穴内。

由于网纹辊加工技术的改进，采用低黏度的 UV 柔印油墨对提高柔印产品质量更为有利。当墨层厚度达到 $1.5\mu\mathrm{m}$ 时，就可显著地减小网点扩大量。

另外，UV 柔印油墨黏度直接受温度的影响，温度升高或降低时，黏度就降低或升高。可采用墨斗加热或冷却、墨斗搅拌器等办法加以解决。

2. 着色力

在 UV 柔印油墨中，要获得合理的着色力，关键是保证印品图文部分有合理的、最佳的颜料数量，也就是控制油墨中颜料的配比。

3. 分散性

分散性是指颜料在油墨中分散均匀的程度。如果颜料分散性不良，也会影响柔印机的性能和印品的色强度。颜料颗粒在油墨中充分分散，是保证色彩的均匀性和一致性的前提。

除上述三种主要类型的油墨外，还有新开发的柔版水性 UV 油墨，结合了水性油墨和UV 油墨的优点。利用紫外光固化技术，以水和乙醇作为稀释剂无需使用活性单体稀释剂，结合高效的光引发剂、颜料、助剂配制，具有干燥速度快、印刷效率高、稳定性好、耐溶剂性好和环保无毒等综合性能。

第六节　柔性版印刷品的质量控制

与平版印刷和凹版印刷相比，柔性版印刷（以下简称柔印）适印介质广泛，印刷速度快，设备综合加工能力强，生产成本低，经济效益高。而且广泛采用无毒的水性油墨或 UV油墨印刷，在环保方面具有一定的优势。但柔印的品质不如平版印刷品和凹版印刷品，随着CDI 数字制版技术引进，柔印与其他印刷方式所能达到的品质距离已经缩小。为了提高柔性版印刷品的质量，可以从印刷、制版、打样三个环节进行控制。

一、印刷过程的质量控制

为了提高印品质量，一般要对版材、网纹辊及印刷压力进行测试调整，最终以数据化的形式来固定印刷条件，以得到稳定且理想的印刷品。

（1）版材　首先要考虑的是选择合适的版材，选用版材时需要注意版材三个重要的特性：版材厚度、版材硬度和对油墨的兼容性。

版材厚度：对于选定的印刷机，在配套版辊时要考虑印版的厚度，印版厚度选定后一般是固定不可变。原则上使用越薄的版材，对承印品的表面平整度要求越高，对印刷机机械装置方面的要求也越高，最终得到的印刷品也就越精美。

版材硬度：一般来说，较硬的版材更能体现图文的细节，较适应于网点层次变化分明或有细小文字的图文，而较软的版材则适合大面积的实地图文。

版材对油墨的兼容性：版材和油墨及擦版溶剂的兼容性在选用版材时必须考虑，如果选用不当，重则油墨会对版材进行侵蚀，轻则影响油墨的转移，如何判断油墨对版材是否有腐蚀性，可通过浸泡测试来完成。

（2）网纹辊　网纹辊是柔印设备的核心部分，网纹辊是柔印过程中用于控制传墨量的设备，其通常会配合刮刀一起使用。刮刀类型不同或刮刀和网纹辊间的压力变化对传墨影响明显。除此之外，网纹辊的传墨量和网纹辊的线数相关，一般情况下网纹辊的线数越高，传墨量越少。故印刷大面积实地，一般要使用传墨量较大的网纹辊，即网线数较低的网纹辊；而在印刷网线图文时，为避免小网点因陷入网穴被揩断，要选择高线数的网纹辊，网纹辊线数应是印刷品加网线数的 4～6 倍。

（3）印刷压力　柔性版的网点在印刷过程中易受压变形，印刷压力的变化对印品质量的影响很大。柔印的特性要求在保证承印品着墨的基础上尽量使用轻压。如何控制压力的稳定，需要通过压力测控条来完成，通过观测压力测控条中心并合的程度来判断压力的变化。

二、制版的质量控制

印版的质量直接影响印刷，在制版过程中必须注意制版流程和 RIP 两个环节。

1. 制版流程

制版流程分传统制版和激光制版两种类型，除菲林和雕版这一环节，需配合 RIP（Raster Image Processor，光栅图像处理器）及对应的硬设备外，其余各环节基本一致。对各环节进行数据化管理对稳定印版至关重要。

背曝光：背曝光的目的是通过 UVA 光使版材的感光树脂层进行聚合反应，形成稳定的底基。制版时浮雕（浮雕＝版厚－底基厚）过低会使油墨堆积在网点之间，浮雕过高又会使凸起的网点受到支撑不够，易产生断点现象或网点扩大较严重。通常浮雕控制在整个版材厚度的 40%～50%，如果条件允许应该进行印刷测试，取不堵墨时最低的浮雕值为佳，这样能提高印版的寿命又降低印刷过程中网点的扩大。

主曝光：主曝光的目的是通过 UVA 光使图文部分的感光树脂层进行聚合反应形成图文。主曝光不足会使图文和底基接合不够，浮雕的坡角过陡，细小阳图文易折断；而主曝光过量又会使浮雕的坡角过平，网点间的凹陷不够，易产生堵墨现象。一般对细小阳图文加长曝光时间，对细小阴图文减少曝光时间。

洗版：洗版是为了洗去未曝光的树脂，配合主曝光形成图文凸起。为不破坏曝光后的树脂，应使用尽量少的洗版时间。洗版时间受版材类型、浮雕厚度、洗版溶剂浓度和温度等影响，因此为得到较好的洗版效果，应在标准测试的基础上略延长洗版时间。

烘干：烘干的目的是使洗版过程中的溶剂挥发，不同的版材、版厚、洗版溶剂、洗版时间和烘干温度都对烘干时间的要求不一样。烘干不足会使洗版溶剂残留在印版内，在印刷过程中挥发到印版表面，影响油墨的传递，但只要烘干到一定程度后，加长烘干时间对印版也无害，因此在制过程中对烘干时间的要求并不非常严格，只需在足够的时间之上就可以了。

后曝光：后曝光的目的是通过 UVA 再一次对印版进行曝光，使印版表面进一步固化来保证耐印率。适当延长曝光时间对印版有益无害。

去黏：去黏是使用 UVC 光源对印版进行曝光，时间不足会使印版太黏影响油墨转移，时间过长会使印版产生龟裂，但一般版材对 UVC 的宽容度较大。

2. RIP 计算

RIP 是将平面排版文件中的信息转换为后端硬件设备所能接受的文件格式，并完成加网运算。由于印刷过程中不可能做到完全还原网点，即 RIP 后的网点经菲林曝光冲洗或经激光雕版后，在菲林上或印版上网点会略变大或变小，需要在 RIP 前端完成制版过程中进行网点扩大补偿，称为"线性化"。在进行线性化测试之前，除稳定照排机的曝光设定和冲洗条件外。一般需完成梯尺文件并输出，针对柔印过程中网点高扩大率及高光网点易折断的特点，柔性版印刷可复制的最小网点大约为 2%，图像高光部分设置不能低于 2%；柔性版上

93％～98％的网点，在印刷压力作用下，网点扩大比胶印大，可达到实地效果，因此图像暗调部分不能设置为100％，宜设置为95％。使用反射密度仪，测量输出梯尺条对应的网点百分比，完成网点扩大补偿曲线。

使用网点扩大补偿曲线并再一次输出梯尺条，并测量输出结果，对误差则再作调整，直到输出结果满意。

3. 打样

作为柔印生产中承上启下的一个环节，打样的重要性不言而喻。目前国内的柔印打样，大多是直接上印刷机去小批量印刷，这样的打样周期长且成本高。数码打样以其便捷及低成本的优点，加上近几年技术方面不断的成熟，引起人们的广泛关注，而柔印由于多专色、网点高扩大率等特点，对数码打样设备的要求较高。打样时必须按标准测试文件完成印版并印刷；测量印刷数据，采集各油墨的实地Lab值及网点扩大信息；把测得的数据输入RIP，完成打样，检测打样结果与印刷品的一致性，如有偏差则微调。

三、柔性版印刷常见故障及解决办法

印刷质量问题产生的原因是多方面的，现将柔性版印刷常见故障现象的原因分析及解决方法列于表2-2。

表2-2　柔性版印刷常见故障现象的原因分析及解决方法

故障现象	原因分析	解决方法
糊版	① 印版浮雕太浅 ② 印刷压力过大 ③ 供墨量太多 ④ 油墨黏度过高 ⑤ 油墨干燥太快	① 重新制版，并适当地减少背曝光时间，增加印版浮雕的深度 ② 适当减轻印刷压力 ③ 适当减少供墨量 ④ 降低油墨的黏度 ⑤ 降低热风干燥的强度，或加入适量的慢干剂
粘脏	① 油墨干燥不充分 ② 油墨黏度太高 ③ 复卷张力太大	① 提高干燥温度，或加入适量挥发速度快的溶剂 ② 降低油墨的黏度 ③ 降低复卷张力
套印不准	① 张力不当 ② 印刷色组安排不当 ③ 机械振动或机械偏差；装版技术差 ④ 承印材料不平整 ⑤ 印刷车间内温湿度不当，烘干箱温度过高	① 调节放收卷张力 ② 调整印刷色序，将套准要求严格的色安排在相邻的色组，以防出现偏差；可适当在双面胶下再垫一层或两层透明胶带 ③ 检查机械，并调整相应的机器部件；装版校位 ④ 调节张力，或更换承印材料 ⑤ 降低干燥温度，尽量保持车间内恒温恒湿
叠色不佳	① 前一色油墨干燥不充分 ② 后一色墨的黏度过高	① 加入适量挥发快的溶剂，提高前一色油墨的干燥速度 ② 降低后一色油墨的黏度
油墨起泡	印刷速度太快，而且未使用消泡剂或者消泡剂用量不足	加入适量的消泡剂，或者适当降低印刷速度
起毛	① 网纹辊与印版压力不当 ② 版面油墨干燥快 ③ 印版重用不清洁 ④ 印版清洗时破坏 ⑤ 墨斗辊压力不当 ⑥ 网纹辊与印版不匹配 ⑦ 油墨黏度不当；承印材料表面粗糙	① 调节压力 ② 墨斗加盖并使用适当的溶剂 ③ 洗干净印版再用 ④ 使用适当的清洗剂 ⑤ 适当调节压力 ⑥ 更换网纹辊或印版 ⑦ 更换网纹辊

故障现象	原因分析	解决方法
缺印	① 压印力过轻 ② 印刷机调节不良 ③ 印版滚动跳 ④ 油墨黏度大 ⑤ 印刷双面胶厚度不均或安版时有气泡 ⑥ 印刷小点丢失/线条弯曲	① 适当加大压力 ② 调整印刷机构,使之平衡运转 ③ 检查印版滚筒与齿轮的椭圆度 ④ 适当降低油墨黏度 ⑤ 使用厚度一致的双面胶带,重新装版 ⑥ 考虑油墨溶剂与版的相容性
图文出血	① 油墨干燥不良 ② 受承印材料中可塑剂或染料影响 ③ 水墨的稳定性(印刷前已分散)	① 使用适当的溶剂 ② 避免使用燃料系着色剂 ③ 充分搅拌再使用或更换稳定性较强的墨

思 考 题

1. 什么叫柔性版印刷？柔性版印刷有哪些特点？

2. 柔性版印刷的应用范围有哪些？

3. 感光树脂柔性版的结构由哪些部分组成？

4. 固体感光树脂柔性版的制版工艺是什么？正面、前面、后曝光的作用是什么？

5. 液体感光树脂柔性版的制版工艺是什么？

6. 柔印激光直接制版的工艺过程是什么？

7. 简述柔性版印刷机的分类及特点。

8. 简述柔性版印刷机的输墨形式及特点。

9. 柔性版印刷中网纹辊的作用是什么？网纹辊的加工方法有哪些？

10. 网纹辊的性能参数有哪些？

11. 应如何选择网纹辊？

12. 网纹辊的清洗方法主要有哪些？其优缺点是什么？

13. 柔性版印刷油墨主要特点是什么？有哪些类型？适用范围？

14. UV 油墨的主要特点是什么？主要由哪些成分组成？

15. 柔性版材的选用应考虑哪些因素？

16. 柔性版制版流程各因素如何影响印版质量？

17. 柔性版 RIP 过程应注意哪些问题？

18. 柔版印刷过程中糊版现象主要由哪些原因引起？如何解决？

19. 柔版印刷过程中缺印现象主要由哪些原因引起？如何解决？

20. 柔版印刷过程中图文出血现象主要由哪些原因引起？如何解决？

第三章 丝网印刷

第一节 概 述

丝网印刷是一种古老的印刷方法，它属于孔版印刷，孔版印刷与胶印、凸印、凹印一起被称为四大印刷方法。在孔版印刷中，应用最广泛的是丝网印刷。

一、丝网印刷的原理和特点

1. 丝网印刷的原理

将蚕丝、尼龙、聚酯纤维或不锈钢金属丝制成的丝网，绷在网框上，使其张紧固定，采用手工刻漆膜或光化学制版的方法制作丝网印版，使丝网印版上图文部分成为通透的网孔，而非图文部分的丝网网孔被堵住。印刷时，将丝网印刷用油墨放入网框内，用橡皮刮墨板在网框内加压刮动，这时油墨通过图文部分的网孔处透过，将图文转移到承印物上，形成与原稿一样的图文，如图 3-1 所示。

丝网印刷设备简单、操作方便、制版迅速、印刷简便且成本低廉，适应性强。丝网印刷应用范围广，不仅可以在平面上进行，还可以在圆柱、圆锥体等曲面上进行。

2. 丝网印刷的特点

丝网印刷的应用范围是非常广泛的。除水和空气以外（包括其他液体和气体），任何一种物体都可以作为承印物。我国应用丝网印刷最广泛的是电子工业、陶瓷贴花工业、纺织印染行业。近年来，包装装潢、广告、招贴标牌等也大量采用丝网印刷。丝网印刷的特点如下。

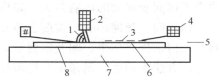

图 3-1 丝网印刷原理示意图

1—油墨；2—刮板；3—丝网印版；
4—网框；5—印版与承印物间的间隙；
6—墨迹；7—印刷台；8—承印物

（1）墨层厚、覆盖力强 胶印和凸印的墨层厚度只有几微米，凹印为 $12\mu m$ 左右，柔性版印刷的墨层厚度为 $10\mu m$，而丝网印刷的墨层厚度可达 $30\sim100\mu m$。专门印制电路板厚丝网印刷，墨层厚度可达 $1000\mu m$。用发泡油墨印制盲文点子，发泡后墨层厚度可达 $300\mu m$。因此油墨的遮盖能力特别强，可在深颜色上做浅色印刷。

（2）可使用各种油墨印刷 丝网印刷具有漏印的特点，所以它可以使用任何一种油墨及涂料，如油性、水性、合成树脂型、粉末型等各种油墨，在不同的条件下，对于任何材料可满足各种目的的印刷。其他印刷要求各种油墨的颜料粒度要细，而丝网印刷只要能够透过丝网网孔的油墨和涂料都可使用。丝印所用油墨之广，已超出了通常油墨的定义范围。实际上有的是浆料、糊料、涂料、胶黏剂或固体粉末，因此，有时把丝印油墨统称为"印料"。

（3）版面柔软、印压小 丝网印版柔软而富有弹性，印刷压力小，所以，不仅能够在纸张、纺织品等柔软的材料上进行印刷，而且还能够在易损坏的玻璃、金属、硬质塑料等硬度高的板面或成型物的面上直接进行印刷。

（4）对承印物的适应性强 胶印、凹印、凸印三大印刷方法一般只能在平面的承印物上进行印刷，而丝网印刷不但可以在平面上印刷，也可以在曲面、球面及凹凸面的承印物上进行印刷，而且还可以印刷各种超大型广告画、垂帘、幕布。例如，丝网印刷可以进行大面积印刷，最大幅面可达 3m×4m，甚至更大，还能在超小型、超高精度的物品上进行印刷。这种印刷方式有着很大的灵活性和广泛的适用性，所有有形状的东西都可以用丝印进行印刷，对于那些特殊的异形面也可以进行丝网印刷。

（5）耐光性强　可以通过简便的方法把耐光性颜料、荧光颜料放入油墨中，使印刷品的图文永久保持光泽不受气温和日光的影响，甚至可以在夜间发光。丝印油墨的调配简便。由于丝印产品的耐光性比其他种类的印刷产品的耐光性强，更适合在室外做广告、标牌之用。

（6）印刷方式灵活多样　丝网印刷同其他种类的印刷一样，可以进行工业化的大规模生产，同时，它又具有制版方便、价格便宜、印刷方式多样、灵活、技术易于掌握的特点，所以近几年来发展很快。它不受企业大小的限制。

二、丝网印刷的分类

1. 按丝网印刷的方式分类

（1）平面丝网印刷　用平面丝网印版在平面承印物上进行印刷的方法。印刷时，印版固定，墨刀移动。

（2）曲面丝网印刷　用平面丝网印版在曲面承印物（如球、圆柱及圆锥体等）上进行印刷的方法。印刷时，墨刀固定，印版沿水平方向移动，承印物随印版转动。

（3）轮转丝网印刷　是用圆筒形丝网印版，圆筒内装有固定的刮墨刀，圆筒印版与承印物作等速同步移动的印刷方法，亦称圆网印刷。

（4）间接丝网印刷　前面三种方法均由印版对印件进行直接印刷，但它们只限于一些规则的几何形体，如平、圆及锥面等，对于外形复杂、带棱角及凹陷面等异形物体，则需用间接网印方法来印刷，图像不直接印在承印物上，而先印在平面上，再用一定方法转印到承印物上。

（5）静电丝网印刷　利用静电引力使油墨从丝印版面转移至承印面的方法。这是一种非接触式的印刷法，是用导电的金属丝网作印版，承印物介于两极之间。印刷时，印版上的墨粉穿过网孔时带正电荷，并受负电极的吸引，布落到承印面上。

2. 按丝网印刷的承印物分类

丝网印刷按承印物不同划分为：纸张类印刷、塑料类印刷、陶瓷类印刷、玻璃类印刷、线路板类印刷、金属类印刷、纺织品类印刷等几大类。这样在实际应用中就形成了各自的相对独立的丝网印刷系统。

三、丝网印刷的应用

由于丝网印刷具有版面柔软、印压小、墨层厚、覆盖力强，印刷方式灵活多样，不受承印物大小和形状限制，而且立体感强等特点，因此，在许多方面有广泛的应用。

（1）广告类　在广告方面，与室外绘画类广告相比，具有可大量复制、成本较低、制作周期短等特点，而与电脑喷绘类广告相比，丝网印刷又具有图像清晰、色彩鲜艳等特点，因而在广告、巨型招贴画等方面有广泛应用。

（2）织物类　用于由织物材料所构成的各种包、袋、服装、床单及被面的印花。织物丝印约占整个丝印业的 1/3，占有非常重要的地位。

（3）转移花纸类　许多器物采用直接印刷的方式是非常困难的，有时甚至是不可能的。而转移贴花则可以先将图案印在纸张或塑料薄膜上，使用时，再将花纸上的图案以各种方式转移到被装饰的器物上。因而在陶瓷、纺织、机械、电子等行业的应用非常广泛，其约占整个丝印业的37%。

（4）标牌类　如交通标志、门牌、路牌等许多都是采用丝网印刷的方式制作的。

（5）电子产品类　丝印在电子行业也有较多的应用，如各类电器的面板、印刷线路板、厚膜集成电路以及薄膜开关的制作等。

（6）艺术品类　由于丝印对材料的适应性广、使用的油墨类型多，因而也经常用于艺术品的制作，如丝印版画、仿古字画及丝印油画等，有的丝印油画甚至可达到真假难分的程度。

（7）展板类　各种展会用的展板、公共展所用的各类说明图板等也可采用丝印的方式制作。

（8）容器类　各种玻璃、塑料及金属容器，除了采用贴花的方式转印，有时也可直接丝印，如各类塑料瓶装的洗发液、纸箱等。

四、丝网印刷工艺

丝网印刷工艺如下：

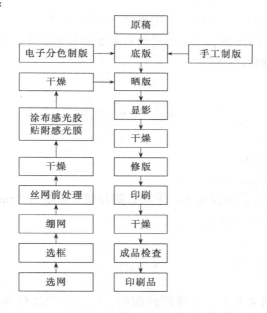

第二节　丝网印刷制版

丝网印刷制版是丝网印刷的基础，若制版质量不好，就很难印刷出质量好的产品。制版质量与制版工艺过程、制版材料的选用等因素密切相关。

一、丝网

丝网是制作网版的骨架，是支撑感光胶或感光膜的基体。了解丝网的特性，根据印刷要求，选择合适的丝网，是创造高质量印刷产品的前提。

（一）有关丝网的术语

1. 丝网

丝网是用作丝网印版支持体的编织物。

2. 丝网目数

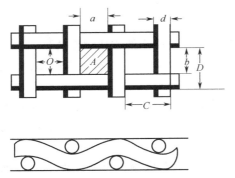

图 3-2　丝网尺寸示意图

丝网目数指的是单位长度丝网所具有的网孔数目。丝网产品规格中用以表达目数的单位是孔/cm或线/cm，英制计量单位以孔/in（1in＝0.0254m）或线/in来表达丝网目数。目数一般可以说明丝网的丝与丝之间的密疏程度。目数越高丝网越密，网孔越小；反之，目数越低丝网越稀疏，网孔越大，如175目/in，即1in内有175根网丝。网孔越小，油墨通过性越差；网孔越大，油墨通过性就越好。可根据承印的精度要求，选择不同目数的丝网。

3. 丝网厚度

丝网厚度指丝网表面与底面之间的距离，一般以毫米（mm）或微米（μm）计量。厚度应是丝网在无张力状态下静置时的测定值。厚度由构成丝网的直径决定，丝网过墨量与厚度有关，如图3-2所示。

4. 丝网的开度

丝网的开度表示的是网孔的宽度，是用来描述丝网孔宽、孔径、网孔大小的重要参数。丝网的开度对于丝网印刷品图案、文字的精细程度影响很大。开度通常用网的经纬两线围成的网孔面积的平方根来表示。

开度可用下式计算：

$$O=\sqrt{A}=\sqrt{ab}=\frac{L}{M}d$$

式中　O——开度，μm；

　　　　A——网孔面积，μm；

　　a，b——网孔相邻两边的宽度，μm；

　　　　L——计量丝网目数的单位长度，采用公制计量单位的为1cm，采用英制计量单位的为1in，1in＝2.54cm；

　　　　M——丝网目数；

　　　　d——丝网的丝径，μm。

5. 丝网开口率

丝网开口率亦称丝网通孔率、有效筛滤面积、网孔面积百分率等，即单位面积的丝网内，网孔面积所占的百分率。根据图3-2所示：

$$开口率=\frac{ab}{CD}\times100\%=\frac{ab}{(a+d)(b+d)}\times100\%$$

6. 丝网的过墨量

通过丝网的油墨量受丝网的材质、性能、规格，油墨的黏度、颜料及其他成分，承印物的种类，刮板的硬度、压力、速度，以及版与承印物的间隙等多种条件左右，一般把图3-3所示的那样假设的一个透过体积叫做过墨量。理论上油墨透过量(cm³/m²)＝丝网厚度×开口率×10000(cm³/m²)。

7. 丝网的解像度

"解像度"指的是丝网能够复制线条和网点印刷品的

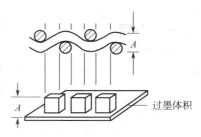

图 3-3　过墨量模型图

细微层次程度。它主要由丝网目数以及网线直径与丝网开孔的关系所规定。

一般来说，丝网开孔大于网线直径的丝网比网孔小于网丝直径的丝网能够复制出更高的分辨率。除网丝直径与丝网开孔的关系外，网丝直径本身也影响能够印刷的网点、线条的尺寸。丝网印刷油墨的流动性、黏性和流变性也影响解像度。

（二）丝网的种类

丝网的分类如表 3-1 所示。

表 3-1　丝网的分类

分类标准	种　类	分类标准	种　类
以材料分类	蚕丝、尼龙、聚酯、不锈钢、镍板	以网目数分类	粗目、中目、细目
以编织结构分类	织物、打孔板、电镀积层板	以丝的粗细分	薄、厚
以丝的形状分类	单丝、多股丝、两者混用		

1. 蚕丝丝网

蚕丝丝网是最早用于丝网印版的版材，也称作绢网、天然绢网、丝织丝网、真丝网、生丝丝网等。

蚕丝丝网的特点是：耐水性强，具有一定的吸湿性，弹性均匀度、抗拉强度和表面光洁度均较好，与感光胶或感光膜的结合性好，弹性一般，易于绷网，具有良好的回弹性，制版作业简便。但是蚕丝丝网的耐磨性、耐化学药品性较差，易老化发脆，耐气候性差，绷网张力值较小，成本亦较高。目前已大部分被合成纤维丝网所取代，用量很少。

2. 尼龙（锦纶）丝网

尼龙丝网又称锦纶丝网，是尼龙单丝编织品，织成后进行耐热性、尺寸稳定性处理。平纹组织可达 380 目，斜纹组织大于 330 目。

尼龙网具有以下特点：尼龙网表面光滑，油墨透过性好，可使用黏度大及颗粒大的油墨，因此可得到精细的印刷图案；使用极细网丝编织目网，适用于要细线的绘画图案及网点印刷；弹性大，有适当的柔软性，对承印物的适应性好，适用于凹凸及曲面的印刷；拉伸强度、结节牢度、弹性及耐摩擦性好，使用寿命长；耐酸、化学药品及有机溶剂性能好，再生使用容易，特别是对碱有极强的耐抗力。

尼龙丝网与聚酯、蚕丝网相比，其伸长率大，为不使之造成印刷故障，要加大绷网张力，因此要求使用强度大的网框和绷网机；耐热性低，不耐强酸、石炭酸、甲酚、乙酸等侵蚀；紫外线对其稍有影响，保管时注意避开光线。

3. 涤纶（聚酯）丝网

特点：拉力伸度小、弹性强，单线丝网适用于印刷集成电路、厚膜半导体、刻度板、计数板等高精度的印刷品；拉伸强度、结构强度、回弹性和耐印力均较好；具有足够的耐药品性，特别是耐酸性强，耐有机溶剂性强，与尼龙一样可再生使用；吸湿性低，几乎不受湿度的影响；耐热性较尼龙要高；受紫外线的影响较尼龙要小。

聚酯丝网尺寸稳定性好，适用于高精度的印刷，因此较尼龙丝网需要有更大的绷网张力，需要强度更大的框、绷网机及更牢固的黏合法；聚酯因具疏水性，与版膜的黏合较困难，要注意进行制版前的洗净、脱脂；虽然吸湿性低，但不耐长时间的沸水；过墨性较尼龙稍差；不耐强碱侵蚀。

4. 不锈钢丝网

不锈钢丝网的平面稳定性极好，制作图形尺寸稳定，适用于印刷高精度的线路板等产品；油墨通过性能极好；耐碱性及抗拉强度很好；耐化学药品性能优良；耐热性强，适用于热熔性印料（在丝网上通电加热使印料熔化）的印刷。其缺点是：易受外力曲折而损坏，印刷过程中容易因受压而使网丝松弛，影响耐印力，价格昂贵，成本高。

5. 镀镍涤纶丝网

镀镍涤纶丝网是在涤纶网上镀一层厚约 $2\sim5\mu m$ 的镍料制成的。它集金属网和涤纶网两者之长，能制得高张力、低伸长的网版，避免了金属网因金属疲劳而造成的松弛和涤纶网与版膜的结合力低等弊病，耐磨性、导电性及回弹性等都有改善。因此，这种网的适用性很广。这种网的编织结点经镀镍而固定，印刷时网孔不易变形，墨流通畅，印得墨层厚薄均匀。

不足之处是对脱膜用的氧化液耐抗性较差；价格高于涤纶网，但廉于不锈钢丝网。

6. 压平丝网

压平丝网是将丝网的一面压平制得的。这种丝网可使油墨转移量变少，墨层变薄，并可防止油墨渗透、铺流，特别适用于紫外线固化型油墨。压平丝网的厚度、开度因压平都会变小，因此只使用少量的油墨却可印刷。压平丝网对提高油墨印刷适性，减少过墨量和节约油墨都非常有利。压平丝网的断面形状如图 3-4 所示。

7. 防静电丝网

使用尼龙、聚酯等合成纤维织成的丝网易带静电，特别是在干燥时，有些承印物无法完全除去静电。防静电丝网如图 3-5 所示，为使横线具有导电性，线芯中含有碳精丝，消除静电的效果很好。

图 3-4　压平丝网的断面形状

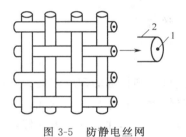

图 3-5　防静电丝网

1—碳精；2—网丝

8. 带色丝网

在丝网印刷制版工序曝光时，经常产生光晕现象，不必要的反射光会造成曝光缺陷。这种现象的原因来自作为丝网材料丝线的乱反射，因此只要避免引起乱反射，吸收乱反射光即可，所以一般使用带色的丝网。染色丝网的色调以淡色为好，深色要延长曝光时间。

9. 镍箔穿孔网

镍箔穿孔网是一种高技术丝网。它不是编织网，而是箔网，即由镍箔钻孔而成，其孔呈六角形（图 3-6），也可用电解成形法制成圆孔形。整个网面平整匀薄，能极大地提高印迹的稳定性和精密性，用于印刷导电油墨、晶片及集成电路等高技术产品。能分辨 0.1mm 的电路线间隔，定位精度可达 0.01mm。

10. 镶边钢丝网

这是针对不锈钢丝缺乏弹性的缺点而设计的一种丝网，即在钢网四周用特殊的弹性材料镶接一条弹性边（图 3-7），图像区分布在钢网范围内。

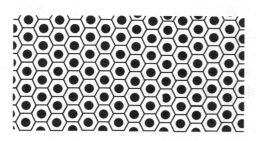

图 3-6 镍箔穿孔网

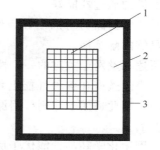

图 3-7 镶边钢丝网

1—钢丝网；2—弹性边；3—网框

（三）丝网的编织形式

丝网的丝一般有单股（如不锈钢丝网）、双股、多股（如蚕丝丝网）等结构形式，单股丝网表面没有毛刺，具有优良的油墨通过性，但价格较贵。多股丝网比较柔软，由于丝线较粗，对丝网厚薄影响较大，而且油墨的通过性相比之下就较差，强度也较低。在制造丝网时，通常是使用一种丝进行编织的，也有采用单股和多股两种丝混合编织而成的，这种丝网厚度比多股丝网薄，价格比单股丝网低。这种丝网在印染行业被广泛应用。

丝网的编织方法有平纹织、半绞织、全绞织及斜纹织。在条件相同时，平纹织的丝网最薄，全绞织最厚，一般采用平纹织丝网，要求墨层特厚时可以采用全绞织。

图 3-8 是丝网的编织图样。

(a) 平织　　　(b) 斜织　　　(c) 段织　　　(d) 全绞织　　　(e) 半绞织

图 3-8 丝网的编织图样

平纹织是最简单、最基本的编织形式，只需交织经线和纬线就可制成。

（四）丝网印刷对丝网性能的要求

丝网印刷的制版、印刷工艺对丝网的性能有如下几项基本要求。

（1）抗张强度大　抗张强度是指丝网受拉力时抵抗破坏（断裂）的能力。抗张强度大，丝网耐拉伸，可制高张力网版。张力的单位为 N/cm。另外，丝网吸湿后的强度变化应小，绢网为 37～40，尼龙丝网为 45～58，涤纶丝网为 43～55。

（2）断裂伸长率小　伸长率是指丝网在一定张力下断裂时的伸长量与原长之比，以百分比表示。伸长率大，平面稳定性差，但丝印还要求丝网在一定张力（如伸长 3%）下具有足够的弹性。因此，伸长率也不能为零，而是以小为好。

（3）回弹性好　回弹性是指丝网拉伸至一定长度（如伸长 3%）后，释去外力时，其长度的回复能力，亦称伸长回复度，以百分比表示，其值愈大愈好。回弹后，印迹边缘清晰。

（4）耐温湿度变化的稳定性好　软化点高的丝网，才能适应热印料丝印的要求；吸湿率小，制版质量才能稳定。

（5）油墨的通过性能好

（6）对化学药品的耐抗性好　丝网在制版和印刷过程中，会遇酸、碱及有机溶剂，对此，应有足够的耐抗性。

综上所述，丝网最关键的一个性能是高张力、低伸长。

尼龙、涤纶丝网在各种性能上均优于真丝丝网，二者相比，尼龙丝网回弹性、通墨性好，静电小，因此适用于印刷鲜明漂亮的产品，其缺点是耐酸性稍差，伸长率较大，不适于精度高的产品。

涤纶丝网耐化学药品性能优于尼龙，伸长率较低，是精密图像印版的理想材料，但回弹性很差，适合高精度印刷。

塑料丝网印刷油墨多为溶剂型油墨，在印刷塑料制品时，应优先选用耐溶剂性能优良的聚酯丝网。不足之处是印刷时易产生静电，与尼龙丝网相比，耐磨性、与感光材料的黏合性、油墨的通过性及复原速度稍差。

聚酯丝网耐磨性、与感光胶膜的黏合性、通墨性、回弹性均不如尼龙，尤其是印刷时易产生静电，引起油墨"拉丝"。所以在尺寸精度要求不高的单色丝印时，应尽可能选用尼龙丝网，只是在进行多色套印等高精度印刷时需选用聚酯丝网。

不锈钢丝网拉伸小，强度高，通墨性好，尺寸精度稳定，适用于线路板及集成电路等高精度图像的印刷。不足之处是丝网伸张后，不能恢复原状，弹性差，价格贵。

（五）丝网的规格型号

1. 国产丝网的规格型号

国产丝网的品种主要有蚕丝丝网、锦纶丝网、涤纶丝网和金属丝网，见表3-2，其型号、规格及主要物理性能参见 GB 2014—1980《蚕丝、合纤筛网技术要求》和 GB 6004—1985《试验筛用金属丝编织方孔网》规定。

表 3-2　国产丝网型号代号

丝网型号　织物组织及代号 原料类别及代号	平纹组织 P	方平组织 F	半绞纱组织 B	全绞纱组织 Q
蚕丝 C	CP		CB	CQ
锦纶丝 J（一般称尼龙）	JP	JF		JQ
锦纶、蚕丝 JC				JCQ
涤纶 D	DP			

锦纶及蚕丝丝网的规格、型号由三部分组成。第一部分为原料类别，用其汉语拼音的第一个字母表示；第二部分表示丝网的编织类型，也用其汉语拼音的第一个字母表示；第三部分表示丝网的目数，用每厘米长度内所含有的孔数表示。如图3-9所示。

国产金属丝网的型号、规格由3个字母和2组数字组成，第1个字母 S 表示试验筛（即丝网），第2个字母 S 表示为金属丝丝网，第3个字母 W 表示编织网；两组数字中，前一组数字表示网孔基本尺寸，即丝网孔宽，后一组数字表示金属丝直径。国产金属丝网型号、规格表示法如图3-10所示。金属丝网一般为平纹组织，孔宽等于或小于 $63\mu m$ 的允许为斜纹组织。

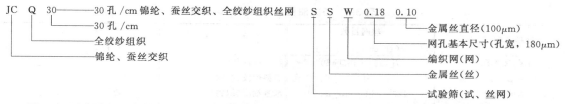

图 3-9　国产蚕丝、合纤丝网型号、规格表示法　　图 3-10　国产金属丝网型号、规格表示法

2. 进口丝网的规格型号

（1）聚酯丝网和尼龙丝网国际常用代号及特点

SS：表示最轻最薄的丝网。M：表示中等厚度的丝网。SHD：丝最粗，丝网最厚。H：比较粗、比较厚丝。

S：表示"S"型丝网。丝径细而丝网薄，网孔较大。适用于复制艺术品和网目调加网制版。

T：表示"T"型丝网。丝径比 S 型粗，网孔小于 S 型。适用于制作色块或线条组成的图像或文字丝网印版。

HD：表示"HD"型丝网。丝径最粗，网孔最小，丝网最厚。适用于制作粗线条组成的花纹图案丝网印版。

例：225T 表示 225 网目 T 型丝网。270HD 表示 270 网目 HD 型丝网。

（2）进口丝网与国产丝网之间的内在联系

① 从类型代号 SS～HD，丝径由小到大。

② 丝网目数相同，代号 S～HD，丝径由小到大；丝网材料不同，虽类型相同，丝径不尽相同。

③ 丝网目数不同，类型代号相同，目数高的丝径小，目数低的丝径大。

④ 各生产厂家的类型代号都用 S、M、T、HD 等表示，但其丝径的数值也不是统一规定的，只是彼此近似。

（六）丝网的正确选择

在丝网印刷的广泛应用中，丝网的正确选择是决定制版和印刷质量的重要因素。

1. 正确选择丝网的网目数

在多数情况下，高质量印刷都与丝网的尺寸稳定性密切相关。聚酯纤维受天气情况的影响最小，而且单丝丝网漏墨性能较好，网目数范围较宽，选择性大，故单丝聚酯丝网应用比较广泛。选择合适的网目数，应考虑下述各参数：

① 使用的油墨系统；

② 使用的印刷基材；

③ 要复制的图像或原稿设计。

（1）丝网目数与油墨系统的匹配　油墨生产厂家一般都提供有关适用于各种油墨的丝网的信息，这对用户正确选择丝网目数非常有用。一般情况下，高目数或一面研光的丝网多用于紫外线油墨；较粗的丝网多用于水基油墨；中等目数的丝网多使用溶剂。表 3-3 列出各类油墨所适用的丝网目数。

（2）丝网目数与承印材料相匹配　承印材料将依其本身的特性从丝网上或多或少地吸收一定量的油墨。比如，一块纺织品要达到最佳的遮盖率，要比一块硬 PVC 所需要的油墨量大，因此要根据承印材料的种类选择使用丝网。

表 3-3 各类油墨所适用的丝网目数

油墨类型(用途)	丝网目数 /(目/cm)[目/in]	油墨类型(用途)	丝网目数 /(目/cm)[目/in]
溶剂油墨(图形印刷)	77[196]~165[420]	红外线油墨(电器)	49[125]~140[355]
紫外线油墨(图形印刷)	140[355]~180[457]半面硏光	塑料熔胶(织物)	90[230]~140[355]
紫外线油墨(电器)	120[305]~140[355]	水基油墨(织物)	49[125]~71[180]
红外线油墨(织物)	49[125]~71[180]	发泡油墨(织物)	12[30]~34[86]

注：1in＝0.0254m。

(3) 丝网目数与要复制的原稿相匹配 选择一定目数的丝网要足以能够支撑模版上的图像，如果不足以承载最细微层次，那么制作网印版是毫无意义的。因为在此情况下，由于印刷过程中，模版不断经受刮板运动施加的压力，这些细微层次部分很可能断裂。此外，在模版冲洗时，细微层次部分也容易被洗掉。目前，最高目数的丝网，其网丝直径为 30μm，单面硏光的网孔孔径为 17μm，未硏光的网孔孔径为 23μm。一定目数的丝网能够印出的最细线条的宽度，等于网孔孔径与网丝直径的和再加上丝网制造时的微小膨胀量的 7%。

举例如下。

丝网目数：180 目

网丝直径：30μm

网孔孔径：23μm

23＋30＋(23＋30)×7%＝56.71 (μm)

结果表明，使用这一目数的丝网，能够成功地印刷出的最细线条的宽度不应低于 56.71μm。

一般的线条印刷，原稿的线条宽度应为丝网间距的 3 倍以上，即 23×3＝69。

2. 网丝直径的选择

一旦确定了正确的网目数，还要决定选用的网丝直径，即丝径。对于一些常用目数的丝网，一般都至少有两种规格的丝径。要正确地选择丝径，需要重点考虑以下两个要素，即丝网的物理性能——抗拉强度和原稿的精细程度。

直径大的丝网比同一目数较细的丝网更结实。对于印数大、承印材料边缘锐利、使用机械磨损性油墨或要求用腐蚀性化学剂清洗油墨的印刷作业，则应使用网丝直径较大的丝网。

另外，在开孔面积的百分率对图像复制起良好作用的情况下，应选择丝径较细的丝网。对于一定网目数的丝网，网丝直径愈大，丝网就愈厚，而开孔面积则愈小。

图 3-11～图 3-13 说明了网丝直径与要印刷的网点大小的关系以及如何根据印刷网点的大小正确地选择网丝直径。

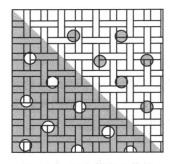

图 3-11 网点等于 2 倍的
网丝直径时

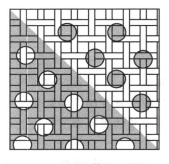

图 3-12 网点等于 3 倍的
网丝直径时

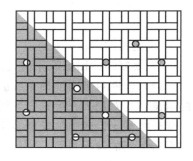

图 3-13 网点等于
网丝直径时

当网点尺寸等于 2 倍的网丝直径时，网点或落在网丝上，或落在网孔中，高光网点损失较重。

当网点尺寸等于 3 倍的网丝直径时，任何位置上的网点都能得到足够的支持，暗调网点得到足够的开孔面积。

当网点直径等于网丝直径时是不可印刷的。

如果复制的原稿为彩色阶调图形，使用最高目数的丝网，其最细的网丝直径仅为 30μm，如果要复制 0.03mm 或更小的网点则是不可能印刷出来的。高光区域的网点有可能恰好撞在网丝上，暗调区域的网点可能落在网孔正中，由于得不到足够的支撑而附着不牢固。在印刷中，这两部分网点可能被丢掉，造成层次损失。

3. 染色丝网的作用

对于直接乳剂模版来说，丝网处于感光乳剂层内部，晒版曝光时，当光线到达白色丝网（图 3-14）纤维表面时，一部分光被反射，产生反射光晕，另一部分光被丝网侧面折射进入感光乳剂层内部，产生散射光晕，其结果造成感光乳剂层的附加曝光，即副照射，引起乳剂层底部部分地硬化，影响图像复制的精度。尤其是在彩色阶调印刷中，这种副照射将导致高光网点过度曝光，暗调网点增大。

为消除和减少副照射，人们常常选择染色丝网，如黄色和橘黄色丝网，颜色可起一个滤色镜的作用。曝光时，由染色丝网反射和折射的光失去了曝光效能，而且其中一部分照射光被吸收，进而消除了所谓的光散射（图 3-15）。

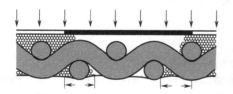 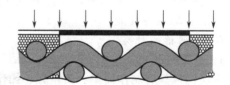

图 3-14　白色丝网产生光散射　　　　图 3-15　染色丝网不产生光散射

此外，使用染色丝网，用视觉可以比较容易地找出消除龟纹的丝网角度。

4. 丝网选择的一般性指导

（1）物体印刷　100T～120T：塑料瓶子、容器、笔、粗颜料不透明墨。120T～200S：细线条、阶调网点、高速印刷机。120T_UV～180S_UV：UV 油墨。

（2）纺织品印刷　55T～62T：较粗的阶调网点和粗纺织品。55T～77T：精细阶调网点，合成纤维织物。77T～120T：细微层次和阶调网点。

（3）T恤直接印刷　40T～55T：文字。55T～62T：精细的轮廓。62T～77T：单色和多色阶调网点。

（4）陶瓷印刷（线/cm）　77～165：贴花纸。100～165：阶调网点直接印刷。

（5）转印植绒　40T～49S：彩色印刷。20S～29T：印胶黏剂。

（6）塑胶直接印刷　77T～100T：图形和网点。

（7）升华转印　100T：在转印纸上印精细线条、阶调网点。

丝网适用范围选择参见表 3-4。

表 3-4　丝网适用范围选择

丝 网 规 格	适 用 范 围
68HD	大幅面阶调印刷,约 12 线/cm
77T～100T	招贴画、大字符、不透明墨、荧光墨和颜料墨、有纹理表面、表面上光
100T～120T	达 20 线/cm 的阶调网点,尺子,表盘,不干胶商标
130T 以上	精细线条,阶调网点
110HD、1200	最常用和最通用,如电子印刷
120T 以上	用于 UV 油墨、阶调印刷、普通墨薄墨层印刷,如精细网点和细线条印刷

（七）丝网质量的判别

丝网的使用除了与目数、孔径等参数有关外,丝网的表观特性、编织状况也对丝网的使用有较大影响,因此在选择丝网时,还要注意以下几个方面:

① 丝线的粗细是否一致。丝网的丝线要均匀一致,才能保证网孔大小均匀,印刷时墨量也才均匀。而有些丝网编织得比较粗糙,丝网的丝线不一致,这必然导致下墨不均匀。同时,丝网的经线、纬线也要求平行一致,否则也必然导致下墨不均匀。

② 丝网表面光洁、平整、无疵点。丝网表面是否光洁、平整将会对丝印制版、印刷产生影响,因为丝网的疵点既影响丝网表面的平整和强度,也会影响丝网的印刷和墨色的均匀。

二、网框

网框是支撑丝网用的框架,由金属、木材或其他材料制成,分为固定式和可调式两种。最常用的则是铝型材制作的网框。各种网框各具特点,在选取时,可根据不同的情况,选取不同材料的网框。制作网框的材料,应满足绷网张力的需要,坚固、耐用、轻便、价廉;在温、湿度变化较大的情况下,其性能应保持稳定;并应具有一定的耐水、耐溶剂、耐化学药品、耐酸、耐碱等性能。

（一）网框的种类

1. 木质网框

木质网框具有制作简单、质量轻、操作方便、价格低、绷网方法简单等特点。这种网框适用于手工印刷。但这种木制材料的网框耐溶剂、耐水性较差,水浸后容易变形,会影响印刷精度。木质网框已逐渐被金属网框所取代,但木质网框的使用还是相当广泛的。木框是用方木材围成的方框,四角用榫或用钉固定。方木材的尺寸根据框的大小决定,尺寸一般为 3cm×(3～5)cm×4cm。在感光制版中需把网框浸在水中进行,木框易吸水产生变形,而金属框不会变形。木框的四角如装上 L 形的五金附件即可防止这种变形。这种网框在以前普遍使用,现在已逐渐减少了。木质网框一般为方形和长方形,四角的连接方式多种多样,如卯榫胶接（图 3-16）、45°斜角钉接（图 3-17）、直角靠背钉接（图 3-18）、双层条料钉接（图 3-19）等。木制框有多种多样,有的木框没有沟槽,直接涂布黏合剂,进行绷网;有的网框带有沟槽（图 3-20）,用楔木固定丝网;还有的在木框内装有可调的木条或金属条,它的厚度与框架一样,调整螺栓通过固定框突出在外面,只要收紧蝶形螺帽丝网即可拉紧(图 3-21)。

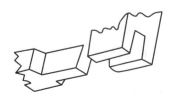

图 3-16　卯榫胶接

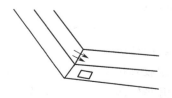

图 3-17　45°斜角钉接

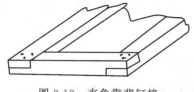

图 3-18　直角靠背钉接

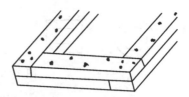

图 3-19　双层条料钉接

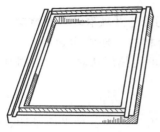

图 3-20　制有凹槽的网框

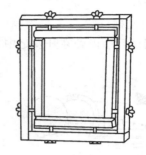

图 3-21　带有浮动压条的网框

2. 中空铝框

中空铝合金型材网框和铸铝成型网框，具有操作轻便、强度高、不易变形、不易生锈、便于加工、耐溶剂和耐水性强、美观等特点，适于机械印刷及手工印刷。

丝网印刷网框的尺寸主要根据印刷面积来确定，同时考虑：①刮板起止部位的需要；②积存油墨的需要；③保证图文部位张力均匀的需要；④印刷时网版刮板印刷行程中回弹的需要。如表 3-5 所示。

表 3-5　铝框规格

型号	网框外径 /cm	网框内径 /cm	版面尺寸 /cm	管壁厚度 /cm	型号	网框外径 /cm	网框内径 /cm	版面尺寸 /cm	管壁厚度 /cm
A0	118×158	110×150	40×60	3.0	A3	58×74	50×66	40×40	2.5
A1	91×120	83×112	40×40	2.5	A4	43×60	37×54	30×30	2.5
A2	70×95	62×87	40×40	2.5					

网框的尺寸愈大，中空的铝框比木制框愈轻，误差也小，因此要求精度高的网框均用铝框。铝合金框的断面形状各种各样，最常见的有方管形、长方管形。网框一般由管状物焊接而成。

为了提高绷网张力，便于绷网，出现梯形中空铝型材网框，其网框型材断面形状为梯形，如图 3-22 所示。这种网框型材内侧的断面比外侧断面高约 2mm，因此绷网容易，黏结牢固，不易脱网，绷网张力稳定。

采用中空型材制作网框时，合理的断面形状能减少网框的变形。因为断面积相等但形状不同的断面，其强度大小是不等的，如图 3-23 所示。

3. 钢材网框

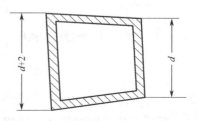

图 3-22　等腰梯形中空
铝型材网框断面

71

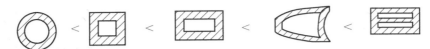

图 3-23　断面形状与强度的关系

钢材网框具有牢固、强度高、耐水性好、耐溶剂性能强等优点，但其笨重、操作不便，因此使用较少。

4. 塑料网框

塑料网框目前尚处在开发之中，有热塑性塑料、强力涤纶及玻璃纤维等材质。热塑性塑料框的框条采用复合材料，外管为塑料，内芯为木材。塑料具有热塑性能，可用热压法将丝网黏固其上；木芯则保证网框的强度。

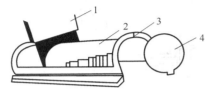

图 3-24　异形网框
1—刮墨板；2—丝网印版；
3—网框；4—承印物

5. 异形网框

平面矩形框，可用于印刷各种平面承印、各种可展开成平面的曲面体。但对于某些异形体（包括球体及椭圆体），则需要特殊形状的网框，如图 3-24 所示。承印物、网框及刮墨板三者的形状保持一致。此类网框考虑其绷网和经济上的原因，多采用木框。

6. 组合网框

以强力聚酯或玻璃纤维为框材的一种可自由组合的网框。框角由结构特殊的角扣连接，装拆十分简便，可由少量的框材组装出多种尺寸的网框。

还有一些新型框，装有可调定位钢板，与网框焊为一体，并装有两个手柄，方便跑版印刷，符合印花工艺要求，主要适用于织物印染（图 3-25）。

为了做一些大型网框，也有采用加强筋的铝合金网框，这种网框根据不同的应力要求，可采用各种形式的加强筋，如图 3-26 所示。

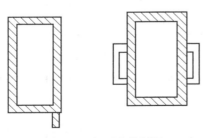

图 3-25　新型印染网框

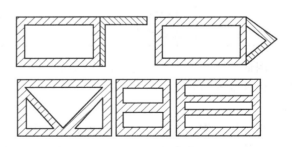

图 3-26　加筋铝合金型材截面
上图为上加筋铝合金型材；下图为内加筋铝合金型材

（二）绷网

1. 绷网的工艺过程

绷网是按照印刷尺寸选好相应的网框，将丝网绷紧并使其牢固地和网框结合的工序，其工艺过程如下：

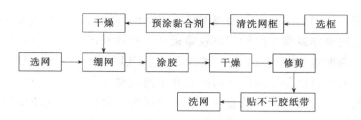

它是丝网印版制作的关键，其张力大小（松紧程度）直接影响刮涂感光胶液的平整程度，而且关系到印刷质量的优劣（例如套印的准确等），所以要求绷好的网应达到一定的张力。如果是同一副丝网印版，还必须做到各个色版的绷网张力一致。绷网的方法，有手工绷网、器械绷网和气动绷网。

（1）手工绷网　手工绷网是一种简单的传统方法。通常适用于木质网框。这种方法是通过人工用钉子、木条、胶黏剂等材料将丝网固定在木框上。手工绷网的张力一般能够达到要求，但张力不均匀，操作比较麻烦、费时，绷网质量不易保证。这种方法多用于少量印刷和印刷精度要求不高的场合。

（2）器械绷网　器械绷网亦称自绷网。多采用较为简单的器械辅助手工绷网，其网框称为自绷网框。这种网框多为金属制作，其构造的特点是能拉伸丝网并使之固定，一般有三种结构形式，如图3-27所示。三种结构的比较列于表3-6。卷式框性能最优，它由四根铝管组成，管内有一种简便的扣网装置夹住丝网，每个框管之两端都可用扳手拧动，以完成绷网（图3-28）。

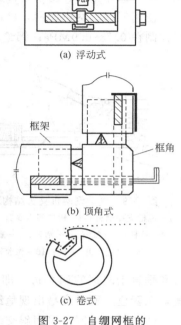

(a) 浮动式

(b) 顶角式

框架　框角

(c) 卷式

图 3-27　自绷网框的拉伸结构类型

表 3-6　自绷网框结构比较

类　型	浮动式	顶　角　式	卷　式
拉网方式	内框移动	改变框端与框角的距离	框管卷动
主要优缺点	框槽宽,耗料多	角结构复杂,稳定性稍差,框臂尺寸可变	稳定性好,操作方便

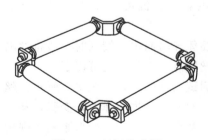

图 3-28　纽门卷式框

器械绷框的突出特点是可随时进行拉网。这样在网版松弛后，不必更换，再次张紧又可使用。

（3）机动绷网　机动绷网使用的是机械式绷网机。机械式绷网机，有杠杆式、丝杠式和齿轮齿条式之分。大型绷网机一般为机动，而中、小型绷网机以手动为主。

机械式绷网机，依其绷网夹具的形式，亦可分为整体夹头式绷网机和同步多夹头式绷网机。整体夹头式绷网机，一般为手动，其结构简单、操作方便、成本低，但绷网张力分布不均匀，适用于较为简单的线条、色块印版的绷网。同步多夹头式绷网机，有手动亦有机动的，其绷网质量近于气动绷网机。

（4）气动绷网　气动绷网采用气动绷网机。气动绷网机以压缩空气为气源，驱动多个气缸活塞，同步推动网夹作纵横方向的相对收缩运动，对丝网产生均匀一致的拉力。根据绷网尺寸的大小，可分别配置12个、14个、16个网夹。气压可在0.8～1MPa内调节，以得到不同的张力。多夹头的可以采用双向气动控制和单向气动控制（弹簧回位）形式。一套可以组合的多夹头拉网器和必要的配气装置与气源，便成为一台完整的气动绷网机。

气动绷网机的气动源有时可用压缩空气钢瓶代替压缩气泵。其优点是投资少、占地小、无噪声、操作方便、易于维修。

使用气动绷网机绷网，可通过控制气压实现绷网张力的控制。一般蚕丝丝网的绷网气压可控制在0.7～0.9MPa；锦纶（尼龙）丝网的绷网气压可控制在0.8～1MPa；不锈钢丝网的绷网气压可控制在1.0～1.3MPa。

采用气动绷网法时，首先将网框放置在绷网台上，然后将丝网水平紧贴网框放平之后，将丝网四周固定在夹头上，根据所需要的张力绷紧，再在网框与丝网接触面涂黏合剂，这种方法可以得到均匀的张力。气动绷网机的夹头结构如图3-29所示。

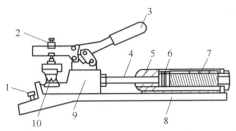

图3-29　气动绷网机夹头结构示意图
1—网框支撑螺钉；2—钳口固定螺钉；3—手柄；
4—拉杆；5—气缸；6—活塞；7—复位弹簧；
8—底托；9—夹头；10—橡胶钳口

2.绷网角度的选择

绷网角度是指丝网的经、纬线（丝）与网框边的夹角。绷网有两种形式，一种是正绷网，另一种是斜交绷网。

（1）正绷网　正绷网是丝网的经、纬线分别平行和垂直于网框的四个边。即经、纬线与框边呈90°。采用正绷法能够减少丝网浪费。但是，在套色印刷时容易出现龟纹，所以套色印刷应当采用斜交绷网。

（2）斜交绷网　采用斜交绷网利于提高印刷质量，对增加透墨量也有一定效果。其不足是丝网浪费较大。尽管套色印刷时应采取斜交绷网，但在实际绷网时，为了减少浪费，一般复制印刷品多数仍采用正绷网。

绷网角度的选择对印刷质量有直接的影响，绷网角度选择不适合，就会出现龟纹。一般复制品的印刷，常采用的绷网角度是20°～35°。

3.绷网的质量要求

（1）绷网张力适当　丝网印刷精度与丝网印版的精度有关，而丝网张力是影响丝印质量的重要因素之一。丝网张力与网框的材质及强度、丝网的材质、温度、湿度、绷网方法等有关。

通常在手工绷网和没有张力仪的情况下，张力确定主要凭经验而定。绷网时一边将丝网拉伸，一边用手指弹压丝网，一般用手指压丝网，感觉到丝网有一定弹性就可以了。

在使用绷网机以及大网框绷网时，一般都使用张力仪测试丝网张力，如表3-7所示。丝网的张力并非愈大愈好。张力过大，超出材料的弹性限度，丝网会丧失回弹力，变脆，甚至撕裂；张力不足，丝网松软，缺乏回弹力，容易伸长变形，甚至发生卷网，严重影响印刷精度和质量。

绷网的张力也可以用丝网的拉伸量来控制，表3-8为SST丝网的弹性极限和印刷时丝网的伸长极限。绷好的网既要不失弹性，又要有好的抗伸长性，以保证小网距、高精度的印刷要求。符合这种条件的绷网张力，称为额定（最佳）张力。

表 3-7　SST 丝网绷网张力参考

丝　网　类　型	印刷任务类型	额定力/(N/cm)
涤纶丝网或镀镍涤纶网	电路板及计量标尺等高精度任务	12～18
	多色印刷	8～16
	手工印刷	6～12
尼龙丝网	平整表面	6～10
	弧面或异形表面	0～6

表 3-8　SST 丝网的额定伸长值　　　　　　　　　　　　　　单位：%

丝网类型/(目数/cm)	涤纶丝网	尼龙丝网	镀镍涤纶网
10～20	1.0～1.5	2.0～3.0	
20～49	1.5～2.0	3.0～4.0	0.5～1.0
49～100	2.0～2.5	4.0～5.0	
100～200	2.5～3.0	5.0～6.0	

（2）经纬丝线保持垂直　绷好的丝网的经纬丝应尽可能保持垂直，如图 3-30 所示。除斜交绷网外，绷好的丝网的经、纬尽可能与边框保持垂直。避免斜拉，以免变形。

（3）网面张力要均匀　整个网面上的张力分布要均匀，如图 3-31 所示。它取决于绷网装置和绷网方式，绷网装置的质量水平及丝线性能的均匀程度等。它要求丝网的每根丝线所受的拉力都必须相等，要求丝网张力均匀度的最终目的是保证丝网拉伸的均匀性，以保证印版图像的相对稳定性，防止印版图像在印刷时发生形变。实际生产中，无论采用什么形式的绷网机，其四角的张力都会大于中央区域。为了使图文部张力均匀，必须使绷网夹短于丝网的边长，这样在四角上就会形成弱力区。

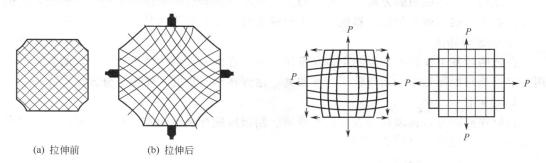

(a) 拉伸前　　　(b) 拉伸后

图 3-30　斜拉网的变形　　　　　　　　图 3-31　张力均匀度图

（4）防止松弛　绷好的网版，其张力应不变或少变。为减小绷网后的张力衰减，应采取"持续拉网"和"反复拉紧"的绷网方法，使一部分张力松弛于固网前完成。即使是铝制或钢制的网框在绷网拉力下也会产生变形，应在绷网的同时，网框预先受力或者绷网之前预先受力。

三、底版制作

底版也称原版，是丝网印版晒版的依据，丝网印版晒版用的底版一般为阳图底版，在丝网印刷中，制作模版需要一个透明阳图底版进行制作。透明阳图底版可采用手工、照相或一些其他方法制作。

（一）手工底版制作工艺

手工制作底版的方法一般有两种，即描绘法和刻膜法。

1. 描绘法

采用手工，把原稿上的图文描绘到透明薄膜（如涤纶片基）或绘图纸（硫酸纸）上制成底版的方法，称为描绘法。描绘法制作底版时，把原稿放在平台上，然后在其上面加上透明软片并予固定，用墨在软片上绘制成图像。用毛笔或钢笔所描绘的线或文字应是均匀的全黑色的，干燥后不能有裂纹或针孔。为防止干裂可在墨汁中混入少量的砂糖，为了消泡可加入少量啤酒。若使用市面上出售的红褐色的软片，就不用担心干裂，而且干燥也很快。总之所描绘的图形部分最重要的是要能充分遮光。这种方法适于制作大型的精度要求不太高的图案和文字，如精度要求高，就需用制图仪或照相法制作。

要求尺寸精度高的图案，应当使用无伸缩性软片，或把软片贴在玻璃板上制作底版，但必须把无伸缩性的聚酯软片进行单面消光处理。绘图纸亦称透明纸、硫酸纸，只适用于做精度要求不高，图面不大的底版。

2. 刻膜法

把剥膜片蒙在原稿上，用雕刻刀依照原稿图案的轮廓挖剪，去掉不必要部分，只留下需要部分的制取底版方法，称为刻膜法。这种方法作业快，切边齐，图案准确。其所使用的剥膜片是透明片基上复合了一层能遮挡红光的薄膜制成的，俗称红膜。

刻膜的另一种方法是在一块硬透明塑料片上，涂一层透明纤维素胶膜，成为一块刻膜板。将它蒙于原稿上，用刻针刻绘（而不是切刻）图像。刻毕后，用适当的油墨涂擦版面，使刻线着色不透光，刻线外的油墨能被抹净，保持透明，成为一块阳片。此法刻得的线条十分精细，但是不便做面积刻绘，故只适用于细线作业。

手工制作阳图底版的方法，适用于精度要求不太高的底版制作，高精度的底版可用机器制作。如果印刷品要求阶调、彩色、放大与缩小时，就必须采用照相法制作底版了。

3. 压敏转印法

在透明片基上预制有标准的字体及常用符号，且涂有一层特种压敏胶制成的。在压力作用下字符能与图面粘牢，而与转印片基脱离，达到转印的目的，使用十分方便。

4. 绘画法

在制作底版时，在软片上直接设色绘画。制版后进行多色套印，套色印刷时随时观察色调情况，及时校色，对照原稿修改。

（二）丝印底版照相制版工艺

照相制版是现代丝印制版的主要方式。它是通过照相设备，把要复制的文字、图案按照要求，放大或缩小，一般先拍成阴图片，再翻拷成丝印制版用的阳图底版。

照相制作底版，不仅可以提供非常精细的线条、文字底版，还可以复制色彩、阶调复杂的图案，制出符合丝印制版要求的分色底版。因此，照相制版在丝印制版工艺中占有重要地位。

丝印照相制版工艺可分为线条、文字稿照相，单色网目调照相，彩色网目调分色照相三大类。用照相法制取底版，操作简便，速度快。自动显影机和自动定影机的出现，使照相制版工艺逐渐走向机械化和标准化。

照相制版时应注意如下几点。

1. 加网线数的确定

（1）以承印物材料的性质、形态不同选择加网线数

① 普通网点：大面积网点印刷，加网线数为 12～14 线/cm；一般的网点印刷，包括细线和细字的印刷，加网线数可为 20～24 线/cm。

② 成型物印刷（选尼龙丝网）。若印刷高线数的网点，加网线数为 24～35 线/cm。

③ 纺织品印刷（选单面展平单缕聚酯丝网）。粗布网点印刷，加网线数为 10～14 线/cm。人造布上印细线图文和网点时其加网线数为 15～18 线/cm。

④ T 恤衫印刷（选用聚酯丝网）。印刷数字和色块，加网线数为 10～12 线/cm；印刷细图案，加网线数为 12～14 线/cm；单色或网点套印，加网线数为 14～18 线/cm。

（2）以观视距离确定　网点大小与观视距离有直接关系。一般情况下，网点越大，其观视距离应大，观测效果才良好。印刷效果应以视觉观测距离内所反映的视觉效果的优劣来体现。对大多数印品，观测距离在 457mm 之内，选用 33 线/cm 的加网线数；如果印品的观测距离大于或等于 914，可选用 18 线/cm 的加网线数，这样高光部分虽有网点丢失，但眼睛是无法觉察的，因此应根据印品的观视距离确定阳图片的加网线数。

（3）印品的色彩与阶调的控制　在彩色叠印中，通过高调部位的网点并列及在暗调部位的网点重叠再现色彩与阶调。如果分色阳片的加网线数过低，则很难通过改变网点的大小来控制印品的色彩和阶调；如果分色阳片的加网线数过高，因单位面积内网点数目过多，网点密度不易控制，使印品的质量很难稳定。表 3-9 为加网线数与色调值、网点尺寸的关系。表 3-10 为使用单丝聚酯丝网能够印刷的图像密度范围。

表 3-9　加网线数与色调值、网点尺寸的关系

加网线数 /(线/cm)	色调值和相应的网点尺寸 (色调值以百分比计，网点尺寸以微米计)				
	5%～95%	10%～90%	15%～85%	20%～80%	25%～75%
10	252	357	—	—	—
15	168	238	—	—	—
20	126	178	—	—	—
25	101	143	175	—	—
28	90	127	156	—	—
30	84	119	146	168	—
35	72	102	125	144	—
40	63	89	109	126	—
48	53	74	90	105	117
54	—	66	80	93	104
60	—	59	72	82	94
70	—	—	62	72	81

表 3-10　使用单丝聚酯丝网能够印刷的图像密度范围

加网线数 /(线/cm)	丝网 /(目数/cm)	高光 /%	暗调 /%	加网线数 /(线/cm)	丝网 /(目数/cm)	高光 /%	暗调 /%
60	120.34	10	90	100	150.31	12	80
	120.40	12	88		150.34	12	80
86	140.31	12	88				
	140.34	14	85		165.31	12	80
	150.31	14	85				
	150.34	14	85		165.34	12	80

（4）加网线数和丝网目数应匹配　在制作网目调丝网印版时，由于照相制取加网底版时的加网线数和丝网目数的重叠，容易造成印刷品上的龟纹，所以制作加网底版时必须考虑加网线数和丝网目数的匹配关系。丝网制版，由于版材条件的限制，不宜选用高线数网屏，一般选用30～100线/in的网屏即可。表3-11为丝网目数、加网线数与印刷尺寸之间的关系。

表3-11　丝网目数、加网线数与印刷尺寸之间的关系

印刷尺寸	网屏线数/（线/cm）	丝网目数/（目数/cm），S型或T型	印刷尺寸	网屏线数/（线/cm）	丝网目数/（目数/cm），S型或T型
A4	34～48	150～195	A1	15～20	120～140
A3	25～34	140～165	A0	12～15	95～120
A2	20～25	120～140			

2. 加网角度的确定

拍摄单色加网负片时，常用的网点角度为45°。间接加网拍摄正片时，一般加网角度为：黄版90°、青版15°、品红版75°、黑版45°。间接加网拍摄负片的加网角度与间接加网拍摄正片的相同。直接加网，一般将最显眼的色版定为45°，其他两色版与此各相差30°，不明显的黄版角度则可插入这些角度之间相差15°即可，如：黑版45°、品红版15°、青版75°、黄版30°（或90°），也可以采用黑版15°、品红版75°、青版45°、黄版30°（或90°）。

3. 合理控制阳图片的尺寸稳定性

① 选择合适的阳图软片。聚酯丝网具有较高的套准精度和抗拉强度，温度和湿度的变化不会对模版产生影响。尼龙丝网，即聚酰胺丝网，由于具有良好的弹性，因而多用于立体物品的印刷，但温度和湿度的明显变化会导致印刷图像变形，影响套准精度。

② 正确控制环境温度、湿度。在阳图片的制作以及存放过程中，应使四张阳图片的温、湿度环境保持一致，其控制范围为：环境温度18～24℃；相对湿度（60±5）%。

③ 软片的裁切方向保持一致。由于软片的纵向与横向在相同环境下，其尺寸的变化量差别较大，所以四色分色阳图片的裁切方向必须保持一致。

（三）其他方法底版制作

1. 复印机复制法

利用复印机制作底片，其最大优点是可任意缩小、放大。如果手中的原稿与即将制作的图案尺寸不一样，用复印机缩放是最简便的解决方法。复印时底版材料可用透明胶片或硫酸纸。透明胶片一般可以直接复印。硫酸纸由于纸质较薄，可把硫酸纸用胶带粘在一张复印纸上，然后复印。

2. 电脑刻制法

电脑及其相关设备的发展也为制作底版提供了便利条件，电脑刻字机就是其中的一项。电脑刻字机不仅可以刻出各种字体，而且可以刻出一些线条图案，其刻制的篇幅可以从1～2cm²到1m²以上。刻字机刻出的字，一般都是即时贴类纸，刻制出的字或图案可以直接粘在网版上晒版，也可以拼贴在一张透明纸或玻璃上。标志图形可以通过扫描仪输入计算机，经修正后和文字混排，再经电脑刻绘机输出；大图的线条可以贴在透明聚酯薄膜上拼大图。

3. 激光印字机法

利用计算机设计网印墨稿，标牌面板软件、名片软件等都很适用；商标图形可由扫描仪输入计算机，将图形、文字混排，然后由激光打印机输出。一般图形激光打印机采用600dpi的分辨率。输出可用普通纸、硫酸纸、毛面聚酯片，后两者可直接当底片用；用普通纸输出的可通过拷贝得阴或阳软片底版；墨稿图也可通过制版照相机做适当的放大或缩小。

4. 桌面排版复制底版制作

桌面排版复制底版用的软件功能可出正字、反字，也可做弧形字图，对线条版图形可分色，也可将尺寸修正，字形多、精度高，字线边缘齐，还可对彩色透射原稿、反射原稿进行分色、加网，输出4张分色片。这些功能完全能满足网印底版设计和制作。

四、丝印感光胶及感光膜

丝网印刷制版用感光材料，按其存在的形态区分有感光胶和感光膜（亦称菲林膜、菲林纸）；按其组成的材料性质区分有重铬酸盐系、重氮盐系、铁盐系等；按其用途区分有丝网感光胶、丝网感光膜、封网胶、坚膜剂、剥膜剂、显影剂等。

（一）丝网印刷对感光材料的基本要求

1. 丝印制版对感光材料的要求

制版性好，便于涂布；有适当的感光光谱范围，一般宜在340～440nm；感光度高，可达到节能、快速制版的目的；显影性能好，分辨力高；稳定性好，便于储存，减少浪费；经济、卫生、无毒、无公害。

2. 丝网印刷对感光材料的要求

感光材料形成的版膜应适应不同种类油墨的性能要求；具有相当的耐印力，能承受刮墨板的相当次数的刮压；与丝网的结合能力好，印刷时不产生脱膜故障；易剥离，利于丝网版材的再生使用。

（二）丝印感光胶的主要成分

丝印感光胶的主要成分是成膜剂、感光剂、助剂。

（1）成膜剂　成膜剂起成膜作用，是版膜的主要成分。它决定着版膜的粘网牢度和耐抗性（如耐水性、耐溶剂性、耐印性、耐老化性等）。丝印感光胶常用的成膜剂有水溶性高分子物质，如明胶、蛋白及PVA（聚乙烯醇）等。

（2）感光剂　感光剂是在蓝紫光照射下，能起光化学反应，且能导致成膜剂聚合或交联的化合物。感光剂决定着感光胶的感光度、分辨力及清晰性等性能。

（3）助剂　有时为调节主体成分性能的不足，尚需另加一些辅助剂，如分散剂、着色剂、增感剂、增塑剂、稳定剂等。

（三）感光胶的感光原理

作为丝网制版用的感光材料，现在使用最多的是在聚乙烯醇溶液中乳化醋酸乙烯，然后添加作为感光剂的重氮树脂，其感光膜形成机理如图3-32所示。感光膜因曝光而硬化，成为不溶水的版膜。聚醋酸乙烯的作用是强化丝网纤维的黏着力，显影时没有曝光的图像部分与未硬化的聚乙烯醇一起被水冲走。

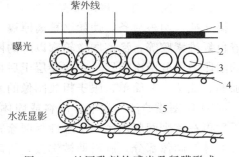

图3-32　丝网乳剂的感光及版膜形成

1—阳图底版；2—聚乙烯醇胶体保护层（含感光剂）；3—聚醋酸乙烯乳剂粒子；4—丝网；5—硬化版膜

（四）感光胶、感光膜简介

感光胶是用于直接法制版的丝印制版感光材料，还可分为单液型和双液型。单液型感光胶在生产时已将感光剂加入乳胶中，使用时不需配制即可涂布；双液型感光胶在使用前要先将感光剂按配方说明溶释，然后再分散混合于乳胶中，消泡后方可涂布。

感光膜亦称菲林膜、菲林纸，是以塑料透明薄膜为片基，在其上涂布一定厚度的感光乳剂而制成的。感光膜主要用于间接法和直间法制版，其产品颜色一般有红、蓝、绿三种。感光膜通常以其所涂布的感光胶厚度分为 1～4 号四种规格。

① 1 号感光膜。感光膜胶层厚度为 0.01～0.014mm，主要用于印刷 0.1mm 左右精细线条的丝网印版。

② 2 号感光膜。感光胶层厚度为 0.018～0.022mm，主要用于大于 0.1mm 的线条丝网印版。

③ 3 号感光膜。感光胶层厚度为 0.035～0.04mm，主要用于印刷电路板、具有立体感的面板、标牌等的丝网印版。

④ 4 号感光膜。感光胶层厚度为 0.05～0.06mm，主要用于墨膜较厚的印件的丝网印版。

五、丝印制版

丝网印版的结构如图 3-33 所示。丝网印版制版方法可分为手工制版法、金属制版法和感光制版法（直接法、间接法、直间法）三类。

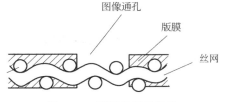

图 3-33　丝网印版的结构

1. 手工制版法

手工制版法指的是用手工操作的一种最原始的丝印制版法。其分辨力较差，但比较经济，现在还有不少厂家采用，下面介绍几种最简单的手工制版方法。

（1）描绘法　把绷好的丝网框放置在图样上面，用铅笔仔细描下图样的轮廓，然后沿图样轮廓，用小型平头毛笔蘸明胶液或乳剂进行作业，堵塞不需漏墨的网孔即可制成丝网印版。

此外，还可采用专用树脂材料描绘出阳图图文，待干燥后，再在阳图以外的丝网上全部涂上胶液。经充分干燥后，再用溶剂洗掉描绘的阳图图文树脂，使图文部分变成透墨部分，即可制得丝网印版。根据需要可改变涂布胶层的厚薄。

描绘法分阴图描绘法及阳图描绘法两种。

① 阴图描绘法　将网版覆于原稿上，用铅笔在丝网上绘出图案的轮廓，然后在网版和原稿间插入两根薄条，使丝网稍离原稿。用画笔蘸适当的涂料，如油漆、虫胶、聚乙烯醇及着色纤维素胶等，涂塞图像轮廓以外的网孔，留空图形处，即成印版。为使封涂的膜有足够的耐印力，分两次涂层，首次涂层干后再涂一次，首次涂料应稍稀，第二次涂料稍浓，利于加厚。此法工艺简单，限于粗放图像的复制。

② 阳图描绘法　用液体涂料或固体墨条（平版蜡笔）直接在网版上作画成阳像，画像干后再在整个网版内刮一层水性封网涂料。待封网涂层干透后，用纱布蘸画料溶剂，从网版两面抹擦画像部分，画料即被洗去，所以此法也称出图像法。如果在画像前，先对网版涂一层浆料，再在上面作画，有利于画像的清洗。

由于此法的画像与纸上绘画一样直观、质感，有利画家即席挥笔，因此多为画家采用。缺点是不能制得精细的印版。

（2）打印制版法　这是用打字机及特种打印纸来制作版膜的一种方法，制出版膜后粘贴到绷好的丝网上成为丝网印版。此法效率高、简便，能制细小字符，但不宜制粗线和实地图形。

（3）手雕菲林片（软片）制版法　这种制版法，是丝网印刷制版中的一种手工制版方法，其操作简单，用途广泛，无需什么设备，除连续调的原稿无法制版承印外，对单色、多色套印均可制版。

这种制版法，也称切刻制版法。切刻制版法是先将菲林片镂空成版膜，再将版膜粘到丝网上的一种制版方法。

2. 金属制版法

在圆网丝印及某些精密电路或网点丝印中需用到金属印版。金属印版的版膜是金属的，制作方法如下。

（1）电子刻版法　电子刻版法是通过专用的丝印电子刻版法进行的。在丝网上制成特殊的覆膜，用光线扫描原稿表面，把反射光变为电能，再利用电能在丝网的覆膜上打孔，用这种方法做成与原稿相同的印版称为电子刻版法。它代表着丝印制版的方向，但应用范围尚不广泛。其工艺流程如下：

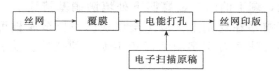

（2）照相腐蚀法　在厚 $40\mu m$ 左右的不锈钢箔的表面上，用照相腐蚀法制成网目，在背面同样的方法制成图文，如图 3-34 所表示的一面形成丝网，一面形成图文，这就是丝网与版膜结合为一体腐蚀法金属印版。这种印版的伸缩率小，精度很高，所以广泛应用于电子工业的印刷及其他精密印刷。

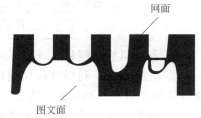

图 3-34　照相腐蚀法

具体制版过程是在不锈钢箔片上涂布感光胶，干燥后密合底版软片晒版，经显影后形成耐酸膜，然后用氯化铁腐蚀，没有耐酸膜的部分腐蚀后成为凹陷，从而制成印版。工艺流程如下：

另一种方法是，在金属箔上用照相法成像，再用腐蚀法制成版膜，并将版粘贴到丝网上，或使版膜和丝网在同一金属箔上制出，其工艺流程如下：

① 金属箔　用 $10\sim15\mu m$ 厚的钼、铜、不锈钢或其他合金箔。

② 表面处理　包括去脂、研磨和酸洗等，如钼箔的酸洗，采用 20％的硫酸和 5％的酒石酸氢钾混合液，液温 75°时浸泡 3min。

③ 感光膜 起防蚀膜的作用，采用浮雕成像材料，且随箔材和腐蚀液的性质而异，如铜箔可用铬盐感光胶等。

④ 晒版 若制无网模版时，则用阳片一次晒版；若制有网模版（即丝网与模版同时制出）时，则需二次晒版，先晒图文，后晒丝网；对两面涂胶的金属箔，可一面晒图文，另一面晒丝网，然后两面同时显影和腐蚀。

⑤ 腐蚀 按金属箔材选用腐蚀液，如钼箔的腐蚀液为：浓硫酸1份、硝酸1份、水3份。用浸渍法、搅动法或喷射法进行腐蚀。

⑥ 脱膜 除去金属箔上的感光膜，对水溶性膜可用碱水浸泡，对光聚合膜则用三氯乙烯浸泡后轻轻擦除。

⑦ 版膜上框架 将做好的无网版膜或有网版膜涂胶，粘贴到金属框架上。也可以先将金属箔上框，然后制版，以便于操作，防止箔材折皱，但选用的框架应与腐蚀液不起反应。

用腐蚀法制作的网目金属印版，其阶调层次的表现力，较常规印版有较大的提高。

（3）铜（锌）板感光制版法 此种丝网版是利用铜（锌）等金属板制成的凹下的文字或图案，先在金属板上填满硝化纤维漆，待漆干后，用细砂纸把金属板上凹处以外部分的漆磨平并露出金属板，剩下的则是金属凹下处填满硝基清漆的文字图案。然后将凹处的硝基漆图案文字处，溶贴在丝网上，取下金属板。一块金属板可以制得多块同样图案文字的丝网印版。此种方法适合文字图案面积不太大的仪器、仪表铭牌的印刷，工艺流程如下：

① 备金属板 铜板或锌板。经过磨光，并用木炭粉抛光。

② 上感光剂 利用骨胶和重铬酸盐配成的感光剂，倒一定量在金属板上，通过离心器使金属板上具有很均匀的感光药层。然后在暗室中将它放入烘干设备里进行烘干。

③ 晒版 将设计好的文字图案制成黑白图片透明稿，紧贴在金属板有药层的一面，进行曝光，用温水显影，再经干燥烘烤，直烤到铬胶膜呈现茶红色为宜。

④ 腐蚀 经过烘烤的铬胶膜变成了抗腐蚀层。用三氯化铁液（稀释到30波美度为好）对金属进行腐蚀。腐蚀深度要掌握在0.04～0.05mm。

⑤ 涂胶水 腐蚀后的金属板要立即清洗干净、干燥，在腐蚀后凹下的金属图案文字处，薄薄涂上一层橡皮胶水，而后涂布软性硝化纤维漆。

⑥ 磨漆、粘版 已上漆的金属板干燥后，小心用细砂纸平磨，磨至金属板上的文字图案全部露出来为止。将拉紧的丝网板，放置在金属板上，丝网紧贴在金属板上，用棉花蘸香蕉水贴之。

（4）电镀制版 这是照相和电镀相结合的一种制版方法，即用照相法成像、电镀法制模，其工艺流程如下：

① 金属版基 用0.15～0.25mm厚的不锈钢、铜或钼箔。

② 表面处理　钼板的处理可用重铬酸钠水溶液浸泡，不锈钢板则用 10％的氢氧化钠水溶液做电解去脂处理。

③ 感光膜　可用 PVA＋重铬酸盐、聚乙烯醇肉桂酸类及橡胶类的感光胶，要有耐电镀液的性能。

④ 模版电镀　经晒版、显影制得的感光模版，可用氨基磺酸镍溶液、高浓度镍溶液或硫酸镍溶液进行电镀，得 $10\sim15\mu m$ 厚的镍模版。

⑤ 上网电镀　制得的镍模版需粘贴到不锈钢丝网上，粘贴方法可以采用电镀接合法，即把丝网放在镍模版上，然后在上面镀上 $5\sim10\mu m$ 的镍层，最后剥去金属版基。

（5）用激光法制金属膜片　采用激光 CAM 加工技术，按 CAD 进行精密图案设计，用计算机及软件迅速制造出精度高的膜片，从而不必担心因单面浸蚀产生误差及两面浸蚀的膜片移动等问题，制成优良的金属膜片。采用此法可进行圆网制版。

3. 感光制版法

感光制版法是利用感光胶（膜）的光化学变化，即感光胶（膜）受光部分产生交联硬化并与丝网牢固结合在一起形成版膜，未感光部分经水或其他显影液冲洗显影形成通孔，而制成丝网印版的。

应首先制作好阳图底版，晒版时将它密合在丝网感光胶（膜）上，曝光时图形部分遮光，感光胶（膜）不发生化学变化，透光部分的感光胶（膜）发生交联硬化，然后用显影液冲洗，不感光部分的感光胶（膜）被冲洗掉，受光的感光胶（膜）则留存下来，形成版膜。

制版工作室为半暗室，因此可采用棕黄色或大红色光作为照明光源，光的亮度以能清楚地看见物体为宜。

感光制版法分直接法、间接法、直间法三种，从本质上讲三种制版方法的技术要求是一样的，只是涂布感光胶或贴膜的工艺方法有所不同，以下分别作介绍。

（1）直接法

① 特征　是一种使用最为广泛的方法，这种制版法是把感光液直接涂布在丝网上形成感光膜，感光材料的成本低廉且工艺简便。但要想平滑而均匀地涂布感光乳剂离不开操作人员的技术。另外，这种方法的缺点是涂布、干燥需要反复进行，为得到所需的膜厚，需要一定的涂布、干燥作业时间，直接法制版工艺流程如下：

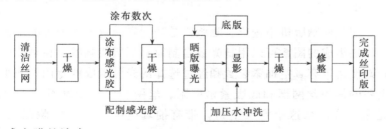

② 直接法感光膜的涂布

a. 丝网前处理。为防止由于污物、灰尘、油脂等带来感光膜的缩孔、砂眼、图像断线等现象，在进行感光液的涂布之前有必要使用洗净剂进行充分洗网。市场上出售的丝网洗净剂，常用的如 20％的苛性钠水溶液，其脱脂效果好，能改善感光液对丝网的湿润性，可以十分均匀地涂布膜。洗净作业从手工操作到使用自动洗净机（最常用的是喷枪，也有超声波洗净），方式是多种多样的。无论何种方法，都要经过洗净液脱脂洗净、水洗、脱水、干燥等工序。

　　其他的前处理，还有用物理方法在丝网表面摩擦进行粗化的作业，以改善丝网对感光膜的黏着性能。在丝网版制作程序前去丝网上的油脂，减少丝网版晒版时对感光胶或感光膜的抗拒，避免影响粘贴力，使丝网版更耐用持久。

　　b. 感光液的调制。直接制版用的感光胶有多种。其感光的时间、感光液的配方、解像力、耐溶剂性、耐水性均不同，应选择合适的使用。

　　重氮感光剂是国内较普遍使用的一种，是在聚乙烯醇与少量的醋酸乙烯酯乳剂中加入若干助剂制成的。在使用时，应依照各乳剂的要求把一定浓度的重氮盐水溶液加入乳剂中，使其具有感光性能。乳剂中加入重氮盐感光剂后，应该充分混合、搅拌，在冷暗的地方放置 8h 之后才能使用。因刚刚混合的乳剂气泡多，混合不充分，如果马上使用，版膜易产生针孔，达不到规定的感光度。

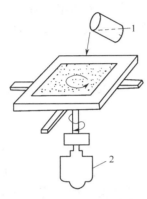

图 3-35　感光液的涂布
1—感光胶；2—电机

　　c. 感光液的涂布。往网上涂布感光液的方法有很多，最常用的是刮斗法和旋转法。旋转涂布是把版固定在涂布器上使之回转，将感光液倒在版的中心，倒下的液体由于离心力的作用向四周均匀地涂布成膜的方法。与用刮斗涂布相比可得到厚度均匀的膜。如果感光液黏度、旋转速度、网目等条件不变，则任何人都能进行质量固定的涂布，但只适用于小块版的涂布。大块版的周围就无法涂布（其范围是 50cm×50cm），如图 3-35 所示。

　　刮斗涂布是让刮斗的前端与丝网接触进行涂布。刮斗是一种呈船形的涂布工具，其四边中的一边起到刮刀的作用，斗的内部是存储感光液的。刮斗形状有多种，但都应具有槽和刮刀两部分。刮斗涂布包括手涂法和机涂法。

　　d. 感光膜的干燥。涂布和干燥感光膜在黄灯下进行工作最安全。使用热风干燥感光，要注意温度。

　　感光乳剂在液体阶段感光度低，感光度随着涂布膜的干燥而上升，完全干燥后才能达到规定的感光度，所以晒版前应充分干燥，并且要做到在干燥后短时间内完成晒版。干燥时如果膜面落上灰尘，也会产生针孔，所以膜面干燥的操作时间内，必须注意不要有灰尘。

　　③ 晒版　晒版是把阳图底版的膜面密合在感光膜面上曝光。感光胶固化完全，显影后图像清晰，边缘整齐。

　　曝光应该在专用丝网晒版机中进行。晒版机是晒制高质量的丝网版的主要设备。

　　由粗线条或以块组成的图案可以用日光或自制简易晒版架晒版。在晒制由精细条或网点组成的图案时，则使用带有真空抽紧装置和经过选择的光源组成的专用丝网版晒版机。

　　曝光中最重要的是使丝网框和底版紧密贴附。丝网和底版接触不实，晒出的图必然发虚，严重时会完全报废。从这个意义上讲，带有抽真空吸附装置的晒版机将是用户的最佳选择。

　　晒版用的光源一般采用弧光灯，此外也有用高压水银灯、卤素灯、氙灯的，还有使用一般的白炽灯和日光灯进行晒版的。不管哪种光线，都要做到能使感光膜硬化，最理想的光源是能发出从紫外至青紫波长的光源。

　　晒版的全部工序中，最重要的是曝光条件，如曝光条件不好，晒版就会失败。曝光是从量变到质变，产生飞跃的关键工序。晒版是制版过程中至关重要的环节。制版质量的好坏往往取决于光源、感光体表面与光源的距离及曝光时间等因素。曝光条件要依照乳剂的种类、涂布感光胶的厚度、光源的种类、光源至膜面的距离、曝光时间等决定。

④ 显影　把曝过光的印版浸入水中一两分钟，要不停地晃动网框，等未感光部分吸收水分膨润后，用水冲洗即可显影。显影应尽量在短时间内完成，有时用 0.35～0.55MPa 的喷枪，从两面喷水显影。由于感光液的种类不同，有的容易显影，有的不容易显影，但无论如何都必须把未感光的部分完全溶解掉。图案细时，要用 8～10 倍放大镜检查细微的部分是否完全透空，必须完全透空才行。显影完了，再用海绵或吹风机迅速除去水分进行干燥。

由于感光液的种类不同，对聚合度高的乙烯醇乳剂膜和耐溶剂性的乳剂膜，应用温水显影。对于尼龙感光膜多用工业酒精来显影，直至最细的图像能充分显出后，仔细检查，图像全部清晰显出即可用清水冲洗，烘干即可。显影的酒精可保留，多次使用。

显影程度的控制原则是：在显透的前提下，时间愈短愈好。时间过长，膜层湿膨胀严重，影响图像的清晰性；时间过短，显影不彻底，会留有蒙翳，堵塞网孔，造成废版。

⑤ 干燥　显影后的丝网版应放在无尘埃的干燥箱内，用温风吹干。丝网版烘干箱是制版专用设备，用于对丝网清洗和涂布感光胶后的低温烘干。烘干温度一般可控制在 (40±5)℃。丝网烘干箱可分为立式和卧式两种。

烘干箱应配有自动控温系统或定时装置，并保持箱体内的清洁。烘干箱分别为多排式和多层式，可保证多块丝网版同时烘干。

烘干时事先应把网版表面的水分吹掉，避免干燥时水分在丝网表面下流而产生余胶，影响线条边缘的清晰度。如果用坚膜剂处理版面，在水洗完毕后即可进行，注意布流均匀。

网版干燥后，可在透光检验台上进行检查，是否有气泡、砂眼等污染痕，图线边沿处可用胶液进行修整。

⑥ 版膜的强化及修正　在印版干燥前或干燥后，为了强化版膜，提高耐水性及耐溶剂性，可采取涂布坚膜剂。

其次，为了堵塞针孔或版上不应有的开孔部分，可用堵网液或制版用感光液涂抹堵塞。

为了增强版膜的耐印力，可将修后的印版再曝光，时间长短视光线强弱而定，保留在网版上的胶膜经再次受紫外线照射，可更加坚固耐印。

坚膜分化学坚膜及物理坚膜两种方法：化学坚膜法是用化学药品处理制好的模版，改变其中的亲水基团或提高其聚合度和交联度，从而增强整个膜层的耐水性；物理坚膜法实际上是在模版一面或两面涂一层耐水保护膜，借以增强耐水性。

⑦ 封边　为保护粘网框面的清洁，便于网框再生，以及防止油墨溶剂侵蚀而影响黏结力，需用胶带封贴框架的内侧及粘网面，如图 3-36 所示，也可用耐溶剂的涂料封涂该处。

⑧ 检查　网版的检验是整个制版工作的最后工序，也是极其重要的工序。显影之后暴露出的小缺点可以通过修版纠正，如果发生大缺陷，则必须重新制版。在网版的质量检验中，至少要重视以下几个问题。

图 3-36　网版的封边法

曝光时间是否正确。除用密度梯尺对照检测胶膜硬化程度外，还可以看底版的精细处在丝网上的再现程度如何，要观察线条是否完整、边缘是否清晰、锯齿形是否严重等。

网孔是否完全通透。检查丝网印版质量，包括图文是否全部显影，图文网点、线条是否有毛刺、残缺、断笔及网孔封死等现象，如果发现上述状况后应及时采取各种方法进行补救，可考虑重新制版，以确保印刷质量。

只有十分通透的网孔才能使丝印油墨顺利通过。如发现丝网版上该通透的网孔仍被胶膜封闭着，应再显影。仍无效果时，则应重新制版。

检验各种感光材料的适应性能。不同的感光胶膜有不同的适应性能。使用有机溶剂作为稀释剂的印料，应选用耐溶剂的感光胶膜；使用水溶性涂料作为印料，则应选用耐水型感光胶膜，两者不可混淆。

检查网膜是否存在气泡、砂眼以及靠近网框的四边未被封网情况，对气泡、砂眼应及时补救。对四边丝网进行封网，以避免印刷时造成漏墨。用胶纸带将丝网与网框黏合部分粘贴。

检查晒版定位标记，是否符合印刷的要求。

（2）间接法

① 特征　在0.06～0.12mm左右的透明或半透明的塑料片基上，涂布上以明胶为主体的感光乳剂之后，在该软片上进行曝光显影形成明胶质的图像，并将之转贴到绷好的丝网上。这种制版方法就是间接法。间接法比直接法更容易得到精细的版，并不需要特殊的网框，具有操作简便、节省时间的长处。其缺点是版的寿命较直接法短，费用高，版膜容易伸缩。

② 间接制版法的要领　间接制版法是0.06～0.12mm薄的透明或半透明的塑料片基上涂布以明胶为主体的感光乳剂制成感光膜的。

把阳图底版与感光膜（菲林膜）密合在一起，经曝光、显影形成图像，再将图像转移到绷了框的丝网上，再经干燥揭去片基制成版膜。

间接法比直接法做的印版精度高，并且不需要使用特殊的晒版装置。

间接制版法工序与直接制版法所不同的是，首先将阳图底版密合在具有感光性能的感光膜上，经晒版、显影制成图像后，再向丝网上转贴。其工艺流程如下：

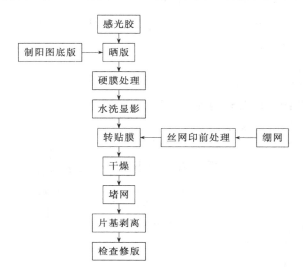

③ 间接法制版各工序要求

a. 晒版。间接法软片晒版比较简单，间接法晒版是从片基的一侧曝光，在间接法软片的片基上，将阳图软片与乳剂面贴合，固定在晒版框上。为了防止光晕，可在片基一侧放置黑或红色厚纸，图像尺寸大，要求精度高时，要吸真空进行晒版，使底版与软片更加贴合，提高晒版质量。

b. 曝光时，只要能发紫外光的光源均可使用，若要制作精度高的丝印版时，必须使用点光源，采用金属卤素灯和高压水银灯最为理想。正确的曝光可使用曝光量计测仪计算，以准确地掌握。间接法软片显影后的膜面厚度一般为 $10\mu m$，这样的厚度，印刷的精度和耐印力最佳。

c. 硬膜处理。间接法软片晒版后，要在过氧化氢水溶液中进行硬膜处理，在 1.2% 的过氧化氢水溶液中浸泡 1min 最为合适。使用的水不要超过 20℃。

d. 显影。把经硬膜处理后的软片，放在平版上竖起用 30℃ 的水进行冲洗充分显影，并冲洗干净，图像线条部分不能留有任何明胶膜，否则网孔被堵，油墨不容易透过。

e. 丝网的前处理。显影后的软片在向丝网转贴之前，应将丝网进行前处理。不锈钢丝网只要进行脱脂处理就可以了，但尼龙和涤纶丝网仅进行脱脂是不够的，还要用清洗剂在整个网布上进行刷洗，毛刷不得掉毛，刷洗彻底之后用水冲洗，冲洗到丝网表面能有干净的水膜。

f. 转贴。前处理好的丝网，转贴前再用水冲洗一次，使丝网的表面有足够的水膜，将软片乳剂面与丝网贴合，放置时尽量不要出现气泡，若大张的软片，可将网框斜立着，将软片从下向上固定好。如果要想进行多色套印需在丝网指定位置放置软片时，也可事先在网框的四周固定好规矩。如果在台上放上平整的纸，进行转贴时，可以吸收软片贴合时挤出的水分，效果也是较好的。

g. 干燥。吸水后的网版，要竖起来自然干燥，若加温过高进行强制干燥时，由于图像边缘细小部分的干燥程度不一样，会出现翘曲，在进行印刷时会造成破损，或易引起脱膜现象。自然干燥的版，因为整面干燥平均，印版不会出现破损现象，印版精度好，印刷数量大。若干燥后，发现软片的一侧发白，这就证明乳剂已从片基自然脱离，这时用手就可将软片片基很容易地揭掉。

h. 堵眼。在剥掉软片片基之前，在印刷面一侧，用刮斗涂布一层封孔剂之后，再将软片片基剥掉，因图像部分有片基的保护，封孔剂不会涂进图像中去，封孔剂只涂抹薄薄的一层即可。涂完后，进行干燥，制版就算结束。

（3）直间法

① 特征　把直接和间接两种制版方法混合使用，即先将感光膜用水、醇或感光胶贴到丝网上，干燥后撕掉感光膜上的聚酯片基，密合阳图底版，曝光、冲洗显影、干燥制成印版，这种制版方法称为直间法。直间法的转贴膜是在曝光前，显影和直接法相同。

直间制版法与直接制版法及间接制版法的不同之处是：直间法是通过膜片的厚度来获得丝网印版的厚度，而直接法是靠多次涂布感光胶来获得丝网印版的厚度，直间制版法是先贴膜后晒制，而间接制版法是先晒制后贴膜。

直间制版法制版用事先按一定厚度涂成的感光膜，可节省涂布时间。另外，事先将感光胶涂布在片基上，所以保证了丝网印版的平整度。

② 直间法工序流程　直间法制版工艺流程如下：

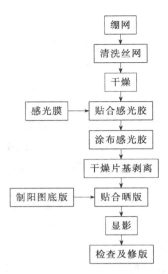

绷网
↓
清洗丝网
↓
干燥
↓
感光膜 → 贴合感光胶
↓
涂布感光胶
↓
干燥片基剥离
↓
制阳图底版 → 贴合晒版
↓
显影
↓
检查及修版

贴附法一般有两种：一种是水贴法，也称毛细管法，用水溶下软片的感光膜后再黏合到网上；另一种方法是把感光液作为黏合材料使用，把感光膜贴附在网上。

a. 水贴法。一是把绷好的丝网彻底洗净，去掉油脂、污垢、灰尘后进行干燥，把直间法软片按需要大小裁切，并涂布感光层，此时要确认软片上是否有灰尘附着；二是将网的背面朝下把网版放在感光膜上，然后用喷枪充分水淋，再用柔软的橡皮刮板轻轻刮压除去多余的水分，如图 3-37 所示。

再将框内侧的水用海绵或麂皮去除，干燥。干燥后剥离片基即可在网上得到有光泽的平滑的感光膜。

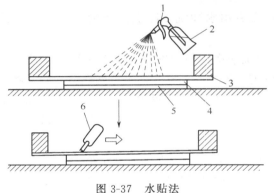

图 3-37 水贴法
1—喷雾器；2—水；3—丝网；4—感光膜；5—片基；6—刮板

b. 感光液贴附法。是一种把感光液作为黏合剂，贴附软片的方法。与上述水贴法一样，只不过由上向下洒布的是感光液，用柔软的刮板如同印刷一样往前推进，推进一次即可。如有不均匀的现象也可反复多次。涂布均匀后，用小型刮斗或布把剩余的感光液去除后干燥。

c. 预涂感光片的特殊使用方法。各种膜厚的预涂感光片在市场上均有出售。用同一类型的预涂感光片也可制成不同膜厚的版。剥离片基后，可重叠贴附，即可得到任意厚的感光膜。

（4）三种制版法的比较　直接、间接、直间制版法，这三种制版方法是现代丝网印刷中最主要的制版方法。这三种制版方法都有其特点和不足，如表 3-12 所列。在实际应用中可根据印刷品的用途及丝网印版尺寸和印刷具体要求，扬长避短，确定采用哪一种制版法。

① 直接制版法的主要特点和不足　直接制版法是先涂布感光胶后晒制，由于涂布采用手工反复涂布，操作比较简单，膜厚可以通过涂布次数来调节，但是涂布比较费时间。采用直接制版法制作的丝网印版，胶膜与丝网结合比较牢固，耐印力较高。但是分辨力不是太高，图像边缘容易出现锯齿状现象，网膜较厚时，细线清晰度容易受影响。

② 间接制版法的主要特点和不足　由于间接制版法采用的是先晒制感光膜再与丝网贴合的工序。同时显影时需要用双氧水活化处理，再经温水显影，这种制版方法操作比较复

杂，但是版膜厚度均匀、稳定，采用间接制版法制作的丝网印版，分辨力比较高，图文线条光洁，但耐印力较低，不如直接制版法所制出的版膜的耐印力高。同时膜层与丝网结合牢度也相对较差。

③ 直间制版法的主要特点　由于直间制版法主要采用的是在丝网上用感光胶贴合感光膜，然后进行晒制的工序，所以膜厚可以固定，也可随意增厚。采用直间制版法制作的丝网印版，分辨力和耐印力都比较高，其不足大致与间接法相同。

④ 三种制版法的性能比较　如表3-12所列。制版中有两个关键参数——粘网面积和模版印刷面的表面积。模版与丝网的黏结面积愈大，耐印力愈高，反之则差，故直接法＞直间法＞间接法。在直间法中，三种贴膜法的粘网面积（图3-38）和耐印力亦成正比关系：感光胶贴膜法＞水贴膜法（毛细管贴膜）＞感光剂贴膜法。

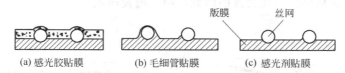

(a) 感光胶贴膜　　(b) 毛细管贴膜　　(c) 感光剂贴膜

图 3-38　直间法版膜的粘网面积

表 3-12　感光制版方法性能比较

制版方法		直 接 法	直 间 法	间 接 法
性能	耐机械力	很好	好	差
	耐印力	5万～10万	1万、3万、5万 感光剂贴膜、水贴膜、感光胶贴膜	3000～5000
	图像清晰性	差或好	好	很好
	分辨力	稍差	好	好
	制版工时	长	短	中
	价格	廉	中	贵
	适用性	能印不平整面	能印平面和曲面	只能印平整面

第三节　丝网印刷机

一、丝网印刷机的种类

丝网印刷的应用范围很广，因此根据其用途、承印材料及其形状的不同而有多种印刷方法，印刷机的种类也是多种多样的，如图3-39所示。

二、丝网印刷机的构成及主要机型

1. 丝网印刷机的构成

丝网印刷机一般由四部分组成，分别为给料部、印刷部、干燥部、收料部。给料部、收料部一般与其他类型的印刷机基本相同；印刷部主要由网版、刮墨板所组成。

2. 主要机型及特点

（1）平型丝网印刷机　网版呈平面形的丝网印刷

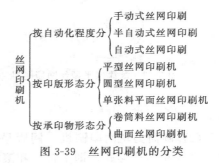

图 3-39　丝网印刷机的分类

机。这种机型是丝网印刷机的标准机型，其应用范围很广，约占丝网印刷机的80％以上，主要适用于各类纸张、纸板、塑料薄膜、金属板、织物等平面承印物印刷。

按印刷部件的运动形式不同，可分为如下三种形式，即铰链式、升降式和滚筒式。

① 铰链式平型丝网印刷机　这种形式的基本构成如图3-40所示。印刷台是水平配置固定不动，网版绕其摆动中心摆动。当网版摆至水平位置时进行印刷，然后网版向上摆动完成收料。这种形式结构简单，使用方便，大多数手动丝网印刷机和半自动丝网印刷机采有这种形式，在丝网印刷中得到广泛应用。

② 升降式平型丝网印刷机　网版处于水平固定位置，刮墨板往复运动完成印刷过程。如图3-41所示，当刮墨板处于印刷行程时，印刷台处于上部位置；当刮墨板返回行程时，印刷台下降进行收料和给料。这种机型多用于半自动或全自动丝网印刷机，可使用单张纸，也可使用卷筒纸，如窄幅机组式柔性版印刷机中，增设丝网印刷机组常采用这种机型。

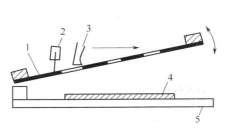

图3-40　铰链式平型丝网印刷机
1—网版；2—刮墨板；3—回墨板；
4—承印物；5—印刷台

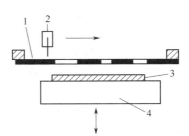

图3-41　升降式平型丝网印刷机
1—网版；2—刮墨板；
3—承印物；4—印刷台

③ 滚筒式平型丝网印刷机　主要由刮墨板、网版和滚筒构成，如图3-42所示。刮墨板置在网版上部中间位置，仅作上、下移动。网版处于水平位置作往复运动。滚筒处于网版中间下部位置可进行旋转。承印物从网版与滚筒之间通过时，刮墨板向下移动对网版施以一定压力，此时，网版开始向右运动，滚筒靠网版对其表面的接触摩擦力与网版同步转动，油墨在刮墨板的挤压下，从网版通孔部分漏印到承印物上。这种机型主要适用于厚型单张承印材料印刷。

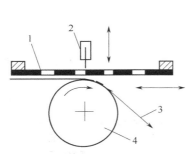

图3-42　滚筒式平型丝网印刷机
1—网版；2—刮墨板；
3—承印物；4—滚筒

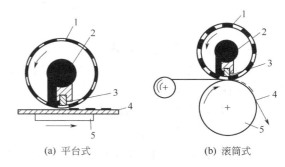

(a) 平台式　　　(b) 滚筒式

图3-43　圆筒型丝网印刷机
1—网版；2—供墨辊；3—刮墨板；
4—承印物；5—印刷台（滚筒）

（2）圆筒型丝网印刷机　网版呈圆筒形的丝网印刷机。这种机型采用圆筒形金属丝网，主要有两种形式，即平台式和滚筒式，其基本构成如图3-43所示。在圆筒型网版内部设有供墨辊和固定刮墨板，印刷时，网版的旋转与承印物的移动同步进行，以实现连续印刷，可对单张或卷筒式承印物进行高速印刷。平台式圆型丝印机主要用于单张纸印刷，印刷速度可达 2000 张/h；滚筒式圆型丝印机主要用于卷筒纸连续印刷，其印刷速度可达 80m/min。这种印刷机因金属丝网和网版的制作需要较高的技术水平，所以其应用受到限制。

（3）单张料丝网印刷机　使用单张平面型承印材料进行平面印刷的丝网印刷机。这种机型可采用平型网版，也可采用圆型网版，其应用较为广泛。

（4）卷筒料丝网印刷机　使用卷筒式承印材料进行平面印刷的丝网印刷机。这种机型上，平型和圆型网版都可选用，图 3-44 为卷筒料平型丝网印刷机构成示例。

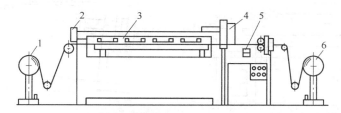

图 3-44　卷筒料平型丝网印刷机的构成
1—给料部；2—除尘部；3—印刷部；4—UV 干燥部；5—质量检测部；6—复卷部

采用机组式平型丝印机组进行多色套印，卷筒承印物作间歇运动，印刷时承印物停止运动，并由除尘装置对承印物表面进行除尘处理。因印刷部使用 UV 油墨，所以经多色印刷后由 UV 干燥装置进行照射，经质量检测后由复卷部进行收料。为保证套准精度应设套准定位装置和张力调整装置。

（5）曲面丝网印刷机　对各种容器或其他成型物进行印刷的丝网印刷机。按承印物的形状不同，曲面丝网印刷机主要有两种机型，即圆柱体曲面印刷机和圆锥体曲面印刷机。

① 圆柱体曲面印刷机　这种机型主要用于印刷圆柱体玻璃制品及其他圆柱体成型物。根据网版与承印物之间的传动方式不同，有摩擦传动式和强制传动式两种类型。

a. 摩擦传动式曲面丝印机。对于单色印刷的玻璃制品可采用这种传动方式，如图 3-45 所示。将承印物置于支承装置的滚轮上，支承装置与刮墨板可作上下运动并可进行调整。印刷时，刮墨板向下移动对承印物施加一定印刷压力，当网版向右作水平运动时，靠版面与承印物表面之间的接触摩擦力带动承印物转动完成油墨转移。

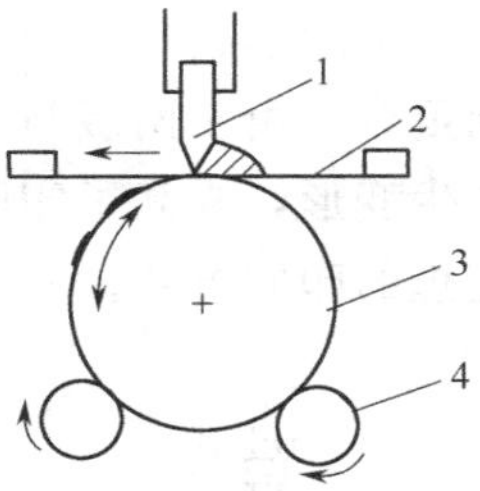

图 3-45　摩擦传动式
1—刮墨板；2—网版；
3—承印物；4—支承装置

这种印刷装置结构比较简单，使用比较方便，但不能保证网版与承印物表面有比较精确的传动关系，印品质量一般，主要用于单色印刷。

b. 强制传动式曲面丝印机。网版与承印物之间不是靠摩擦力而是通过齿条-齿轮传动机构使二者保持同步的运动关系，其基本构成如图 3-46 所示。在印刷过程中，网版水平运动的平移速度应与承印物印刷表面的线速度相等，也就是说，该装置的齿条与网版运动部件连接在一起，通过齿条-齿轮传动机构由网版带动承印物同步转动。为此，应满足如下基本要求。

对版时，应保证合理的网版间距，并使刮墨板印刷压力的方向通过承印物的中心线。应用专用模具安装承印物，以保证套印时准确的印刷起始位置。根据不同直径的承印物选配传动齿轮的模数与齿数，使印刷传动齿轮的节圆直径与承印物直径相等。这是实现承印物表面与网版之间不产生滑动的基本条件。这种机型可对圆柱体承印物进行精密多色套印。

②　圆锥体曲面丝网印刷机　这种形式主要有网版水平移动式和网版扇形摆动式两种机型。网版水平移动式，这种机型网版的运动与圆柱体强制传动式曲面机相同，靠齿条-齿轮传动机构实现网版与承印物的同步运动，其构成原理如图 3-47 所示。

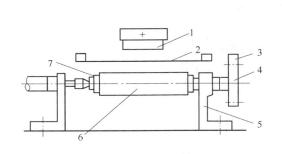

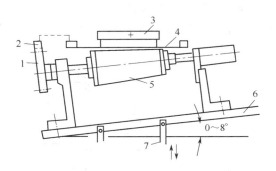

图 3-46　强制传动方式

1—刮墨板；2—网版；3—齿条；4—传动齿轮；
5—支承装置；6—承印物；7—模具

图 3-47　网版水平移动式

1—齿轮；2—齿条；3—刮墨板；4—网版；
5—承印物；6—支承底座；7—底座调整装置

网版扇形摆动式曲面印刷机，本机型取消了网版与承印物之间强制传动的运动方式，而靠网版与承印物表面的接触摩擦力来实现网版与承印物的同步运动，印刷时网版作扇形摆动，其工作原理如图 3-48 所示。这种印刷装置，承印物一般由 4 个滚轮支承，并保证锥体印刷面与网版的水平度。

网版的扇形运动轨迹由承印物锥度大小所决定，扇形摆动中心应与承印物的圆锥角顶点相重合。由于网版与承印物表面接触处的线速度相等，不会产生速差，所以，印刷图文不会产生变形，提高了印刷精度，可在圆锥体承印物表面较大范围内进行多色印刷，是一种比较理想的印刷方式。

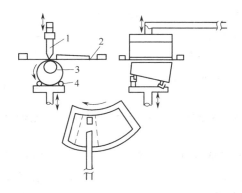

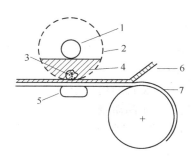

图 3-48　网版扇形摆动式曲面丝网印刷机

1—刮墨板；2—网版；
3—承印物；4—支承滚轮

图 3-49　圆网磁辊丝网印刷机原理

1—供墨管；2—圆网版；3—磁辊；4—油墨；
5—磁台；6—承印物；7—橡皮布

（6）几种特殊的丝网印刷机

① 磁辊丝网印刷机　这种丝网印刷机也称为无刮板丝印机，它是用一根磁性铁辊代替刮板进行印刷的。采用圆网印刷时，如图3-49所示，磁辊是相对固定的；采用平网印刷时，磁辊是水平移动的，如图3-50

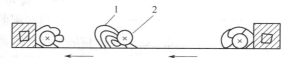

图 3-50　平网磁辊丝网印刷机原理
1—油墨；2—磁辊

所示。这种印刷机的优点是省去了刮墨板固定装置及刮板修磨设备，印刷时墨层均匀，出墨量可调节；采用平网印刷时，磁辊可滚压到网框边沿处，扩大了印刷面积，改变磁场方向，可做往返双向印刷，大大提高了印刷速度；滚印比刮印对网版磨损小，能延长印版寿命。其缺点是产品的分辨力不如刮印，目前只用于织物印刷。

② T恤衫丝网印刷机（图3-51）　承印物的出入是由人工进行的，印刷时需人工把一件件衬衫固定在印刷台上（以木制为多）。这种印刷台的安装呈放射状，一般为4～12个，可旋转。这种印刷台的安装个数，按所需印刷色数来决定。例如，12个印刷座最多可印刷11色。

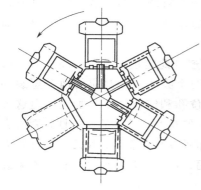

图 3-51　T恤衫丝印机

③ 静电丝网印刷机　图3-52所示为其印刷原理。印刷装置由丝网版、对抗电极板、高电压发生装置组成。其丝网版与一般丝网版没有很大区别，只是所绷丝网为导电性能良好的不锈钢丝网。在制成版的不锈钢丝网上接上正电极，负电极的引线同与丝网版相对的平行金属板（对抗电极板）相对连接。在丝网版内供给粉末油墨，在与不锈钢丝网接近时，表面电荷移动，正、负电荷各自集中。接有正电极的不锈钢丝网接受了粉末油墨的负电荷，使粉末油墨呈带正电状态。带有正电的粉末油墨受丝网和对抗电极板之间的电场影响，从网版的图像部分即丝网开孔部喷出并被承印物截住，附着在承印物的表面，然后用加热或加溶剂等办法固着油墨完成印刷。这种丝网印刷机的特点是网版不必与承印物相接触就可进行印刷，所以对于软质有凹凸表面及高温表面的承印物都可进行印刷。

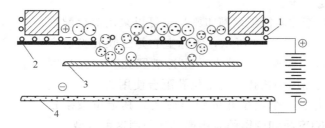

图 3-52　静电丝网印刷装置印刷原理
1—不锈钢丝网；2—膜版；3—承印物；4—对抗电极板

三、主要装置

除给料部、收料部一般与其他类型的印刷机基本相同外，丝网印刷机还设有套准装置和干燥装置。

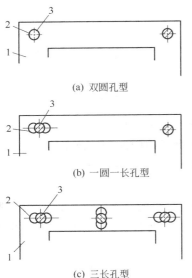

(a) 双圆孔型

(b) 一圆一长孔型

(c) 三长孔型

图 3-53　网版定位系统

1—网框；2—定位孔；3—定位销

（一）套准装置

丝网印刷的套准装置主要包括两部分，即承印物的定位装置（规矩部件）和网版的定位系统。

1. 承印物的定位装置

对于单张料丝网印刷机，当承印物到达印刷位置时应由前规矩与侧规矩对其进行定位，并通过吸气系统将承印物吸稳，防止在压印时产生松动；对于卷筒料丝网印刷机也应设有套准检测与调整装置。

2. 网版定位系统

在多色印刷中，为保证各色网版印刷位置的准确性和一致性，从原稿的分色、拼版作业和晒版，到丝网印刷机网版的安装等工艺过程，都应有统一的定位基准。目前大多采用快速、方便、准确的印刷定位系统，其主要形式如图 3-53 所示。

（1）双圆孔型定位系统　此定位系统，是在原稿、底片、印版和印刷机上均由两个圆孔和相对应的两个短圆柱销组成的定位系统。固定位孔和定位销便于加工。但这种定位装置也存在严重不足，一方面，孔距和销距应具有较高的精度和精度的保持性，否则会引起故障，影响定位效果，如孔距小而销距大，则无法将印版或软片装入；反之，如孔距大而销距小，则会使软片中间鼓起，影响套准精度。另一方面，从六点定位原理分析，本系统属于典型的"过定位"，应加以限制使用。

（2）一圆一长孔型定位系统　即两孔为一圆孔和一椭圆孔，两销也为一圆销和一椭圆销。这种定位系统使"过定位"得到一定程度的改善，使孔距和销距误差得到一定补偿，但实际上它仍为"过定位"系统。

（3）三长孔型定位系统　即"三点"式定位系统，由 3 个长孔或椭圆孔和所对应的 3 个长销或椭圆销组成，销、孔按两横一竖排列。在使用中先按两端孔定位，然后再规正中央孔。显然这种定位系统定位效果良好，可提高定位精度，美国海利斯印刷机械厂生产的丝网印刷机采用这种定位系统。

另外，对于单张纸或卷筒纸丝网印刷机也可以采用前后配置"三点"式定位系统，如图 3-54 所示，实际上它是三长孔型的变型，即在印版的咬口侧用两孔，其中一孔为椭圆孔，一孔为圆孔，而在印版的拖销侧用一长孔。与定位孔配合使用的定位销全部采用短圆柱销。由于三个定位孔的距离较大，其定位效果较好。如日本小森的 KPS 机和德国的海德堡机均采用这种机型。

（二）干燥装置

丝网印刷墨层较厚，印刷后一般应设干燥装置进行干燥。干燥方式根据印刷油墨的类型不同进行合理选择。

1. 干燥装置的类型

干燥装置主要有两种类型，即挥发干燥型和化学干燥型。

（1）挥发干燥型　这种干燥装置属于物理干燥法，在使用挥

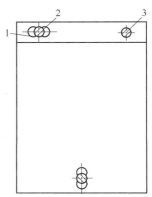

图 3-54　三长孔型的变型

1—咬口侧；2—定位孔；

3—定位销

发干燥型油墨时采用。其干燥方式有自然干燥法和温风干燥法。自然干燥法，可采用自然放置或在丝印机传纸路线中，加长承印物的输送距离使墨层固化。温风干燥法，是在印刷机组后面设置温风干燥装置，以加速墨层固化。

（2）化学干燥型　当使用氧化聚合型、二液反应型、加热固化型及 UV 硬化型油墨时采用这种干燥装置。其干燥方式主要有自然放置法、温风（40℃）干燥法、热风或加热（100～150℃）干燥法以及 UV 照射法等。

2. UV 干燥装置

使用紫外线油墨（UV 油墨）进行丝网印刷可以提高印品质量。为此，在丝网印刷机上应设置 UV 干燥装置。UV 干燥装置主要由紫外线灯、反射镜、风冷装置以及控制电源等组成。

紫外线灯：一般以高压水银灯作为光源，其输出功率为 80～120W/cm。

反射镜：反射镜采用凹面镜，其作用是将紫外光最大限度地集中在承印物印刷表面上，以提高光源的效率。

风冷装置：风冷装置的主要作用是使紫外线灯的管壁保持温度均匀以及照射光量的稳定性，同时还可降低管壁内的空气温度。

防护装置：因紫外光对人体有一定损害，所以在干燥装置的主要部位应设置防护装置。

四、丝印刮板

不论是手工印刷或机械印刷，丝网印刷的刮板（刀），起着使油墨通过网孔转移到承印物上的作用。在丝网印刷中，刮墨板、回墨板，统称刮板。在没有指明的大多数情况下，将刮墨板简称为刮板，俗称刮刀。

刮墨板是将丝网印版上的油墨刮挤到承印物上的工具。刮板由橡胶条和夹具（手柄）两部分组成，有手用刮板和机用刮板之分。

回墨板是将刮墨板刮挤到丝网印版一端的油墨送回到刮墨起始位置的工具。回墨板多为铝制品或其他金属制品。手工印刷时，只使用刮墨板，回墨用刮墨板完成。

（一）刮墨板的功能

（1）填墨作用　刮板刮印时，不仅能使油墨漏印至承印物上，同时能将油墨充分地填入网版过墨部分的网孔内，如图 3-55(a) 所示。

（2）匀墨作用　印刷时，刮墨板挤压油墨透过网孔转移到承印物上形成图文，同时把墨从网版的一端刮到另一端。为了使再次刮印时有足够的油墨，回程时由回墨板匀墨，手工印刷时用刮墨板，把油墨均匀地刮回印刷起点，让油墨堵住图文部分的网孔，起到防止网孔内油墨干燥而糊死网孔的作用，如图 3-55(b) 所示。

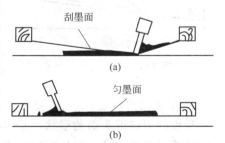

图 3-55　刮板的刮墨和匀墨功能

（3）刮墨作用　刮板运行时能将网版面上的油墨刮得尽可能地干净，如图 3-55(a) 所示。

（4）压印作用　刮板运行中，在刮墨的同时，给刮板一定的力，使网版与承印物呈线接触，完成刮印，如图 3-55(a) 所示。

（二）刮板的种类

依照用途不同，丝印刮板可分为手用刮板和机用刮板两种（图 3-56、图 3-57）。刮板都是由刮板胶条和刮柄组合而成，如图 3-56 所示。

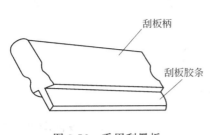

图 3-56　手用刮墨板

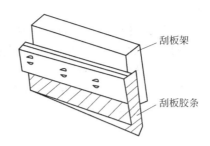

图 3-57　机用刮墨板

在手工丝印时，印刷和回墨行程都由一个刮墨板完成。在机器印刷时，印刷和回墨分别用两种墨板完成，如图 3-58 所示，图（a）为刮墨印刷过程，图（b）为回墨过程。其中回墨板为一块厚约 2mm 的金属板，刃部呈圆边。印刷过程中，两种墨板交错起落。

（三）刮板的形状及尺寸

手用刮板的刮柄一般用木料制成，它的形状要适应手动的要求。机用刮板的刮柄一般由金属制成，它的形状要符合丝印机的安装要求。

1. 刮板的安装尺寸

刮板胶条从刮柄中伸出量的多少要由胶条的硬度、油墨的黏度和其他印刷条件决定。刮板装柄的好坏，直接影响使用效果。刮板露出板柄的高度可视丝印要求而定，如图 3-59 所示。若需要刮板软一点可多露出些（25～30mm）；若需要刮板硬一点可少露出些（10～25mm）。刮板理想的长度是比网版上的整幅图像长 5cm。

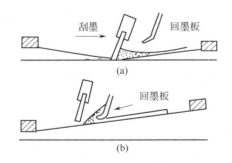

图 3-58　机印的两种刮板

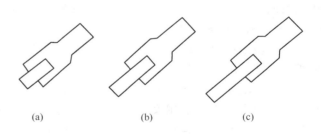

图 3-59　刮板未支撑部分的高度决定了其潜在的挠曲性

2. 刮板的刃口形状

刮板的刃口即头部的形状，基本有三种：方头、尖头、圆头，如图 3-60 所示。

刮板刃口的形状，对丝网印刷质量有一定影响。不同的承印物，在印刷时应选用不同刃口形状的刮板。印刷平面承印物最常用的是方头刮板，方头刮板的刃口为 90°，其横断面的形状为矩形。方头刮板使用最为广泛，手、机两用。

尖头刮板的刃口有 45°、60°、70° 等几种形状，通常用于曲面印刷。在不考虑油墨黏性、黏度的条件下，刮板刃口的角度愈小，则透过印版的油墨就愈少，其印迹亦愈清晰。但角度愈小，则磨修愈困难，刮板的使用寿命也愈短，所以在使用锐角刃口的刮板时，应选用硬度较高且耐磨的刮板胶条。

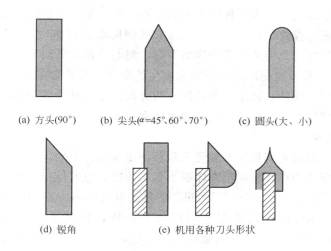

(a) 方头(90°)　　　(b) 尖头(α=45°、60°、70°)　　　(c) 圆头(大、小)

(d) 锐角　　　　　(e) 机用各种刀头形状

图 3-60　刮板的刃口形状

　　圆头刮板的刃口形状为圆弧状，有大圆头及小圆头之分。小圆头刮板一般用于油墨黏度较低、印刷精度要求不高的印刷品的刮印；大圆头刮板适用于纺织物的大面积满地印花。

　　选择刮板的刃口形状，要从油墨黏度、印刷方式、刮板材料、承印物形状、承印物材料、印刷精度要求等诸方面综合考虑。

　　（四）刮板材料及性能

　　1. 刮板材料

　　用于制作刮板的橡胶有：天然橡胶、氯丁橡胶、聚氨酯橡胶、硅橡胶及氟橡胶等。其中，天然橡胶及氯丁橡胶常用于低档次的刮墨板制作。它们的颜色较深，耐磨性也不够好，但价格较低，印刷时产生静电很少，多用于手工印刷或极性溶剂的油墨印刷；聚氨酯类橡胶常用于制作高档次刮墨板。其颜色由深到浅有许多种，质量也不同，其中浅黄色的一种质量最优，耐磨性及耐溶剂性非常好，但一般质量的聚氨酯类刮板，对极性溶剂十分敏感，印刷时也易产生静电荷，应用范围受到了限制。

　　根据刮板胶条的颜色，可大致判定它的成分。一般黑色的胶条为氯丁二烯橡胶；棕褐色的胶条为丁腈橡胶；目前使用愈来愈广泛的是聚氨酯刮板，其颜色为半透明琥珀色，随其硬度的增加颜色逐渐加深。

　　2. 刮板的性能

　　① 硬度　刮板橡皮的硬度多数在邵氏 A60°～80°范围之间。为保持稳定的印刷条件，要求刮板的曲变力不能改变。根据刮板的硬度来测定刮板的抗挠曲性。硬度越高，刮板的抗挠曲性越强。刮板在使用过程中，随着时间的增加、高强度、长时间的操作，高温和溶剂的侵蚀会造成刮板硬度的变化。

　　刮板的硬度与刮板的变形成反比关系。硬度小，有利于刮板与网版的接触，但不利于抗弯曲。硬度过大，印刷时对网版的摩擦力也大，从而影响印刷精度。通常的用法是：印软质（如纸及软塑料等）材料用硬橡胶；印硬质（如玻璃、硬塑料及金属等）材料用软橡胶。

　　刮板的曲变不仅随硬度变化，也随厚度和长度变化。同一硬度的刮板，厚而短的就很难弯曲。

　　② 耐磨损性　在印刷过程中，由于刮板前端不断摩擦，随着摩擦造成的刮板形状的变

化，也会给过墨量带来变化。为了保证稳定的印刷条件，要求刮板的耐磨性能要好。目前使用的氟化橡胶及聚氨酯橡胶比较好。聚氨酯橡胶的硬度能达到90°左右，其强度及耐磨性能与其他橡胶相比是最好的。但是随着硬度的下降，耐磨性能会渐渐下降。

③ 耐溶剂性能　橡胶受到溶剂的侵蚀所发生的变化，可分为体积的变化（膨胀、收缩）和物理的变化（强度、弹性、硬度、伸长度）两方面。选择刮板首先应考虑橡胶的体积变化即膨润性。应尽量使用与溶剂性质不同的橡胶做刮板。

（五）刮板的操作

在丝印机上，一般装有刮板运动装置和刮板回墨装置。手动印刷时，用一个刮板进行这两个动作。一般用双手操作刮板，但在印刷小型物体时，也有使用单手操作刮板的。操作方法如图3-61所示。图（a）：在50°～70°之间，向靠近自己的一方刮动，回墨时在110°～120°之间，往前方刮动。图（b）：刮动方法同图（a）一样，只是推动刮板端头进行回墨刮。图（c）：是一种刮板的操作与图（b）完全相反的方法，向前推进刮板进行印刷，回墨时向反向刮动。

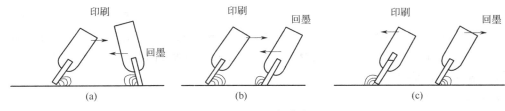

图 3-61　刮板的操作方法

上述三种印刷方式对于油墨的黏度、承印物表面的形状等都有各自的特点。

1. 刮板压力与网版的关系

刮板在印刷时要保持一定的压力实现印刷。手工印刷时靠手臂调节压印力，机械印刷靠调节螺栓来调节压印力的大小。

丝网印版只有在刮板的一定压力下才能与承印物表面接触，而且呈线接触。压印力小时，印版就接触不到承印物表面而无法实施印刷；压印力过大则会使刮板弯曲变形（与丝网印版和承印物呈面接触），影响印刷质量。压印力过大还会加快刮板和丝网印版的磨损，减少刮板和丝网印版的使用寿命，而且还会导致丝网印版松弛使承印物画面变形。因此，正确掌握压印力，对正确实施印刷、保证印刷质量是非常重要的。压印力大小，与油墨的转移量有着直接的关系，一般情况下压印力越大，油墨的转移量就越大；反之压印力越小，油墨转移量就越小。

2. 刮板与印版的夹角（刮印角）

所谓刮板刮印角是指印刷面和刮板在刮印运动时所夹的角度。简单地说刮印角越大，漏墨量越少；刮印角越小，漏墨量就越大。刮印角的确定是丝网印刷中复杂的实际问题。它与刮板压力及刮板硬度都有密切关系，而且由于承印物表面形状也是多种多样的，所以，在实际印刷时，要根据承印物的形状、特性来选择确定刮印角。一般来说，平面印刷时刮印角取20°～70°为宜，曲面印刷时刮印角在30°～65°之间为宜。

3. 刮印速度与印刷质量的关系

刮板的刮印速度与丝网印刷效果有着密不可分的关系。刮板在刮印时使油墨均匀位移并保证整个图文部分均匀地通过油墨。所以，刮印速度对油墨的转移量以及对油墨转移的均匀程度都有一定的影响，对图文的印刷质量也会产生很大影响。

由于承印物不同，所以刮印速度也是有区别的。但是，无论承印物的质地如何，刮板刮印时都要保持匀速移动，如果刮板移动速度不均匀，忽快忽慢，承印物上就会产生墨杠。如果在刮印时，虽然作匀速移动，但移动速度过慢，图文边缘则会出现油墨渗透，致使图文扩大；反之速度过快，会出现图文部分墨量不足，所以在印刷时，特别是手工印刷中要控制好印刷速度。

4. 刮板的刮印斜度

刮印斜度是指刮板纵长方向与其运动方向 90°角范围内任意变换的角度。在印刷过程中，尽量避免刮板运动方向与图像点、面的平行。

第四节　丝印油墨

由于丝网印刷的承印材料种类众多，且物性、用途各异，所以其印刷所用油墨种类也有很多。

一、丝印油墨的组成

丝网印刷油墨是由色料、连结料、填料、助剂依据需要按一定配比相混合，经过反复研磨、轧制而成的复杂胶体。功能性丝网印刷（如线路板印刷、示温印刷等）所用的油墨，还需添加功能性材料。

（1）色料　包括颜料和染料，主要使用的是颜料，颜料是油墨的主要成分。色料决定油墨的色相、着色力、色度，耐酸、耐碱、耐光、耐水等性能以及油墨的细度、干燥性、遮盖力、密度等。颜料在介质中呈颗粒状态，而染料在介质中呈分子状态。颜料借助于胶体附着在物体表面，而染料可使物体的内部着色。主要色料有：水溶性染料、醇溶性染料、无机颜料和有机颜料等。有机颜料主要有：偶氮颜料、酞菁颜料、色淀颜料。无机颜料分天然颜料（赭石、白垩、铅丹等）和人造颜料（炭黑、群青、矿物石等）两类。

（2）连结料　是油墨的主体，主要作用是使色料和填充料能很好地固着于承印物上，并使印刷品的墨膜面具有一定的光泽。

连结料的黏度、色渗、拉力、抗水性、干燥性等是决定油墨性能优劣的重要因素。

油墨连结料一般有油型连结料、树脂型连结料、溶剂等。油型连结料多以植物油为主，经加工后方可使用。树脂连结料的作用是黏附在印刷物上形成油墨干燥皮膜，与承印物能否产生良好的附着效果主要靠树脂。树脂有天然松香及其改性体、矿物树脂（沥青、石蜡）、合成树脂等几种。普遍使用的树脂有石油系、纤维素系、丙烯酸系、氯乙烯系、聚酰胺系、环化橡胶、尿素系、三聚氰胺系、环氧系、酚醛系、松香系等树脂。溶剂的主要作用是溶解树脂，制成连结料。常用溶剂有汽油、煤油、松节油、醇类、甲苯、二甲苯、醋酸酯类等有机溶剂。各种油脂、树脂都可溶解于有机溶剂，当溶剂挥发后，仍恢复原来的状态。丝网印刷油墨，主要使用高沸点（150～200℃）溶剂。

（3）填料　又称填充料，一般为白色或无色透明的粉末状物质，如碳酸钙、铝钡白等。它的作用是把过于饱和的、遮盖力过大的颜料加以稀释，减少颜料用量，降低油墨成本。填料亦可调节油墨的流动性，衬托颜色，使油墨的色彩更加鲜艳，所以，填料的质量将直接影响油墨的质量。

（4）助剂　是加入油墨中用以改变或提高油墨印刷适性的物质。常用的丝网印刷油墨助剂有催干剂、止干剂、增塑剂、消泡剂、稳定剂、减黏剂、防沉淀剂、冲淡剂、静电防止剂、抗摩擦剂、抗化学腐蚀剂等。油墨中使用的各种助剂，其性能应和所用油墨性质相近，并能与油墨很好地混溶在一起。所用助剂不能对版膜、丝网有腐蚀和化学作用；颗粒细度应与油墨成分相仿，能顺利通过网孔，不能过粗；不与油墨的其他组分发生化学反应，不能破坏油墨结构；不能影响油墨的色泽、着色力、附着力等基本性能。

网印油墨在印刷油墨中属于中、高黏度。一般配比如下：

色料 20%～40%；树脂 15%～25%；溶剂 25%～40%；辅助剂 2%～5%。

二、丝印油墨的分类

丝网印刷油墨品种繁多，分类方法多种多样，主要分类方法有以下几种。

（1）根据油墨的特性分类　可分为荧光油墨、亮光油墨、快固着油墨、磁性油墨、导电油墨、香味油墨、紫外线干燥油墨、升华油墨、转印油墨等。

（2）根据油墨所呈状态分类　胶体油墨，如水性油墨、油性油墨、树脂油墨、淀粉色浆等；固体油墨，如静电丝网印刷用墨粉。

（3）根据承印材料分类

① 纸张用油墨　油性油墨、水性油墨、高光型油墨、半亮光型油墨、挥发干燥型油墨、自然干燥型油墨、涂料纸型油墨、塑料合成纸型油墨、板纸纸箱型油墨。

② 织物用油墨　水性油墨、油性油墨、乳液型油墨等。

③ 木材用油墨　水性油墨、油性油墨。

④ 金属用油墨　铝、铁、铜、不锈钢等不同金属专用油墨。

⑤ 皮革用油墨　印刷皮革专用油墨。

⑥ 玻璃陶瓷用油墨　玻璃仪器、玻璃工艺品、陶瓷器皿用油墨。

⑦ 塑料用油墨　聚氯乙烯用油墨、聚苯乙烯用油墨、聚乙烯用油墨、聚丙烯用油墨等。

⑧ 印刷线路板用油墨　电导性油墨、耐腐蚀性油墨、耐电镀及耐氟和耐碱性油墨。

（4）根据干燥方式可分为

① 挥发干燥型（包括水性油墨）　油墨以溶剂的挥发完成干燥，主要用于纸张、织物、热可塑性树脂的印刷。

② 氧化聚合型　油墨以连结料的氧化聚合而成膜干燥，多用于金属、硬质塑料、木材的印刷。

③ 二液反应型　油墨中的环氧树脂连结料在硬化剂作用下使油墨固化干燥，多用于金属、热固性塑料的印刷。

④ 加热固化型　红外干燥、微波干燥。

⑤ 紫外线固化型　在紫外线作用下聚合性物质瞬间交联而使油墨硬化。

（5）根据连结料分类　将油墨分成水基和溶剂基两大类。

① 水基油墨　由水溶（稀释）性树脂、色料、水和助剂组成。目前已开发出能在织物、纸、PVC、PS、铝箔及金属上丝印的有光和无光水基墨。水基油墨按树脂在连结料中的相态又分水溶性油墨及水乳型油墨。前者用水溶胶及碱溶性树脂；后者用乳剂聚合物。

② 溶剂基油墨　其溶剂和树脂选择范围广，其印刷适性容易调节，目前仍为丝印的主要油墨。

三、丝印油墨的性能

（1）黏度　丝印油墨黏度约在 4000～12000mPa·s 之间。黏度过大，油墨对承印物润湿性差，不易通过丝网转移到承印物上，造成印刷困难，印迹缺墨；黏度过小，会造成印迹扩大，致使印刷品线条合并，成为废品。

黏度变化与印刷适性的关系是：油墨在印版上，黏度愈稳定愈好，但转移到印件上后，黏度变大愈快愈好。

（2）触变性　在丝印过程中，表现为油墨在静止一定时间后变稠，黏度变大，搅动后又变稀，黏度也变小的一种可逆现象。丝网印刷油墨的触变性越小越好。为消除这种不利因素，在印刷之前，要充分搅拌油墨，使之恢复常态，然后进行印刷。

（3）屈服值　屈服值是指对流体加一定外力，从弹性变形到流动变形的界限应力，也是油墨开始层流时必须施加的最低应力。屈服值太大，油墨发硬，不易打开，输墨不便，流平性差；屈服值太小，印刷细线和网点再现性差。丝印墨层较厚，故屈服值不能太小。丝印油墨根据不同要求，屈服值可由100Pa到300Pa，印刷精细线画时，屈服值宜取高值。

（4）流动度　流动度是黏度的倒数，即：黏度大，流动度小；黏度小，流动度就大。油墨的流动度可以看做是在无外力作用下，一定量的油墨在一定时间内和一定的平整面上自然流动的程度。油墨的流动度可以衡量油墨的稀稠。在丝印油墨中其流动度一般控制在30～50mm。测量方法是取1mL油墨，在250g的压力经15min后，测量其直径即可。

油墨的流动度大，印迹易扩大，使间隙小的细线条分辨不清以至合并；流动度小，印迹中线条易断线缺墨，印刷也困难。

（5）可塑性　可塑性是指受外力作用变形后，能完全或部分保持其变形的性质。丝印油墨是介于流体和半固体之间的浓稠悬浮胶体，所以它既有流动性，也有可塑性。丝印油墨要求有一定的可塑性，以保持印刷的精度，否则印刷的线条极易扩大。

（6）表面张力　使油墨的表面张力等于或小于承印面的表面张力，以获得良好的印刷效果。

（7）细度　丝印油墨的细度一般在15～45μm之间。细度太粗，在印刷中会产生糊版，印不出图案。如丝网较粗，细度也可相应加粗。一般最粗的颗粒应低于网孔面积的四分之一。细度会影响到墨膜的光泽及油墨的流变性。

（8）黏弹性　黏弹性是指油墨受刮板压力后被剪切断裂，丝网版弹起，油墨迅速回弹的性能。油墨和承印物粘接，和丝网脱离，出现迅速缩回的现象。

油墨的黏弹性对丝印影响较大的是出现拉丝现象。拉丝现象就是当刮墨板刮过，网版弹起瞬间，在网版与承印物之间出现很多油墨细丝。这是丝印中最忌的现象，不仅易使印刷品和网版粘脏，甚至会使印刷无法进行。黏度大，墨丝长；反之则短。为此常加减黏剂或降低树脂的分子量等来降低油墨黏度，改善油墨黏弹性，减少拉丝现象。

（9）干燥性　丝网印刷既要求油墨在网版上能够较长时间不干燥结膜，又要求在印刷后，在承印物上干燥越快越好。这样可以保持印迹的清洁，加快印刷速度，提高质量。对于丝网印刷来说，网上慢干及印迹快干的油墨，才是理想的丝网印刷油墨，光固、热固及热印冷固等油墨就是因此而产生的。

（10）耐光性　是指油墨印迹在日光照射下色泽稳定程度的一种性能。它取决于颜料的耐光性、墨层厚度、连结料及填充剂等的性能。包装印刷和室外广告对油墨耐光性的要求甚高，室外广告常要求历时3～5年，印品色彩无明显变化。光的照射会使颜料发生化学（如氧化或还原）反应和物理（晶体）变化，导致颜料变暗、变淡以至完全退掉。

（11）耐化学力　油墨的耐水、酸、碱及溶剂的能力，统称为耐化学力。

（12）丝印油墨的固着牢度　丝印油墨最突出的一个问题是印刷后油墨在承印物上的固着牢度。没有固着牢度，就等于没有印刷，还会造成很大的浪费。固着牢度问题涉及油墨和承印物的黏结机理。目前一般认为影响油墨固着牢度的原因有：油墨连结料，溶剂，添加剂，油墨润湿性能，油墨的流动性能，承印物材质等。

四、丝印油墨的选用

一般情况下，应根据承印物的性质及用途合理选用丝印油墨，也可按以下原则和步骤进行。

① 首先应满足承印物的一次物性，即承印物对油墨的吸附型，根据承印物的表面性能合理选用油墨。

② 在满足承印物的一次物性的条件下考虑其二次物性。二次物性主要包括以下方面。

a. 力学性能，主要指耐摩擦性。

b. 热学特性，包括耐黏结性、耐热性、耐寒性、重复性等。

c. 物理化学特性，包括耐气候性、耐光性、耐药品性（耐酸性、耐碱性、耐溶剂性）、耐环境性（耐水性、耐热水性、耐湿度性、耐盐水性）、耐物体性（耐油性、耐洗涤性）等。这些耐性要求主要通过选择不同性质的颜料加以保证。

③ 二次加工适性，是指承印物的加工成型性和焊接加工适性。

④ 安全卫生性，即所选用的油墨应符合国家安全卫生法规的有关规定。

第五节　丝网印刷质量控制

丝网印刷中有许多变量因素都会直接影响到最终印刷成品的质量，丝网印刷要结合实际，排除影响印刷质量的因素，提高印刷产品的质量。下面从四个方面对影响丝网印刷质量的因素进行分析。

一、印前图文信息设计处理

计算机和彩色桌面系统的应用使印刷企业对产品可以进行随心所欲的设计，并通过显示器进行修改、调色等。运用计算机对印刷产品进行设计，根据客户提供的信息，结合市场的需求对新产品进行工艺、色彩搭配、图文组合等方面进行分析、修改，形成印刷所需的版材。为了使设计的产品符合印刷的要求，在设计时要注意以下两个方面。

1. 在进行工艺设计时避免多色套印，如色系丰富可选用专色印刷。

丝网印刷是使用制好的丝网版进行印刷，丝网版制作时为一个颜色一个网框。采用多色套印时色与色之间不容易套准，从而造成印刷质量不好。在设计分色时，选用专色专印代替多色套印，从而避开多色分色，尽量选用专色印刷，避免多色套印，提高印刷质量。设计师设计图文时，考虑后工序的生产，避开或避免多色的选用，在同样能充分表现设计效果的前提下，应尽可能地将印刷色数减到最小，这对于批量生产时的印刷操作、质量控制和成本控制都非常有益。

2. 避免细小线条

丝网印刷是用油墨透过网孔而形成图文，油墨在移动中被刮板从图文部分的网孔中挤压到承印物上。太细的线条、文字极易发生变形，而过细的边缘装饰又易被主线条淹没。太细的线条在印刷过程中容易丢失，所以丝网印刷在工艺设计时尽量避免细小线条。

二、印版制作

准备网版是丝印过程的第一步，必须选择正确的网版系统和设备，才能再现底稿本色。在制作网版时的主要影响因素有绷网质量、晒版质量、网线角度和多色印版制作。

1. 绷网质量

拉网有正绷网和斜交绷网之分，对于一些不很精细的细条，可以正网形式拉网，这样既不会浪费丝网，也可以达到客户的要求，但对于一些精细一点细条，如果需要有几个专色，一定要拉斜纹，否则会有齿纹出现，造成承印体不美观、色的融合搭配方面的问题。对于四色网点，拉网一般以网点的角度来拉，一般拉相同角度。拉网选用的角度为30°～45°不等。

绷网过程中，选取相同绷网拉力。选用丝网时，要求丝网的张力稳定性好，尽可能选用同一品牌相同规格的丝网，确保网版张力稳定一致。绷网时张力要适当。丝网的张力并非越大越好，过大超出材料的弹性限度丝网会失去回弹力，变脆易于撕裂。张力不足，丝网松软，印刷时会产生卷网；平面稳定性及回弹力差，易使图像边缘部位蹭脏或网点扩大严重，从而影响印品质量。适当的张力能保证晒版、印刷的尺寸精度，使套印准确，丝网在刮印过程中回弹性良好，网点清晰，且印版耐印率高。

丝向一致，绷好的丝网，其经、纬线应是互为垂直。否则将使网孔不规则，相应产生印刷时墨膜厚度不均匀，还会使印出的图文边缘不光滑。

张力均匀，是为保证丝网拉伸的均匀性，以保证印版图像的相对稳定性，防止印刷时产生图像变形、墨膜厚度不均匀等现象。绷网时要保证丝网张力均匀，必须使每根网线所受的拉力大小相等、方向相反。

绷好的网版，往往会发现网版长期放置后变松。这是网框变形和丝网变形的结果，避免这种现象的产生一般是绷好的网版在一天后使用。

2. 晒版质量

晒版机不同，晒版质量会受影响。一般晒网版所用的晒版机有真空式和内吸式。先进的全自动晒版机晒出的网版要比一般的晒版机印刷时质量好。

光源、曝光时间的控制也会影响晒版质量。晒版时光源的光强越强，则曝光时间越短；曝光距离越远，曝光时间越长。在制版过程中，过量曝光会使感光胶过度敏化，胶膜产生硬化，所形成的未感光区域膨胀性变差、不易冲洗。在丝网制版过程中，当丝网曝光过度时，只能重新制版。晒版时如果曝光不足，印刷时丝网会出现小针孔、锯齿边，印刷机的压力将导致乳剂脱落；印刷品上会出现锯齿状的网点，网点百分比会发生变化，最终影响到半色调网点的复制和色调的再现。

丝网印刷晒版用的光源，应有能使感光胶发生光化学反应的活化光，其波长范围一般为340～440nm。光源的尺寸对晒版精度有很大的影响，当光源的尺寸过大时，会产生漫反射，从而造成印版上的图像边缘模糊不清。在晒制细线或网点版时，最好采用点光源，光源的发光强度要均匀，使版的四角和中心图像均清晰。

3. 绷网角度的控制

绷网分为正绷网和斜交绷网。绷网的角度一般角度为15°、22.5°、45°和7.5°、30°等。22.5°所得的线条与边缘有较好的平直光滑度，但绷网过程中较浪费丝网，而90°绷网所得线条边缘质量最差。对网点印刷，由于网点线数不同，为了消除明显的龟纹，在绷网时也要按照尽可能小的龟纹角度来绷网。

4. 印版表面光滑度

印版表面的光滑程度对丝网印刷品的质量也有着一定程度的影响。表面粗糙的印版在印刷过程中与承印物不能进行充分的接触，油墨在刮墨刀的压力作用下会流入印版与承印物之间的空隙，使印迹出现扩大现象，而表面光滑度较高的印版出现印迹扩大的现象显著降低。此外印版胶膜边缘的平滑度也会影响印刷品质量，胶膜边缘较为粗糙时，所印得的墨迹边缘相应地较为粗糙，从而降低了印刷精度，对印刷品的质量产生不利影响。因此在进行印刷时应尽量提高印版表面的光滑度，对印版进行涂布处理。采用湿涂湿的涂布工艺涂布网版，干燥后进行表面涂布可以在印版的厚度不会增加太多而影响印刷质量的前提下得到表面较为光滑的印版。

5. 多色印版制作

在多色套印时，对丝网印版的要求比较严格，其制作质量直接影响套印精度。多色印版制作时，根据印刷图案的尺寸，选用材质相同、刚性较高的铝合金网框，在图案的前、后端与印版内框位置最小保留 10cm，在图案的左、右端与印版内框位置最小保留 15cm，以此确定网框的大小，各次套印的网框应大小一致。尽量在一次同时绷多个网框，使各色网版的绷网张力基本一致，确保套印时的相对精度。

在印版制作工艺上，要求网版烘干的温度不宜太高，一般为 40～45℃，烘干时间 40～60min，以确保丝网在烘烤时不变形、不收缩，保持其热稳定性。

三、材料选择

1. 丝网选择

根据各种不同的应用要求，丝网的选择各不相同，丝网厚薄、目数等决定油墨量。在选择丝网时注意以下几点：除丝网的材质外，丝网张力需大于 15～20N/cm；丝网越薄，解像力越好；最大解像力——丝线宽度不小于开孔＋丝径。

2. 感光材料

感光材料的好坏直接影响着网版制作的好坏，为保证制版质量，对丝印制版感光材料要求：较高的感光度，适当的感光光谱范围，一般为感紫外光，波长范围在 300～400nm 之间；分辨力高；版膜与丝网的黏结力好，版膜要有较高的强度和一定的弹性，用水系溶剂显影、脱脂方便；能储存，试用期长。

3. 油墨的选用

丝网印刷中油墨的选择与使用也至关重要。油墨与承印物要匹配，否则，将会导致油墨的脱落、印迹不清，影响印刷的质量，严重的甚至不上墨，致使印刷失败。匹配是指如果承印物为塑料类，并且有极性，选用的油墨也应有相应的极性，如选用高密度、坚硬光滑的承印物，相应的油墨具有很强的吸附性与渗透力；选用吸水性强的承印物，使用的油墨应具有一定稠度；户外广告的油墨具备耐晒、耐水的特性。

油墨的选用除了考虑油墨与承印物的匹配与适应性外，还要考虑油墨的性能，主要包括流动度、黏度、细度、干燥性和拉丝性。流动度小的油墨会导致印迹线条易断墨，流动度大的油墨则会致使印迹易扩大；黏度过低也会导致印迹扩大，而黏度过高，油墨不易通过丝网版转印至承印物表面，这就造成印迹残缺从而影响印刷质量；油墨的细度要根据网版的目数进行选择，细度太大会导致糊版现象，使图文模糊，丝印油墨的细度一般选用在 15°～45°之间；对于油墨干燥性的要求是干燥得越快越好，但在工作温度过高时易造成糊版现象；油墨的拉丝会使网版和承印物粘脏，严重者会阻碍印刷的正常运行，因此在长时间和高温条件下要求油墨具有不出现拉丝的性能。

四、印刷过程对丝印质量的影响

1. 印刷压力

均匀的印刷压力对于获得高质量的印刷品至关重要，若印刷压力不均匀，将会导致印刷品出现油墨厚度不均匀、颜色深浅不一、图像边缘模糊、层次丢失等质量问题。印刷网距不同会产生不同的印刷压力，过小的网距会使网版不能立即回弹，引起与承印物分离不理想，影响图像清晰度；过大的网距则会致使网版变形量的范围增大，易造成图文的变形。均匀的印刷压力也离不开对印刷机导轨平行度的调节，在安装导轨时，可以通过平行度仪对导轨进行测量来提高导轨的平行度以获得较均匀的印刷压力。

2. 刮墨刀及刮墨角度

刮墨刀的刮墨角度对丝印产品有影响，刮墨角度过小易使刮刀产生变形，不仅缩短刮刀的寿命还降低了产品质量；刮墨角度过大，出墨量大，增加成本，较大的角度偏差还会对油墨的控制和套印精度产生不利影响。一般来说，平面印刷刮墨刀角范围选择在 20°～70°，曲面印刷时刮墨刀角范围选择在 30°～65°，而刮墨角度设置在 65°以上。此时刮墨刀与网版成线接触，压力作用在刮墨刀的刀锋上，减小了对刮墨刀的磨损，也不易因压力过大产生反向弯曲，能获得较好的印刷效果。

五、丝网印刷常见故障及解决办法

在丝网印刷中，由于油墨的选择、印刷基材的特性、印刷环境因素等等，容易造成各种各样的印刷故障，影响产品质量，表 3-13 列出了丝网印刷中常见故障及解决办法。

表 3-13　丝网印刷中常见故障及解决办法

故障现象	产生原因	解决办法
油墨固着不良	① 选用油墨与底材不适应 ② 底材表面不干净，有油污或表面处理剂等 ③ 干燥时间不足，油墨没有完全固化 ④ 过多加入助剂或加入不当的油墨 ⑤ 静电引发油墨的固着不良	① 正确选择与底材相适应的油墨 ② 处理底材表面或更换底材 ③ 延长干燥时间，使油墨能完全固化 ④ 正确加入相关助剂 ⑤ 印刷前对纸张进行调湿处理
堵眼	① 油墨不良引起堵眼 ② 印版上面有多余的油墨结膜（印刷压力过大或者印版和承印物之间的距离过小） ③ 印版在使用或者保存过程中，有异物污染印版 ④ 承印物的表面平滑度很低，表面强度较弱，造成印刷过程中掉粉或者拉毛现象	① 更换油墨或调节油墨 ② 调节印刷压力或者印版和承印物之间的距离 ③ 清除异物 ④ 调节油墨性能
网纹	① 油墨过于快干 ② 油墨的黏度太高，流动性不够 ③ 使用的网目太粗	① 使用较慢干的溶剂调配油墨 ② 调稀油墨或加入触变剂降低黏度，提高油墨的流动性能 ③ 使用较高目数丝网
图案失真	① 印刷网版制作不良，菲林制作线数与灰度选择不当或使用的菲林与网纱目数搭配不当 ② 定位松动网版与承印物距离变化 ③ 刮板与承印物间夹角不对，或用力不均匀 ④ 油墨本身色相与印刷底稿色相差异较大 ⑤ 使用不同厂家的四色油墨印刷	① 重新制版 ② 固定松动网版 ③ 改变刮板角度，印刷时保证刮墨的力度均匀 ④ 印刷时，必须根据图片底稿色相选择四色油墨进行印刷 ⑤ 采用同一厂生产的四色油墨进行印刷，保证油墨的色相一致

故障现象	产生原因	解决办法
水波纹	油墨太稀或黏度太低,印刷时网距过低,印刷时产生油墨倒粘	减少油墨中的溶剂分量,保持油墨的黏度同时适当调高网距,使印刷时能自然回弹
干燥不良	① 选用溶剂不当,腐蚀底材(特别是印刷软质PVC或覆膜尼龙布时易产生) ② 溶剂过于慢干或干燥时间不足	① 选择与底材相适应的溶剂 ② 选用较快干溶剂或延长干燥时间

思 考 题

1. 丝网印刷的基本原理和特点是什么?

2. 丝网印刷的印刷方式可分为哪几种?

3. 丝网印刷主要应用于哪些领域?

4. 什么叫丝网的目数?怎样选择丝网的目数?

5. 什么是丝网的开度、开口率?

6. 什么是丝网的解像度?

7. 丝网按材料来分可分为哪些种类?其特点是什么?

8. 丝网的编织方法有哪些?

9. 对丝网性能有哪些基本要求?

10. 如何判别丝网的质量?

11. 选择丝网时应考虑哪些因素?

12. 为什么常选择有色丝网?

13. 国产丝网的型号、规格是如何表示的?

14. 进口丝网的型号、规格是如何表示的?

15. 丝网的网框一般选用哪些材料?各有什么特点?

16. 怎样选择网框?

17. 什么是绷网?丝网印刷对绷网有哪些要求?

18. 绷网的方法有哪些?

19. 如何选择绷网角度?绷网的质量要求有哪些?

20. 如何确定丝网的绷网张力?

21. 丝网印刷照相制版加网线数怎么确定?

22. 丝网印刷照相制版加网角度如何确定?

23. 如何控制阳图底片的尺寸稳定性?

24. 丝网印刷对感光材料有哪些基本要求?

25. 丝网印刷感光胶的感光原理是什么?

26. 丝网印刷印版制作的方法有哪些?

27. 简述金属版的制作方法。

28. 直接感光制版法的工艺流程及特征是什么?

29. 间接感光制版法的工艺流程及特征是什么?

30. 制版前为什么还要对丝网进行处理?

31. 直间法的工艺流程及特征是什么？

32. 试比较三种感光制版法的优缺点。

33. 丝网印刷机按自动化程度可分为哪几种类型？

34. 丝网印刷机主要由哪几部分组成？主要功能是什么？

35. 简述丝网印刷网版的定位方法。

36. 干燥装置主要有哪些类型？其主要干燥方式有哪些？

37. 刮墨板的功能有哪些？刮墨板分为几种？主要性能要求有哪些？

38. 怎样正确使用刮墨板？

39. 简述丝印油墨的分类及性能要求。

40. 影响丝网印刷质量的因素有哪些？

41. 油墨固着不良由哪些原因引起？

42. 图案失真由哪些原因引起？

43. 网纹由哪些原因引起？

第四章 无水胶印

第一节 概　述

无水平版胶印是在平版上用斥墨的硅橡胶层作为印版空白部分，不需要润版，用特制油墨印刷的一种平印方式。

一、无水平版胶印的开发

普通平版胶印长期以来一直被水、墨平衡所困扰，在高速下实现理想的水墨平衡，在技术和操作上都存在很大难度，使用润版液给印刷带来不少不良影响，比如，影响印品的干燥速度快慢，加速油墨乳化，降低油墨浓度使印品失去光泽，纸张变形加大影响套准精度，加速印版磨损、降低印版耐印力，使墨层厚度的控制更加复杂化等。因此，促使人们对无水平版胶印技术的研究与开发，无水平版胶印既保留胶印的优点，又摆脱了润湿水的影响，这是对平版胶印的重大突破。

普通平版胶印的技术水平已趋稳定。要提高竞争能力，仅从提高 PS 版印刷的技术水平上入手很难奏效，于是人们更加重视无水平版胶印的开发。

经过近 50 年的发展，无水胶印技术已经得到了印刷界的广泛认可。有资料显示，如今欧洲无水胶印市场占有率为 7%～8%；美国为 11%～12%。2011 年德国超过 50% 的报纸采用无水胶印取代普通胶印，纸张损耗率从 7% 降低到 3%。据日本 WPA 的调查数据显示，日本 15% 的单张纸印刷机采用无水胶印。我国台湾无水胶印在印刷中占有相当的比例。东南亚一些国家也有少量应用。

二、无水平版胶印的优点

（1）网点再现性好　175 线或 200 线直至 500 线高光部分 2% 的网点和暗调部分 98% 的网点都很好地再现。无水胶印从 2% 到 98% 的网点再现率为 96%，而 PS 版从 5% 到 95% 的网点再现率为 90%。

（2）墨色一致　无水胶印不会因水墨平衡的波动而造成印品墨色大小不一致的现象。印品干燥，墨层厚实，色彩鲜艳。

（3）调子再现性好　特别是暗调的细微层次能很好地再现出来，而且能印刷 300～500 线/in，甚至可达 600 线/in 的精细高质量的印刷品。

（4）网点扩大率小　因无水胶印没有润版液的影响，所以网点扩大率只有 7%，PS 版网点扩大率为 15% 以上。

（5）套印准确　无水胶印由于无润版液的影响，所以不会造成纸张伸缩现象，从而保证了印品的套印准确。

（6）无水胶印印版的耐印率高　单张纸胶印机可达 10 万印以上。日本东丽公司的"HG3 型"阳图版可达到 40 万印，新的"DG5 型"阳图版可达到 100 万印。

（7）光泽度好　无水胶印因不受润版液对油墨乳化的影响，印品光泽度好。

（8）印刷起印快　因无水胶印没有调整水墨平衡的过程，因而试印十几张后，即可正式开机印刷。

（9）印刷效率高　减少了由于水墨平衡波动造成的大量调整和停机时间。无水胶印比PS版胶印的生产效率提高130％～150％。

（10）操作方便　无水胶印彻底解决了由于水墨平衡给操作者带来的麻烦和对产品质量的波动，操作极为方便，应用自如。

（11）节省材料消耗　印刷机可省去润版系统，同时可节省大量的醇和保护胶。

（12）减少环境污染　无水胶印由于不再使用润版液，对环境保护有利。

三、无水平版胶印的不足

（1）需配备各种辅助设备和装置，如专用的冲版机和墨辊恒温装置，前期投资较大。

（2）印版需在晒版时进行除脏作业；耐印力受制于操作环境，易损伤；出现印刷故障时，需要对胶辊进行清洗。

（3）油墨墨性偏硬，容易产生纸张拉毛、上胶皮的现象。

（4）需要严格管理印刷外围环境的温度和湿度。

（5）无水印刷耗材价格偏高。

第二节　无水平版的结构及印版制作

无水胶印印版是采用硅胶来代替润版液，利用其低表面能来排斥油墨。无水胶印印版（包括无水胶印CTP版）由铝版基层、底涂层、感光层、硅胶层和表面薄膜层组成。

无水平版有阴图型无水平版和阳图型无水平版两种形式。

一、阴图型无水平版

1. 印版版材的结构

阴图型无水平版版材的结构如图4-1所示。印版版基采用铝板，版基厚度一般为0.13～0.3mm。在版基上首先涂布重氮感光层，感光层与PS版基本相似。为使重氮感光层与最外层进行黏合，在重氮感光层上涂布胶合层，胶合层为感光性重氮化合物。最外层为硅胶层，由硅氮烷组成，通过硅橡胶硬化或进一步聚合而成，其本身就具有很好的抗墨性，所以印版的空白部不用着水也能进行印刷。

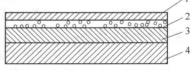

图4-1　阴图型无水平版版材的结构
1—硅胶层；2—胶合层；
3—重氮感光层；4—版基

2. 制版

无水平版制版工艺过程与PS版基本相似，其工艺过程如图4-2所示。

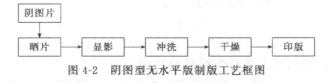

图4-2　阴图型无水平版制版工艺框图

无水平版版材表面呈浅蓝色，版面上覆盖有透明的玻璃纸保护层，晒版时应先将其剥离。版材表面与阴图密附，用紫外线光源进行曝光，然后进行显影，用清水冲洗并干燥后，即可制成平版。为了保护版面，应用玻璃纸覆盖版面。

3. 印刷

首先将印版装于印版滚筒上，然后将保护层揭下，用软纱布抹上专用清洁剂轻轻擦拭版

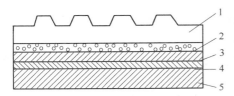

图 4-3 日本东丽无水平版版材结构
1—保护层；2—硅胶层；3—感光层；
4—底涂层；5—版基

面。对于橡皮布没有特殊要求，采用一般平版胶印用橡皮布即可。印刷压力与 PS 版相同。滚筒衬垫为中性衬垫。

二、阳图型无水平版

阳图型无水平版胶印，目前应用比较广泛，以日本东丽无水平版为例说明其版材的结构及制版工艺过程。

1. 版材的结构

如图 4-3 所示，版基为铝板。在版基表面涂布白色底涂层，目的是增加感光层与版基的结合力。在底涂层上涂布感光液，是形成印版图文部的基础。感光层上的硅胶层是由二官能团和三官能团的有机硅单体经水解、缩聚而成的网状有机硅高分子材料，是构成印版空白部的基础。在硅胶层上压合透明保护膜可以在曝光前保护版面；提高阳图片的真空密附性；隔断氧气，以促进感光层的光聚合。

2. 制版工艺

东丽无水平版制版工艺过程如图 4-4 所示。

图 4-4 东丽无水平版制版工艺过程

（1）曝光 如图 4-5（a）所示。将阳图片与保护膜密附，进行曝光。所用光源为金属卤素灯、超高压水银灯，光源的光谱波长范围为 350～420nm。曝光后，版材受光部分的感光层因吸收光谱而产生光聚合反应退色，同时与上层的硅胶层产生光粘接，形成版面空白部分；未受光部分的硅胶层产生膨润而浮凸。

（2）剥离保护膜 曝光后剥离保护膜，版面的构成如图 4-5（b）所示。

（3）显影 一般采用刷辊式显影机进行显影。显影时，先用显影液浸湿版面，以降低硅胶与感光层的接合力，然后用刷辊进行显影，清除图文部的硅胶层，露出版面图文部的着墨感光层，如图 4-5（c）所示。所用显影液以聚丙烯乙二醇或聚乙烯乙二醇为主要成分。

（4）后处理 显影后应进行染色处理，以便于检查印版质量，如图 4-5（d）所示。最后即得到所要求的印版。

（5）印刷版 印版的空白部分为斥墨的硅胶层，图文部分为仅低于硅胶层表面 2μm 的感光层，所以这种印版属于平凹版。

三、无水胶印 CTP 版

传统有水胶印 CTP 版的制版过程为：曝光、显影、水洗、上保护胶、烘干。其中使用的显影液具有

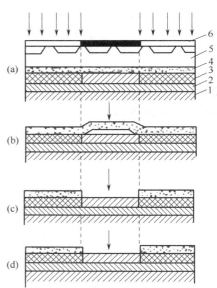

图 4-5 阳图型无水平版制版过程
1—版基；2—底涂层；3—感光层；
4—硅胶层；5—保护层；6—阳图片

毒性，直接排放会对环境造成污染，且回收则成本较高。无水胶印 CTP 版在制版过程中使用水性显影液，显影后的液体对环境无污染，进行简单处理即可。无水胶印 CTP 版的制版过程如图 4-6 所示。

图 4-6 无水胶印 CTP 版的制版过程

（1）曝光 无水胶印 CTP 版的曝光直接在普通 CTP 制版机内进行，曝光时要合理控制曝光时间。

（2）揭膜 为了防止印版刮花，曝光时印版表面应保留保护膜。但在显影前，需要将保护膜完全揭掉。如果揭膜不完全，会导致显影不完全，甚至剩余的保护膜可能会在显影过程中脱落而堵塞喷水泵。

（3）冲版 揭膜后的印版，应放置于专用的无水自动冲版机中进行冲版。冲版的过程分为前处理、水洗、后处理和再水洗等步骤。前处理是使用前处理液破坏感光部分的感光层与硅胶层的界面；水洗是使用毛刷刷洗印版表面，将感光部分的硅胶层剥离，同时将残留的前处理液冲洗干净；后处理是将裸露出的图文部分进行着色，以提高印版的检查效果；最后对印版进行再次水洗，去除多余的染色物质。

（4）烘干 水洗之后，无水胶印 CTP 版须采用冷风烘干。

无水胶印 CTP 版很容易被刮花，所以，完成制版的无水胶印 CTP 版重叠放置时，应使用隔版纸进行保护。长期保存的无水胶印 CTP 版，其图文部分的着墨性能会下降，因此，在印刷前须用洁版液清洗图文部分。

第三节 无水胶印机理

一般的 PS 版印刷是靠水、墨互斥原理以及版面具有选择性吸附能力来完成油墨转移，印刷时不仅有水、墨平衡的变化，而且还必须先向版面提供润湿水，使版面空白部先形成斥墨的水膜，然后才能给墨，否则版面的空白部也会吸附油墨。

无水胶印摆脱了水、墨平衡的问题，在版面上形成两种不同性质的表面。图文部的吸墨性是靠感光层对油墨的吸附能力来实现的，且图文部低于版面，有较厚的墨层。空白部的硅胶层表面排斥油墨。

印刷过程是油墨层与版面空白部的硅胶层不断接触而又不断分离的过程，其实质应从油墨中连结料的树脂、溶剂及版面的硅胶层三者的关系加以分析，如图 4-7 所示。当油墨层与硅胶层一接触，油墨中的溶剂很快向硅胶层中扩散、渗透［图（a）、（b）］，从而使硅胶层表面膨润，在二者接触面之间形成溶剂层［图（c）］；当连续印刷时，由于油墨层内部的油墨内聚力大于溶剂层内部的溶剂内聚力，油墨层必然与硅胶层沿溶剂层内部分离，即通过界面溶剂层的破坏与分裂来实现油墨层与硅胶层的剥离［图（d）］。因此，硅胶层表面不会直接吸附油墨。

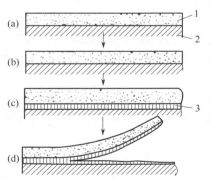

图 4-7 无水平版胶印机理

1—油墨层；2—版面的硅胶层；3—界面溶剂层

第四节　油墨的特性及组成

一、油墨的特性

无水平版胶印油墨应具有特殊的流变性。一方面油墨应具有较高的内聚力，以保证在印刷过程中油墨层能充分剥离；另一方面，油墨层在分离时，对空白部的硅胶层表面的附着性要低，不能残留在硅胶层表面的界面溶剂层上。因此，要求无水平版胶印油墨应具有较高的黏度和较低的黏性，同时，在保证油墨传递性能良好的条件下，选用高触变性能的油墨。

二、油墨的组成

无水胶印油墨在组成上虽然与 PS 版印刷油墨基本相同，但在树脂和溶剂的选择上应有特殊要求。

（1）树脂　选用高分子量树脂，如松香改性酚醛树脂、石油树脂等。另外，为了改善油墨的润湿性能，还可加入一定量的低分子树脂，如天然松香脂等。

（2）干性油　油墨中所用干性油主要有聚合亚麻仁油、亚麻仁油醇酸树脂。

（3）溶剂　采用石油溶剂系溶剂和 α-烯烃类溶剂。高分子树脂的开发和 α-烯烃类溶剂的使用，使油墨变为软质油墨，在印刷过程中，即使印版表面的温度达到 38℃，也不会产生起脏故障，从而获得稳定的印品。

另外，在设计无水胶印油墨配方时，要本着"低毒低 VOC"原则，尽量选择对环境友好的无芳烃溶剂。目前已开发出第三代无水胶印油墨，满足绿色环保要求，且具有高速无水印刷适性，满足高速印刷条件的流变性能和良好的转印性能，抗起脏能力强，满足高速化生产要求。今后无水胶印油墨也将朝着多品种、功能化、高端化、无（低）毒无 VOC 的趋势发展。

第五节　印刷工艺

用 PS 版印刷时，清洗完橡皮布一般需要试印几十张才能进入正式印刷。用无水胶印，洗完橡皮布，一般的四色胶印机，试印 3～5 张左右就能达到所需要的密度。黑白或线条等印刷品试印 2 张左右就能进入正式印刷。因此，用无水胶印印刷小批量的印刷品，尤其是要求短时间内就要完成的印刷品更为实用。

由于无水胶印不用润湿水，所以不会产生油墨的乳化。但是，因印刷过程中没有润湿水对版面的修补作用和清洗作用，因此，也会产生起脏故障，为此，无水胶印的印刷压力应低于 PS 版印刷。

印刷过程中，版面起脏时，使用拒墨条去脏。拒墨条是在约 $3\mu m$ 厚的软片正面涂布硅胶，反面涂布粘接剂制成。使用时，将涂有粘接剂的一面贴在橡皮布上，其位置和印版起脏的部位相对应。印版图像上的油墨因为有拒墨条，附着不到橡皮布上，印版上也就着不上油墨了。

在无水胶印中，版面、辊筒表面的温度管理非常重要。要很好控制这些温度，需要使用能测定版面温度的非接触式温度计，可以定期对设备温度进行记录。这些数据有助于了解因季节变化、设备异常、起脏原因等的分析。控制温度包括：①版、辊筒的温度，包括操作侧、驱动侧辊筒两侧温度。因为两侧温度比中间高，容易起脏。②室内温度。气温对转移到版面的墨膜影响很大。③纸面温度。特别是冬天，刚搬进车间或堆积状态下的纸张中间部分温度较低，马上使用容易造成着墨不良。

第六节　无水平版印刷机

一、无水平版印刷机概况

无水平版印刷机，输墨系统的胶辊，使用低内耗的材料制成，墨辊运转时相互摩擦引起的热膨胀量很小。此外，为了解决胶辊因热膨胀造成的墨辊之间、着墨辊与印版之间接触宽度增大而带来的传墨不均匀问题，印刷附设有自动调节着墨辊和印版接触宽度的装置，使整个印刷过程中，接触宽度始终保持在图4-8所标注的尺寸范围。

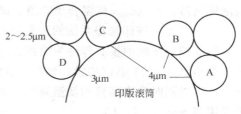

图 4-8　接触宽度尺寸

无水平版印刷过程中，油墨的黏度不受润湿液的影响，印版图文部分油墨的黏附力较强，从纸张上脱落下来的纸粉、纸毛等脏物很容易附着在上面，印刷品上出现的环形白斑比 PS 版多。为了清除印版上的纸粉、纸毛等物，印刷机上设置有硅橡胶制成的去污辊。去污辊不会伤害版面，但可以大幅度的消除环形白斑。无水平版印刷机，使用气垫橡皮布向承印物转移油墨，包衬的压缩量因机器而异。

二、无水平版印刷机的冷却系统

由于无水平版印刷机必须有墨辊冷却装置，一般是在串墨辊芯中通入冷水，使墨辊温度下降。否则，高速运转的墨辊，会因摩擦温度上升。一方面使油墨的黏度急剧下降，发生"糊版"故障；另一方面使胶辊热膨胀量增大，传墨不均匀。

1. 水冷系统

图4-9采用冷却水来降低匀墨辊或串墨辊的温度。将水通过冷却装置输入到串墨辊或匀墨辊的辊芯内，将胶辊冷却。然后，水再流回到冷却装置内，循环自动冷却。以此控制油墨的温度，达到油墨良好的黏度和流变性。一般新设备和高速印刷机采用串墨辊冷却系统，而中速印刷机和由普通胶印机改造的无水胶印机，则采用匀墨辊冷却系统或风冷系统。

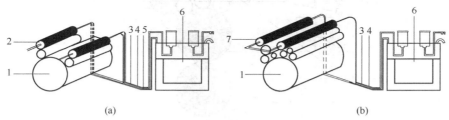

图 4-9　水冷却系统

1—印版滚筒；2—冷却串墨辊；3—流量调节器；4—进水管；
5—出水管；6—冷却装置；7—冷却匀墨辊

2. 风冷系统

图4-10采用风冷装置向版面滚筒吹送冷风，使其版面冷却，防止印件蹭脏。

三、无水平版印刷机的输墨系统

无水胶印输墨系统的油墨温度控制装置包括：印版表面温度检测装置、温控墨辊、油墨

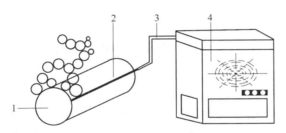

图 4-10　印版滚筒风冷系统

1—印版滚筒；2—喷嘴；3—风冷管；4—冷却装置

温度控制器、涡流管、低温介质管道、高温介质管道、空气压缩机及截止阀等部件组成。图 4-11 所示为无水胶印输墨系统的油墨温度控制系统的组成原理示意图。

温度控制系统的核心部件为温控介质生成装置和油墨能量交换装置，其中温控介质生成装置采用涡流管 11 温控装置，涡流管装置利用高速气流作为介质，通过特殊结构进行能量分离，可以同时输出高温和低温温控介质，从而简化温控系统的组成，而油墨能量交换装置则采用窜墨辊 3、4、15。

印版表面温度检测装置 16 将检测的温度信号反馈到油墨温度控制器 14，控制器的闭环控制程序计算油墨温度的调整值，并将调整信号发送到涡流管伺服调节阀，对输入涡流管的高速气流进行能量分离，实现对输出参数（包括输出高低温气体温度、流量）的调整，并驱动冷热气体温控介质输出管上截止阀 9、12 的电磁铁相应动作，将相应的温控介质导入温控墨辊 3、4、15 内部流道，当介质流经墨辊后与墨辊表面的油墨进行能量交换，从而实现对油墨温度的控制调节。当需要降低油墨温度时，低温截止阀 12 开启，使低温气流进入温

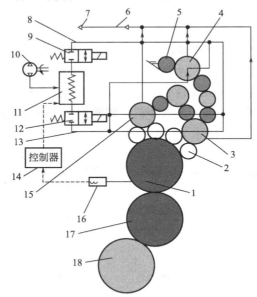

图 4-11　无水胶印输墨系统油墨温度控制装置组成原理示意图

1—印版滚筒；2—着墨辊；3,4,15—温控墨辊；5—墨斗辊；6—排气管道；7—消声器；

8—高温介质管道；9—高温介质截止阀；10—空气压缩机；11—涡流管；12—低温介质截止阀；

13—低温介质管道；14—油墨温度控制器；16—印刷表面温度检测装置；

17—橡皮滚筒；18—压印滚筒

控墨辊（窜墨辊）内部，将油墨的热能带走，从而实现对油墨冷却；当油墨需要加热时，高温截止阀9开启，高温气流经管道进入温控墨辊（窜墨辊）内部，将热能传递给油墨，实现对油墨加热。

第七节　无水平版印品质量控制

无水平版印刷质量影响因素主要有以下几方面。

1. 印刷环境的温湿度

印刷环境温度波动过大时，油墨的黏稠度会发生显著变化，对稳定印刷造成一定影响。此外，环境湿度偏低时，易产生静电，难收纸。尤其克重轻的纸产生静电现象更严重。

2. 印刷速度

印刷速度对印刷适性尤其是对油墨转移性产生明显的影响。第三代无水胶印油墨，可以在保持产品抗起脏性的前提下，采用新型连结料，改善油墨的转移性、着墨性、固着性及后加工适性等，从而更好地满足高速印刷。无水 UV 油墨也是如此。此外，印刷速度对抗起脏性也有影响，一般高速印刷容易起脏。

3. 温度控制系统

印刷过程中印版滚筒和着墨辊之间的摩擦所产生的热量将使温度上升至少 10℃，导致油墨黏度明显下降，跌破临界值后，发生起脏现象。因此在印刷过程中，控制和维持印刷机温度在精确范围内，是无水胶印成功的关键所在。

4. 版材

因为无水胶印版材的空白部分没有水层的保护，依靠的是硅橡胶层低表面张力对油墨的排斥，所以要求无水胶印油墨有很高的内聚力，即要求有较高的黏度，以确保不脏版（空白部分不带墨）；同时要求油墨中不含有粗糙的颗粒，以防划伤印版表面的保护膜，并避免颗粒摩擦产生热量而降低油墨的黏度。

5. 承印物

由于无水胶印油墨的黏度较高，建议使用表面干净、具有很高表面强度且没有杂质和灰尘的纸张。无水胶印特别适合在普通胶印难以完成的许多承印材料如超薄字典纸、镀铝纸、合成纸、磁卡等上面实现高质量印刷。

思　考　题

1. 什么是无水胶印？无水胶印的原理是什么？
2. 无水胶印有哪些优点？
3. 简述阴图型无水平版的结构及制版工艺。
4. 简述阳图型无水平版的结构及制版工艺。
5. 简述无水胶印油墨的特性及组成。
6. 简述无水胶印冷却系统的冷却原理。
7. 无水胶印印刷质量影响因素有哪些？
8. 简述 CTP 无水平版的结构及制版工艺。

第五章 特种机理印刷工艺

第一节 喷 墨 印 刷

喷墨印刷与传统的印刷方法不同，它是一种无压不接触印刷，同时也是无印版印刷。喷墨印刷时，利用电子计算机来控制，通过一个短小的空气隙，把微小的墨滴有控制地喷印在纸张或其他承印材料上，形成一个印迹清晰而又精确的图像。所以喷墨印刷称为无接触印刷。

喷墨印刷机可直接与照排、电分，以及各种图像处理机连接，它得到的信息来自所连接的计算机系统。操作者可根据产品要求，利用照排、电分、图像处理机进行设计、创意、编辑、修改后得到这些信息。

一、概述

（一）喷墨印刷工艺

1. 喷墨印刷的工艺流程

2. 喷墨印刷方法

原稿通过照排、分色或图像处理等工序，将原稿的光信号转换成电信号，并输入计算机进行编排和储存。使用时根据需要，把相关的信号从计算机输入喷墨印刷机的控制系统，通过印刷控制系统把信号分别输入喷墨印刷装置和电子控制装置。印刷装置直接控制喷墨头喷墨印刷。电子控制装置接收信号后，把信号转换成数字电压，输出给输墨金属管，使金属管形成一个静电场，以便使喷嘴喷出的很细的油墨，在穿过静电场时获得静电荷，同时分解成单个颗粒，喷射到承印物材料上。

（二）喷墨印刷材料

1. 喷墨印刷油墨

（1）喷墨印刷油墨的性能要求

油墨必须具有适合喷墨印刷的特殊性能要求。

① 油墨的黏度低。因为黏度高，喷射性差；黏度过低，则会发生阻尼振荡，影响喷射速度。较为理想的油墨黏度为 $(1.5 \sim 3.0) \times 10^{-3} Pa \cdot s$。

② 油墨的密度为 $0.8 \sim 1.0 g/mL$，表面张力 $(2.2 \sim 7.2) \times 10^{-4} N/cm$。必须性能稳定，无毒，能导电，电阻率为 $1 \sim 5 \Omega \cdot m$；同时，没有腐蚀作用，不易燃烧，不易退色。耐 $-20℃$ 的低温。

③ 具有良好的保湿性和可喷射性，油墨内不含有影响印刷或堵塞喷嘴的颗粒，要求颗粒的尺寸不大于 $0.1 \mu m$，停机后再次开机不致产生任何故障。喷射到承印物表面迅速干燥，

干燥时间在 0.1～50s 为宜。

④ 油墨所含的着色剂要能很快地渗入纸张内，在记录纸面上能准确地形成所需要点子的尺寸，以构成清晰的图像。

⑤ 油墨的 pH 值控制在 6.5～8.5。

（2）喷墨印刷油墨的组成

喷墨印刷墨水有很多种类，如染料墨水、颜料墨水、油性墨水、UV 油墨等。染料墨水在紫外光线照射下会退色、不防水，适合室内印刷品；颜料墨水具有较好的耐光、耐水牢度，但色彩表现却不尽人意；油性墨水主要用于室外产品商标、广告等，具有较好的耐水、抗紫外线、耐磨特性；UV 固化墨水具有介质适应性好、干燥快、色彩艳丽等特点而广泛采用。应针对印刷品不同的应用，选用相应的种类的墨水。

喷墨印刷通常采用染料型油墨。所用染料的波长应分别与黄、品红、青三原色的波长相一致；应具有合适的色彩范围，保证复制出大范围的红、绿、蓝、紫色彩，以满足不同混合色彩的复制要求。

喷墨印刷油墨的组成是：油性染料 1％，油 30％，丙醇 29％，甲酰胺 40％。

2. 承印材料

喷墨印刷用的承印材料大多为纸张。因喷射在纸上的油墨会产生挥发和渗透两种现象，所以表面粗糙、没有施胶或施胶度小的纸张易产生洇墨，不宜使用。表面平滑度较高，有较高施胶度的纸张，只要不洇墨都适用于作喷墨印刷用纸。当油墨喷射到这种纸面，依靠挥发干燥，墨点呈圆形，印出的字迹清晰，图形美观。

承印材料在白度、细腻度、吸墨量等品质上的差异，会对喷墨印刷效果产生很大影响。这些影响因素与常规印刷相类似。白度越好，印刷图像的色彩越鲜艳；彩色喷墨承印物是将普通印刷材料表面经过特殊涂布处理，具有出色的吸墨能力，高精度打印时无印墨流淌、发花现象，吸墨点实而不互串，完整地保持原有的色彩和清晰度。

经过预处理过的塑料薄膜或制品也适用于喷墨印刷。

（三）喷墨印刷形式

喷墨印刷分为连续式、间歇式和脉冲式等三种。

1. 连续喷墨印刷

连续喷墨印刷，压力是施加在墨流上，从喷嘴上出来的墨流，离开喷嘴一段距离后，墨流被断成不规则的墨滴。振动发生器一般安装在喷嘴区域附近的地方，若需要，振动发生器可以使墨滴振动，其发生的振动频率应正好能形成大小一致的墨滴。

有些连续喷墨印刷，是将不规则的墨滴形成墨滴群，以形成印刷点子。但要精确地控制墨滴的振动，以免在墨滴之间形成非常微小的卫星墨滴而影响图像质量。为产生一种连续不断的墨滴流，以形成一幅印刷图像，需要另加一控制装置。用感应方式，能对每一墨滴产生静电荷。如果在墨流分离成墨滴之前或期间，施加电压的话，电荷保存在分离的墨滴之中。假使喷出的墨流接着通过一个强烈而又固定的静电场，墨滴就会偏转，其偏转的程度与它所带的电荷成正比。当承印物从喷嘴前通过时，在一定的偏转范围内形成一幅图像。

2. 间歇喷墨印刷

间歇喷墨印刷，是对喷嘴后面的油墨施加轻微压力，使之形成凹凸状，然后加上静电电压，使之带电，并失去表面张力，这样就会产生一个短小的墨滴流。通过控制，一个带等量电荷的短小墨滴流就会从喷嘴中喷出，不要再进行偏转而直接投向承印材料表面上形成图像。由于每个墨滴带着等量电荷，所以可通过变化电场来控制它，以产生各种不同的图像。

3. 脉冲喷墨印刷

脉冲喷墨印刷的喷墨是脉冲式的，喷出的油墨墨滴可用来形成图像。当压电产生脉冲时，压电传送管发送变形信号，使喷墨管产生压力，喷墨管在压力的作用下挤压出印墨而形成墨滴，并高速向前飞去。由于这些墨滴不带电荷，不会受电荷的影响而发生偏转，而是直接射到承印物表面形成图像。

（四）喷墨印刷的应用

喷墨印刷的应用范围很广，在包装印刷行业主要用在包装物的标签、生产日期、条形码的打印，如易拉罐和瓦楞纸箱的印刷。

喷墨印刷可直接与照排、电分和图像处理系统连接，进行文字打印和彩色印刷的预打样。同时，喷墨印刷在商业流通领域中，用于各种商业单据、票证、表格等的印刷；在航空气象领域，用来记录人造卫星的各种数据，绘制大气云图，记录远距离传输的文字、图像信息。

二、喷墨印刷的组成系统

喷墨印刷机整个印刷系统主要由信号输入装置和喷墨印刷机主机组成，图 5-1 所示为其原理框图。其中喷墨印刷机主机的基本结构如图 5-2 所示。图中 1 为喷头，由墨水腔和内装的压电晶体组成；2 为由图像信号控制的充电电极；3 为偏转板，将带电与不带电的墨滴分开；收集器 4 和导管 5 构成一个供墨循环系统；6 为同步驱动运行的承印材料。

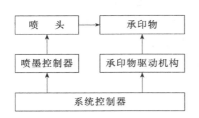

图 5-1 喷墨印刷系统构成框图

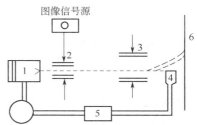

图 5-2 喷墨印刷机主机的基本结构

1—喷头；2—充电电极；3—偏转板；

4—收集器；5—导管；6—承印材料

原稿信息首先由信号输入装置输入到喷墨印刷主机部分的系统控制器，然后由它来分别控制喷墨控制器和承印物的驱动装置。喷墨控制器首先使墨水粒子化，接着墨滴经过根据记录信号变化的充电电极时感应上静电并使之带电，带电的墨滴在偏转电极中加速并改变方向，以高速喷射冲击到承印物表面上，形成图像和文字。而未带电的墨滴则直接射入墨槽内以便循环使用。

也有些装置是带电的墨滴经偏转电极后回收再利用，而不带电的墨滴则不发生偏转直接射到承印物上构成图像和文字，这只是图像信号处理的方法不同而已。

三、喷墨印刷机

按照喷墨系统向承印物表面喷墨的速度、墨滴的形成，以及如何控制墨滴在空气中的运行，可将喷墨印刷机分为连续式喷墨印刷机和间歇式喷墨印刷机两大类。

1. 连续式喷墨印刷机

连续式喷墨印刷机又分为连续、连续阵列、连续区域可调喷墨印刷机。

（1）连续喷墨印刷机最初是使用单个喷头来喷射墨滴，从墨水腔中经喷嘴喷出一束细小的墨滴，受到高频振荡作用便会被分散成均匀而稳定的墨滴。飞出的墨滴再经磁偏转作用被引导到承印材料特定的区域形成一种较为粗糙的点阵式图像。主要用于高速流水线上产品的商标、生产日期、批号等印刷。通过调节油墨泵的压力和压电晶体的高频激励电压，可以改变墨滴的喷射速度，如图 5-2 所示。

（2）连续阵列喷墨印刷机由许多个喷嘴按阵列式排列组成，如在金属板上刻蚀一系列小孔，墨水腔中的油墨通过压电晶体的谐振器分裂成为一串单个的细小墨滴，每个喷嘴中都可以喷射连续的墨滴流，而墨滴流中的每一墨滴又能独立受到控制，并且墨滴的大小和间距都是均匀的，分辨率达 300 点/in，每点有 8 个灰度级。压电晶体的振荡频率决定着墨滴形成的精确速率。现在常用的阵列长度大约为 2.5in，每英寸有 240 个喷孔，总数超过 1000 个，需要时还可增加印刷宽度。

（3）连续区域可调喷墨印刷机是连续喷墨印刷机的变种，它采用区域可调的喷墨方法，能将不同的墨滴流对准每一点，从而产生类似凹印半色调的效果，幅面可达 30in×40in，分辨率为 300 点/in，并每点带有 32 个灰度级。但速度非常慢，适用于高质量的彩色图像印刷。

2. 间歇式喷墨印刷机

间歇式喷墨印刷机是一种使墨滴从喷嘴中喷出并立即附着在承印材料上的方法，如图 5-3 所示。最常用的方式是利用加热方法来使墨水腔中的少量水基性油墨汽化以形成气泡，随时使墨滴从喷嘴中喷出去，如图 5-4 所示。墨水腔在下一个墨滴喷射出去之前，必须重新注满，因此速度较低。

另一种方式是采用压电晶体的振动来产生墨滴。当喷头内的压电晶体被电流激励时，压电晶体的形状产生变形，表面凸起呈月牙形，并凸向墨水腔，从而推动墨滴从喷嘴中喷出，如图 5-5 所示。这种方式也适用于溶化的固态蜡基油墨的喷射。

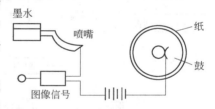

图 5-3　间歇式喷墨印刷机原理

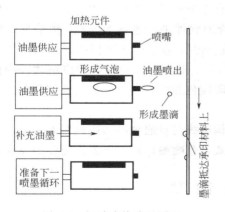

图 5-4　间歇式热喷墨原理

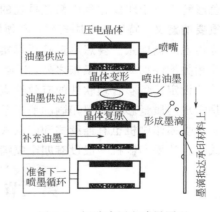

图 5-5　间歇式压电喷墨原理

大多数间歇式喷墨印刷机的喷头都采用复合喷嘴阵列排列以增加系统的油墨通过量，提高喷墨速度。这种间歇式喷墨印刷机由于加热方式的不同，它又分为两种，固态喷墨印刷机和热喷墨印刷机。

固态喷墨印刷机使用蜡基颜料油墨，不含任何溶剂，从喷嘴中喷射出去的墨滴都会在承印物上立即凝固，不会透过承印物表面，因而形成清晰、稳定的图像。同时，蜡基油墨的呈色剂是颜料，具有极好的防退色性。

热喷墨印刷机的加热元件为发热电阻的加热板，使用水基性的染料溶液。加热板在墨水腔的一侧，另一侧充满油墨，当加热板迅速升温至高于油墨沸点时，与加热板直接接触的油墨汽化后形成气泡，气泡的压力推动墨滴从喷嘴中喷出，在承印物上形成图像和文字。

四、彩色喷墨印刷

彩色喷墨印刷广泛应用于数字打样和彩色印刷。它的主机可以从多种不同的信息源接收彩色信息，如彩色图形终端、彩色扫描器、彩色电视机、数字照相机以及彩色文字处理机等各种模拟式原稿和数字式原稿。信息源将色光的三基色红、绿、蓝信息送至印刷机接口，首先将要复制的信息存入主存储器，然后由色彩转换器将红、绿、蓝三色信息转换为青、品红、黄、黑四色油墨的分色、加网信号，再由灰度控制器控制中性灰，将上述四种颜色的油墨信号分别送至相应色别喷头的电极上，以控制喷头喷射油墨。微墨滴控制系统主要是控制墨滴的产生并使之处于稳定状态，油墨系统则是用来供应和回收油墨。通过承印物滚筒的转动和多色喷头的水平扫描移动完成喷墨印刷过程，此种印刷的分辨率可达40墨点/mm，其工作原理如图5-6所示。

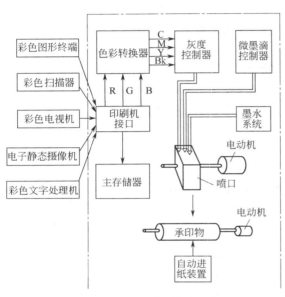

图5-6　彩色喷墨印刷系统的工作原理

色彩管理对于印刷过程中颜色再现的一致性具有十分重要的作用，对于喷墨印刷同样也具有重要的意义。特别是印刷打样，必须使用色彩管理软件进行色彩的校准，使输出的印刷样稿能再现原稿样张。要想尽量获得真实的颜色印刷效果，除了应选购档次较高的喷墨印刷设备及相关配件如墨盒、纸张之外，还必须注意打印机、显示器、扫描器和应用软件的色彩管理系统设定。色彩管理软件的有效性直接影响到印刷色彩的真实性，高效地使用色彩管理系统是实现高质量彩色喷墨印刷的前提条件。

彩色喷墨印刷机也有连续式和间歇式两种，结构形式与普通喷墨印刷机基本相似，其中连续式彩色喷墨印刷机一般设有四个喷嘴，而间歇式彩色喷墨印刷机则需设更多的喷嘴。

第二节　静　电　印　刷

一、静电印刷的定义及类型

静电印刷是不借助压力，用异性静电相吸引的原理获取图像的印刷方式。根据印版形式和图文转移方式不同，静电印刷主要有五种类型：静电平版印刷、静电凹版印刷、静电丝网印刷、静电复印及静电植绒。

二、静电平版印刷

（一）基本原理及印刷装置的组成

静电平版印刷所用印版为导电性的金属平版，其图文部由绝缘性膜层构成。所用油墨为粉末状调色剂，靠静电吸引力将印版上图文部的调色剂转移到承印物上。

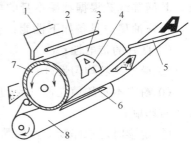

印刷装置主要由印版滚筒、印版、放电极、调色剂墨斗及加热器等组成，其印刷原理如图 5-7 所示。当印版图文部 4 从放电极 2 下通过时就带上一定量的电荷，而印版空白部的电荷由于印版滚筒 7 接地而流失，结果从调色剂墨斗 1 飞落出来的调色剂靠静电吸引力吸附在印版图文部 4 上。当吸附有调色剂的印版图文部 4 与纸张接触时，由放电极 6 从纸张背面施以电晕，在静电场引力作用下，调色剂从印版 3 转移到承印纸张上，从而完成图文信息的转移。最后，再用加热器 5 将粉末调色剂热熔、附着而固化，完成印刷过程。

图 5-7　静电平版印刷原理

1—墨斗；2,6—放电极；3—印版；

4—印版图文部；5—加热器；

7—印版滚筒；8—纸带辊

（二）主要特点及应用

静电平版印刷有如下主要特点：

① 印刷装置机构简单，操作便利；

② 使用固体色粉油墨，有利于印刷环境的改善，既卫生又安全；

③ 调色剂通过热熔而固化，不易产生背面蹭脏故障；

④ 不需设置润湿装置和干燥装置，没有水墨平衡问题，印品不会产生大的伸缩变形。

因此，这种印刷方式适用于印刷伸缩性较大的承印材料。

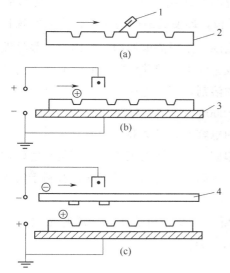

图 5-8　静电粉末油墨照相凹印过程

1—刮刀；2—凹版；3—电极；4—承印物

三、静电凹版印刷

静电凹版印刷与一般凹版印刷的主要区别在于，一般凹版印刷要用很大的印刷压力才能实现油墨转移，而静电凹版印刷几乎不需要施以机械压力，利用无压或接近无压的静电吸引力来完成油墨转移。

静电凹版印刷使用照相凹版，根据所用油墨的形态将其分为两种类型，即静电粉末油墨照相凹印法和静电液体油墨照相凹印法。

（一）静电粉末油墨照相凹印法

1964 年由美国英特化学公司研制。粉末油墨颗粒的粒径一般为 $1\sim10\mu m$，熔点为 $120\sim160℃$，属于着色树脂粉末，其印刷过程如图 5-8 所示。将粉末油墨放在凹版 2 上，用刮刀 1 刮掉凹版空白部的粉末，只在图文部留下粉末，如图 5-8（a）所示；进行电晕放电，使粉末油墨带电（正电），如图 5-8（b）所示；将承印物 4 置于凹版 2 的上方，通过电晕放电或从承印物背面与和油墨相反电荷的电极相接，靠静电吸引力将凹版图文部的粉末油墨吸附在承印物上，如图 5-8(c) 所示。最后，经加热热熔使油墨附着、固化，完成印刷过程。

这种印刷方式所需要的静电压一般为数千伏。印版采用普通照相凹版或加网照相凹版均可，其网屏线数根据油墨本身的填充性能和转移性能决定，一般为 40 线/cm。

粉末油墨应具备如下性能：

① 良好的带电性；

② 粉末颗粒均匀性好；

③ 粉末本身的填充性（流动性）良好，在高速印刷时应能快速填充到凹版图文部，保证正常印刷；

④ 定影时对承印物表面的黏着性牢固，不易被摩擦掉。

这种机型已有双色机供用户使用，印刷速度可达 120～150m/min。由于粉末油墨不用溶剂，故具有良好的经济性、卫生性及防火性能，加之它属于不接触、无压印刷，其设备可轻型化，可在包装印刷方面得到应用和推广。

（二）静电液体油墨照相凹印法

使用液体油墨的静电凹版印刷法，它与湿式照相凹印法基本相同，只是不靠机械压力而是靠静电吸引力来实现油墨转移。这种机型是由美国凹印研究所与英特化学公司合作开发的，其工作原理如图 5-9 所示。

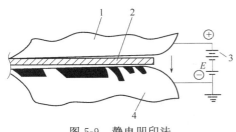

图 5-9　静电凹印法
1—压印滚筒；2—承印物；
3—直流电源；4—印版滚筒

印刷时在压印滚筒 1 与印版滚筒 4 之间施以 1000～3000V 静电压，靠静电吸引力将油墨从图文凹槽内吸出附着在承印物 2 上，此时的电流密度一般可为 0.03～0.07mA/cm。

对于一般凹版印刷，如果承印物表面比较粗糙，或是硬纸板，即使提高印刷压力也难以实现良好的油墨转移，容易在印品的高光部位产生网点粗化故障。采用静电凹印法，因为是靠异性静电相吸引作用，油墨在凹槽内呈现隆起状态，可以改善油墨的转移性能，同时避免了高光部位的网点粗化现象。静电凹印油墨应选用电极性强的溶剂，所加电压对于凹印用纸或新闻纸，一般为 500～1000V；对于上等纸或纸板，一般以 2000～3000V 为宜。

在高速印刷下，若提高压印滚筒与印版滚筒之间的电容率，可提高印刷效果。

这种印刷方式可以在粗糙不平的承印材料上进行印刷。因采用无压印刷或用很小的印刷压力即可得到良好的印刷效果，所以减少了断纸故障，提高了机器的使用寿命，有利于实现印刷机的轻型化。

目前，静电凹印机主要有两种机型，即英国克劳斯菲尔德公司的海勒斯塔特型（Herostart）和美国哈利顿公司的埃莱科特西斯特型（Electrosist）。

四、静电丝网印刷

（一）基本原理及主要特征

1. 基本原理

静电丝网印刷属于不接触、无压印刷，由美国斯坦福研究院（Stanford Reserch Institute）发明，其印刷装置由网版、电极板及静电发生器组成，其基本原理如图5-10所示。

在两极板之间施以1000～3000V的静电压形成电场，粉末油墨通过网版2上镂空的图文部时带电飞落下来靠静电吸引力吸附在承印物3上。最后，再经加热器加热熔融而固化形成印刷图文。

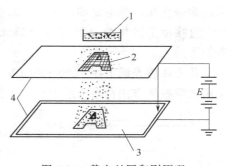

图5-10　静电丝网印刷原理
1—粉末油墨；2—网版；3—承印物；4—电极板

静电丝网印刷所用印版与一般丝网印刷基本相同，但不能选用尼龙、聚酯丝网，要选用具有导电性能的不锈钢丝网。如果承印物的导电性能良好，也可从负极引出导线直接接在承印物上，而不锈钢丝网本身就有很强的导电性能，这样可以省去两极板，由承印物和网版起到两极板的作用。

粉末油墨在一般状态下所带正、负电荷相等，本身并不显电性。但是，当粉末一接近连接正电极的网版时，粉末上的负电荷就被网版上的正电荷所吸收，粉末油墨就呈现出带有正电荷的状态，在电力线的作用下，从网版上镂空部逸出被承印物吸引附着在承印物表面。

粉末油墨的主要成分是颜料和热塑性树脂。首先将颜料均匀地分散在热塑性树脂内，热塑性树脂一般采用乙基纤维素和醋酸乙烯系化合物，然后将其粉碎成微粒状，颗粒的直径一般为20～30μm。

2. 主要特征

与一般丝网印刷相比，静电丝网印刷有如下主要特征：

① 可在凹凸不平的表面上进行印刷；

② 网版与承印物之间的距离根据需要可以进行调整，一般以50mm左右为宜；

③ 承印物在高温条件下（400～500℃）也可以进行印刷；

④ 使用快干油墨可进行多色印刷，同时墨层较厚，印品的立体感较强。

（二）光导性丝网的开发

目前，国外正在开发光导性丝网，用光导性丝网代替导电性不锈钢丝网，利用静电潜像原理完成印刷过程，其基本原理如图5-11所示。由于光导体具有光照后其导电性能增强的性质，因此，一旦光导性丝网上带上了电荷，挡住光像的部分形成静电潜像，就构成了丝网上的图文部。因静电潜像的图文部带有电荷，所以能吸附带电的粉末油墨并直接从光导性丝网的网孔中逸出，靠静电力转移到承印物上，完成印刷过程。而光导性丝网上光照射部分因其导电性增强，上面的电荷会自动流

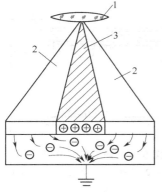

图5-11　静电潜像
1—镜片；2—光照部；3—阴影部

失，不吸附粉末油墨，这实际上构成网版上的空白部。这种光导性网版的最大特点是省略了丝网制版工艺，在技术上具有较高水平。

五、静电复印

静电复印也称静电照相。它的感光剂是具有光导性的硒、硫化镉、氧化锌，由光的作用

引起物理变化。静电复印的显影方式有直接型和间接型。

直接型是指将静电潜像施于感光纸上，并将调色剂直接进行附着与热熔，其形成过程如下。

首先在感光纸上用 4000～8000V 的电压进行电晕放电使之带上负电荷，将要复印的图文用光学投影方法在感光纸上产生潜像。带有负电荷的潜像上涂布带有正电荷的调色剂，靠静电吸引力将调色剂吸附在潜像上（即显影），最后用加热器进行热熔定影。

间接型是将光导物质卷绕在金属圆筒上，然后在上面形成静电潜像，当附着调色剂后再转印到纸上。

静电复印形成过程如图 5-12 所示，圆柱形感光鼓的表面涂布一层光敏导体硒（Se）合金材料，硒合金材料在黑暗处具有较大的电阻，几乎为绝缘体，当受到光照射时就能导电。在黑暗处充电电极对硒鼓表面放电，使其带上正电荷，当对要复印的原稿进行曝光时，原稿上的非图文区的光线反射到硒鼓表面，使硒鼓表面产生激励，释放出电子，使受光区域的电荷消失，而未受光的图文区域的电荷仍将保留，在硒鼓上生成潜影。带负电荷的色粉被吸附在硒鼓上带电图文区域，潜影被显影。显影后，要将色粉转印到纸上，必须使纸带上

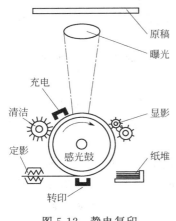

图 5-12　静电复印

更强的正电荷，这个充电过程由转印电极完成，使色粉转移到纸上，然后采用热辐射器或热压力使纸上的色粉熔化，在经冷却装置冷却后色粉就附着在纸上，完成转印。转印后硒鼓上剩余的电荷和色粉，通过清洁单元清除干净。

六、静电植绒

（一）基本原理

静电植绒的基本原理如图 5-13 所示。在两极板间施以直流电压形成电场，当经过预处理的绒毛进入电场后被极化为两端带有不同电荷的"电偶极子"。由于正、负电荷相斥，使绒毛在电场内沿其长度方向分极飞散，垂直地插入涂有黏合剂的底衬上。未植入的绒毛又被正极吸引使之上下运动、重复植绒过程。最后，经烘干、清刷及后处理，使黏合剂固化构成牢固的绒毛图文。

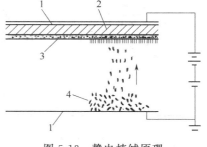

图 5-13　静电植绒原理
1—极板；2—底衬；3—黏合剂；4—绒毛

（二）应用范围

静电植绒产品的应用范围很广，主要用途如下：

① 汽车上橡胶或聚乙烯窗户槽；

② 橡胶地毯；

③ 作为室内、汽车、火车、飞机、轮船等内部的装饰用材料；

④ 录音机以及家用电器等的控制盘；

⑤ 家具台面、壁纸；

⑥ 精密仪器、仪表的包装盒等。

随着静电植绒技术的进步与推广，静电植绒产品的应用范围还将不断扩大。

第三节 盲 文 印 刷

盲文是专供盲人使用的拼音文字。字母是由不同排列的凸出点子组成，盲人凭手指触摸进行阅读。所以，印刷盲文与一般的文字印刷是完全不同的。

盲文印刷的凸起的点子大小、点距、字距、行距，是根据盲人触觉的生理和心理特点在设计时已固定好的。目前的盲文是采用法国人布莱尔于 1825 年创造的，用 6 个点组成的点字符号来表达，6 个点在不同位置的排列分别组成不同的点字符号，靠盲人手指触摸点字符号来默读。因此，点字符号应当是凸起的，便于盲人用手指触摸。凸点的形状一般为半球形或抛物面形，凸点底部的直径为 1～1.6mm，高度为 0.2～0.5mm，点距为 2.2～2.8mm。凸点太小，距离太近，会影响盲人触摸反应速度，太大则会超出盲人指尖触感的最敏感区。

盲文印刷的方法有模具压印法、油墨印刷法和发泡印刷法。其中模具压印法属于空心点字印刷，油墨印刷法和发泡印刷法属于实心点字印刷。

一、模具压印法

模具压印法是盲文印刷最早采用的印刷方法。印刷盲文时，首先用特制的打字机在双层铁皮上打压出凹进的点子，制成盲文凹凸模具。然后把特种纸置于凹凸模具铁皮之间，经加热加压，在厚纸上压制出排列不同的凸起圆点即制成盲文书页，它不需要油墨印刷。如发现版面有差错需要修正时，只需在差错的地方把凸点敲平，重新打出更正的点子即可。印刷后，装订成册即完成了盲文印刷。

经模具压印制成的盲文读物，凸起的点子容易受压平塌、破损，又怕受潮受压，而且盲文刊本体积大，厚度厚，携带、邮寄、运输都十分不便。另外，此种盲文印刷只能压印出凸点，不能压印出图案，目前这种方法已很少用来印刷盲文。

二、油墨印刷

在普通油墨中加入松香类辅助材料制成松香油墨，然后运用凸版印刷或丝网印刷的方法，把盲点或图案印刷在纸张上，经加热烘烤，油墨盲点或图案受热后就隆起，即制成所需的盲文。所以，这种印刷方法又称为松香凸文印刷。

1. 松香印刷油墨的配置

松香印刷油墨是在普通油墨或胶印、凸印油墨中加入一定比例的松香粉末，经搅拌均匀而成，其具体配方如下。

红墨：松香 72%，玉米粉 23%，大红色料 5%。

黄墨：松香 70%，玉米粉 23%，大红色料 1%，耐晒黄 7%。

蓝墨：松香 67%，玉米粉 22%，群青色料 10.5%，盐基品蓝 0.5%。

白墨：松香 43.1%，玉米粉 13.8%，立德粉 43.1%。

绿墨：松香 10.7%，玉米粉 3.4%，盐基块绿 53.6%，盐基淡黄 32.2%。

黑墨：松香 67%，玉米粉 22%，炭黑色料 11%。

金墨：松香 62.5%，玉米粉 20%，金粉 17.5%。

盲文印刷油墨要具有合适的黏稠度。太稠，不利于油墨的转移。黏度过低印刷时，油墨很快流平，使得加热后凸起的高度不够。受热形成的点子要坚而不脆，变形率小而稳定，耐磨性、耐化学药品性要比普通油墨要高，这样可以提高盲文的使用寿命。

2. 印刷方法

采用凸版印刷或丝网印刷均可，只是油墨中的松香粉末颗粒较粗，不适合印刷盲文图案，只宜印刷要求不高的盲文文字。

3. 加热烘烤

把印刷好的盲文产品，在油墨尚未干燥之前，背面对着加热装置进行加热烘烤，这时油墨层中的松香粉末因受热而迅速熔化，体积膨胀，使产品上的印刷油墨盲点隆起，成为所需的盲文书页。

三、发泡印刷

发泡印刷是盲文印刷目前采用最广泛的一种方法。发泡印刷是利用具有发泡特性的油墨在纸张上印刷，经加热，油墨受热发泡隆起，在常温下凝固成浮凸的图文。

1. 发泡油墨

盲文印刷使用的发泡油墨是用丙烯酸类与其他树脂的共聚物，应用微胶囊化的特殊加工法，制成中间充满低沸点溶剂的微型颗粒，并制成油墨，经印刷、加热后，微型颗粒中的低沸点溶剂立即汽化，使颗粒的体积迅速膨胀，致使在纸张上形成凸起的图文。

由于发泡油墨中使用的是水性连接料，故使用方便、无污染，且油墨对丝网的通过性及再现性均良好，油墨层具有较好的耐溶剂性、耐药性、耐磨性以及在重负荷下不变形等特点。

2. 印刷方法

发泡印刷通常采用丝网印刷。其工艺流程如下：

3. 特点

发泡印刷被广泛地应用于新的点字盲文印刷系统。它可以利用计算机进行设计、制版；不仅用于盲文印刷，也可用于特种图文印刷；可以在纸面印刷，其厚薄仅为松香油墨印刷的2/3，减少了成本；点字比模压、凸印耐用，不易破损。

第四节　立体印刷

一、概述

(一) 立体印刷及工艺过程

立体印刷是指制作立体感图像的印刷方式。立体印刷的工艺过程如下：

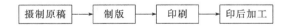

(二) 立体印刷的原理

在日常生活中，两眼视差是获得立体视觉的根本因素。在观察物体时，由于两眼的角度不同，左右两眼所看到的物体图像就会产生差异，这就是视差，视差给予人们立体感。通常人们最多能识别 250m 内物体的前后位置，其距离越近，视差效果则越显著。但是，对于视角接近于零那样的物体，几乎就没有视差效果。

不仅两眼能产生视差，即使是单眼如果被观察的物体的位置发生变化也会产生视差，从而得到一定的立体感，特别是当观察者处于运动状态下，其立体视觉效果则更加显著。

另外，经验与心理因素对立体视觉会产生直接影响。例如，在画面上利用阴影也可以得到立体感；画面上的框线会影响立体视觉，框线感减弱，现场感就会增强，也就是说，视野越大立体感越强，特别是在动态摄影时，其效果更为显著；当把红、黄系的色与蓝、绿系的色等距离放置时，会感到红、黄色这一方离得较近，而蓝、绿色这一方离得较远，利用颜色的这一效应也会增强立体感。

立体印刷是建立在立体显示技术基础上的一种特种印刷技术。立体显示是对图像三维空间的立体信息进行再现，是获得立体视觉的基本条件。实现立体显示主要有两种方法，即两向显示法和多向显示法。

1. 两向显示法

两向显示法包括以下四种类型，即立体镜法、双色滤色片法、偏光滤色片法及交替分割法。无论采用哪种方法都是利用两眼视差左右眼分别观察图像而获得立体视觉的。

（1）立体镜法　立体镜法的基本原理如图 5-14 所示，即使用立体镜来观察左、右的图形而形成的立体感。这种方法自 19 世纪出现以来一直被广泛采用，但必须使用特殊的立体镜，否则就没有立体视觉。

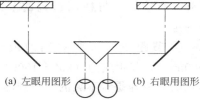

(a) 左眼用图形　　　　(b) 右眼用图形

图 5-14　立体镜法

（2）双色滤色片法　将左、右图像分别用红、蓝油墨印刷在同一平面内，通过红、蓝滤色片观察印刷图像的方法。由于滤色片与油墨互为补色关系，所以通过滤色片观察的图像不是红色和蓝色而是黑色。因此，这种方法仅限于黑白照片，不适于彩色印刷物，再加上不同波长的光分别进入两眼，容易使眼疲劳。所以，除了制作航空地图使用外一般很少使用。

（3）偏光滤色镜法　将左、右图像分别通过相互直交的偏光滤色镜投影在同一平面上，左、右眼也用同样的偏光滤色镜进行观察。这种方法需要专用眼镜，在立体电影和立体电视中已得到应用。

（4）交替分割法　将左、右图像交替呈现在同一平面上并将同期不必要的部分进行遮蔽。由于残像效果会引起闪光，遮蔽用的眼镜价格较高，所以，这种方法至今未能普及。

2. 多向显示法

多向显示法主要有两种类型，即视差屏蔽法和柱面透镜法。

（1）视差屏蔽法　视差屏蔽法也称视差狭缝法，其工作原理如图 5-15 所示。将左眼图像和右眼图像由狭缝进行分割并在软片上曝光，然后进行显影、晒版和印刷。若将其放置在摄影时相同的位置，两眼也分别置于放置图像的位置，就可看到主体图像。应用视差狭缝法，若将图 5-15 所示的两个图像进行合成，就能得到视差立体图像。如果降低狭缝的开口比，可完成多个图像的合成，可获得视差全景图像。

视差狭缝法从本质上讲，光量的递减是不可避免的，因此，现在除了在柱面透镜法的摄影中使用外一般很少使用。

（2）柱面透镜法　柱面透镜可以看成由许多凸透镜片并排构成的透镜板，它具有分像作用，其成像特性如图 5-16 所示，此镜片的背面与焦点平面相重合。由于镜片的分像作用，可将各方向的图像 A、B、C、D 分离成 a、b、c、d，并在焦点平面上记录下来，只要将左、右两眼置于 B、C 位置，就可看到立体图像。

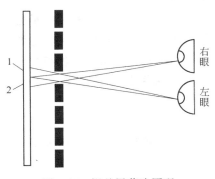

图 5-15　视差屏蔽法原理

1—左眼画像；2—右眼画像

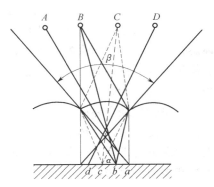

图 5-16　柱面透镜成像特性

上述是按 A、B、C、D 四个方向进行说明的。一般而言，柱面透镜是在图示有效角 β 范围内连续成像的，所以，只要在 β 角之内，即使改变观察位置也不会影响立体视觉效果。另外，有效角 β 与柱面透镜的节距 P、曲率半径 R 及厚度 t 等参数通过最佳设计、计算确定。

① 节距 P　人眼识别的最小视角为 $1'$，约 0.00029 弧度，在明视距离内（250～1500mm），节距应为 $(250\sim1500)\times0.00029＝0.0725\sim0.435$mm，这样在明视距离内主体印刷的光栅片是看不见的，看到的只是印刷的图像。

② 曲率半径 R 及厚度 t　它们的关系式为：$R＝t\dfrac{n-1}{n}$，其中 n 为光栅材料的折射系数。

双向显示法由于需要眼镜器具才能观察，不太方便，而多向显示法采用柱面透镜法，使用柱状光栅片或平行状格栅，不必再用特制眼镜器具，可以直接用肉眼观察，观察前后不同的两个物体时，两眼视线交角就会自然发生变化。

（三）立体印刷的特点

① 立体印刷能够逼真地再现物体，具有很强的立体感。印刷产品的图像清晰、层次丰富、形象逼真、意境深邃。

② 立体印刷的原稿往往是对造型设计或景物所拍摄的立体照片。立体印刷品一般选择优质的铜版纸和耐高温的油墨进行印刷，这样才能获得光泽好、颜色鲜艳的印刷品。

③ 将印刷品表面覆盖一层凹凸柱镜光栅片，可以直接观看到全景画面的立体效果。

二、立体印刷工艺

（一）摄制原稿

通过立体摄影，在照相底片上获得物体的立体信息，便可制版、印刷，这是立体印刷的主要特点之一。利用柱面透镜法对原稿进行拍摄，要从被拍摄物的多方向进行，由此可采用以下三种摄影方法，如图 5-17 所示。

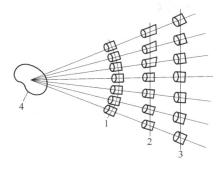

图 5-17　拍摄方法

1—圆弧移动法；2—平行移动法；

3—直线摆动法；4—被拍物体

圆弧移动法：这种拍摄方法以被摄景物上的某点为圆心，从此点到照相机的距离为半径作圆弧，照相机沿此弧移动，连续或间断地对物体进行拍摄。

平行移动法：用平行移动式照相机，对被摄物体进行等距离拍摄，随着照相机平行移动，照相机总是始终对准被拍摄物体的中心，这种方法不能保证拍摄精度，只能用于要求不高的场合。

直线摆动法：照相机一边直线移动，一边使其机头朝被拍摄物体的中心摆动。这种拍摄方式会产生图像的偏斜，是较为简便的拍摄方法。

在立体摄影中，摄影方法根据是否使用柱面透镜可将其分为两种类型。

1. 不用柱面透镜的摄影方法

与普通照相机一样，照相时不需在感光片前加柱面透镜，采用一边移动照相机一边拍摄的方法，如图 5-16 所示。然后，再将各方向的图像通过柱面透镜进行合成制成立体图片。因此，各方向的图像是不连续的单张底片，一般由 6～9 张组成。这类摄影方法有如下两种形式。

（1）瞬时摄影法。利用带有 6～9 个镜头的照相机进行拍摄，其原理如图 5-18 所示，这是对运动的物体进行拍摄的唯一方法。拍摄后应进行合成，否则就不能形成立体图片。此外，当进行合成时还可选择不同的放大倍数进行放大。

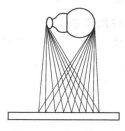

图 5-18　瞬时摄影法

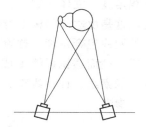

图 5-19　普通照相机移动法

（2）普通照相机移动法。在普通照相机上安装电机驱动系统边移动边拍摄的方法，其原理如图 5-19 所示。这种方法与瞬时移动法相比没有明显优点，只是不需要特殊照相机，在普通照相机上加一驱动部件即可，拍摄后再进行合成。

2. 用柱面透镜的摄影方法

采用柱面透镜的摄影方法，其优点是在有效角范围内能拍摄出连续的图像，同时，一次拍摄就能得到立体图像，且具有良好的立体视觉效果。但拍摄后放大非常困难，加之曝光时间较长，不能对运动的物体进行拍摄，主要适用于拍摄静止的物像。下面介绍几种具体的拍摄方法。

（1）被拍摄物移动法。与普通照相机移动法相反，是被拍摄物回转或直线移动的摄影方法，如图 5-20 所示。被拍摄物回转时，彩色软片也同步移动完成拍摄过程。由于折皱保护罩可以伸缩，所以可以实现连续拍摄，它属于室内专用的照相设备，不能对运动的物体进行拍摄。

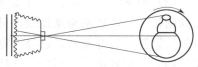

图 5-20　被拍摄物移动法

（2）照相机平行移动法。使用平行移动式照相机进行拍摄。照相机镜片操纵盘和彩色软片可平行移动，并总指向被拍摄物的中心，进行等距离的拍摄。此法拍摄可得到良好效果。因这种照相机的制造比较复杂，其应用范围受到限制，主要在室内拍摄作为专用设备使用。

（3）照相机直线摆动法。照相机主体一边沿导轨直线移动，一边使其机头朝被拍摄物中心摆动。这种方法不仅适于在室内拍摄，也可在室外拍摄。

（4）光圈移动法。将上述（2）、（3）所用的照相机的可运动部件减少，把被拍摄物限定在摄影室内较近的距离之内，使用大口径的镜片，镜头的光圈可以移动，能拍摄出各个方向的立体图像。

（二）制版

与其他印刷方式一样，立体印刷制版过程也包括分色、加网和晒版等主要工序。

1. 分色

用立体摄影所得到的照相底片作为制版用原稿。因照相底片为记录有物体立体信息的彩色软片，故用分色机进行分色就可得到四张分色片。分色时扫描线数一般在 400 线/cm以上。

2. 加网与晒版

（1）加网线数　使用合适的加网线数，是获得必要的立体信息的重要条件。由于立体图形需要几幅图像合成，印刷图案必须保证各幅图像的信息不丢失，有足够的信息量。因此，保证每一个光栅栅距内每一幅图像的最低信息量是一个网点，考虑到有加网角度的影响，还应该适当加大网点数量。若采用平版胶印，其加网线数应在120线/cm以上。

（2）网线角度　立体印刷和普通彩色印刷的加网角度不同，而且青、黑色版要采用相同的网线角度，这是由立体印刷本身的特点决定的。对不同的柱面透镜节距要有不同的黄、品红、青、黑的网线组合角度，这除了考虑不同网版之间避免龟纹的产生外，还要考虑各网屏角度与像素线、柱面透镜板线形成的龟纹。立体印刷加网角度不宜选择0°，因为横向网线最明显，且与像素线、柱镜线正交，干扰图像的清晰度和深感度。若采用平版胶印，表5-1所示的数据可参考。

表 5-1　立体印刷平版网线角度

| 色　版 | 柱面透镜节距/mm | | | 备　注 |
	0.44	0.31	0.25	一般平版（60 线/cm）
黄	50°	66°	50°	90°
品红	20°	22°	20°	45°
青	65°	51°	65°	75°
黑	64°	51°	65°	15°

（3）加网方式　加网方式有调幅加网（AM）和调频加网（FM）两种方法。由于有光栅线的作用，使加网角度比较难处理，而调频加网则避开了这一问题。目前很多 RIP 都可以提供调频加网的支持，已经不存在加网技术上的问题，但实际使用情况和有关资料显示，使用调频加网效果并不很好，立体感、图像的整体效果都不如传统的调幅加网。

造成调频加网效果不理想的主要原因可能是由于调频加网的网点位置是随机的，不能很好地保证每一栅距内的网点数量，如果加大图像的分辨率或使用较低线数的光栅，可能效果有所改善。一般来讲，最佳的加网方式为混合式加网（Hybrid Screening）。

近几年出现了专门用于柱镜光栅立体印刷的加网技术，如 3D-RIP 等，这种加网方式在网点生成时严格遵守"在每个光栅距内，从每幅视图上获取的各列像素的灰度值应保持其相对独立性"的原则，避免了各视图之间的灰度值进行混合运算，从而有效提高了图像的立体感和清晰度。由于该类型网点仍属于聚集态网点分布，继承了调幅网点在制版印刷方面的技术优势。

（4）晒版　为了较好地反映图像层次，晒版时最好采用 PS 版，网版只需晒到 8.5 成点或 9 成点，否则印刷时易糊版。在小幅面连晒时，由于曝光光源的温度会引起原稿软片的伸缩变形，造成前后幅的栅距变化，影响印刷套准精度，因此将分色片连制成整张底片进行晒版较好。一般规格的立体印刷制品，往往经过多面密附进行晒版，为保证原稿上的密附精度，采用专用多面密附制版设备，可提高立体印刷的精度。

（三）印刷与印后加工

1. 印刷

立体印刷的套准精度较高，为一般印刷的 10 倍左右。为保证印品的套准精度，一般采用四色印刷机进行四色套印。印刷应选择表面平滑度较高、伸缩性较小的纸张，对印刷环境的温度和相对湿度应进行严格控制。由于立体印刷晒版时网版只晒到 8.5 成点或 9 成点，为了达到 9～9.5 成点的印刷效果，立体印刷比平面四色印刷实地密度要高。

平版胶印：Y 为 1.0～1.1，M 为 1.4～1.5，C 为 1.5～1.6。

立体印刷：Y 为 1.33～1.35，M 为 1.31～1.33，C 为 2.0。

如果三色印墨叠印后接近中性灰，为减少第 4 次套印带来的误差，就不必再印黑版。

根据印刷要求，可选择不同的版式进行印刷，无论采用哪种版式都应满足以下要求：

（1）不影响立体视觉，有良好的立体感；

（2）保证套准精度；

（3）可实现大量复制。

立体印刷采用平版胶印方式综合性能最好，适用于大量印刷。珂罗版印刷在印刷清晰度和立体感方面具有一定优势，但仅用于小批量印刷。

2. 印后加工

经印刷得到的印刷品，虽记录了物体的立体信息，但还没有对其立体信息进行显示，观察这样的印刷品时还不能获得立体视觉，因此，必须经过后加工才能完成立体印刷。后加工是将聚氯乙烯薄膜贴附在印刷品表面上，用阴模压制出柱面透镜的工艺过程。根据压制方式不同，后加工主要有如下三种形式。

（1）平压贴合法　采用平压机，与柱面透镜成型的同时，将聚氯乙烯薄膜贴附在承印物上的方法，如图 5-21 所示，加压后随即进行冷却。这种印后加工方法，其柱面透镜阴模的再现性良好。

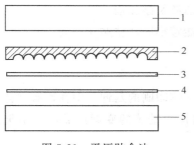

图 5-21　平压贴合法

1,5—热板；2—阴模；

3—薄膜；4—承印物

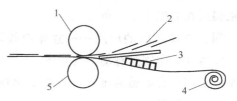

图 5-22　辊式贴合法

1—压印滚筒；2—印刷纸；3—加热器；

4—聚氯乙烯薄膜；5—金属阴模

（2）辊式贴合法　将卷筒式聚氯乙烯薄膜充分加热，而后让其与承印物重叠，并从冷却阴模与压辊之间通过，如图 5-22 所示，与柱面透镜成型的同时进行加压贴合。这种柱面透镜成型方法生产效率较高，适用于大批量生产，但与平压贴合法相比，阴模的再现性稍差一些。

（3）后贴法　由平压机将柱面透镜成型的硬质聚氯乙烯片用黏合剂贴附在印刷品表面上的方法，即先成型后贴合的方法。这种方法一般用于柱面透镜大而厚的场合，当平压贴合法和辊式贴合法不易实现时可采用这种方法，其成本较高，需用大的压力才能制作出立体印刷品。

不论何种复合成型方法，复合时必须使光栅柱线和印刷品上相应的线精确对准。这样光栅版的凹凸面把印刷图像等距离地分隔成无数个像素，并分别映入人的左右眼，使人看到有立体感的图像。

三、立体印刷材料

立体印刷材料主要包括印刷用纸张、光栅材料、印刷油墨和胶黏剂等。

（1）纸张　立体印刷用纸张要求具有紧密、光洁、平整、伸缩性小等特点，通常使用高档铜版纸或卡纸。

（2）光栅材料　立体印刷用光栅材料目前主要有硬塑立体光栅片和软塑立体光栅片两种。

① 硬塑立体光栅片。采用聚苯乙烯原料经过注塑加工成为凹凸柱镜状光栅片。聚苯乙烯无色透明，折射率高、无延展性、易燃，因此这种光栅片稳定性好，图像质量高，不容易变形，不会轻易发黄变色，成品率高。

② 软塑立体光栅片。主要采用聚氯乙烯片基经金属光栅滚筒或光栅板压制而成。聚氯乙烯难以燃烧，能制成无色、透明、有光泽的薄膜，并能根据增塑剂含量制造出各种软度的薄膜，具有较好的耐腐蚀性能，但热稳定性和耐光性差。由于含有聚氯乙烯不利于环保，且其精度和稳定性不够，因此较少采用。

（3）油墨。立体印刷油墨不是发泡油墨，任何可见程度的发泡都会影响其清晰度及三维效果。三维立体印刷油墨固化温度都在标准塑胶油墨的固化范围内（149～171℃），但必须提高到适于超厚墨层的固化温度，如果墨层完全固化，三维立体印刷油墨将具有与标准塑胶油墨一样好的弹性。如果能够正确进行操作，三维立体印刷图像会有鲜明的细微层次和清晰的边缘，墨壁光滑。目前已有适用于三维立体印刷的油墨及添加剂。

（4）胶黏剂。胶黏剂的作用是使印刷品与光栅片能够牢固地粘贴在一起，并且还能够保护油墨层在高温下不变色。

四、立体印刷的应用——立体变画印刷

立体变画印刷是有动感的立体印刷品，它是普通立体印刷的延伸，即在印有立体感图片的基础上印出有动感的画片，只要变化观察角度即可产生动感的变画产品，多用于文教用品、儿童玩具等。

立体变画印刷品的制作原理和方法与普通立体印刷方法基本相同，其制作过程如下。

1. 立体摄影

先确定变画动作的次数（一般为 2～3 个动作），根据动作次数设计原稿，若有两个

动作的彩色画面，即初始画面和最终画面，用立体摄影方法拍摄原稿，分别得到两个画面，即初始画面 A 与最终要变出的画面 B 的底片。画面的动作愈多，则拍摄的底片也就愈多。

2. 分色

采用电分机或桌面印刷系统进行分色，得到两套分色阴片。

3. 拷贝

为了将两个动作的画面合成在一张底片上，必须分两步曝光，即先将 A 阴图分色底片与 A 线片［一种黑、白相间的线条板，见图 5-23(a) 中的线条板］密合，放上感光片后，通过吸气、曝光，如图 5-23(b) 所示。取下 A 线片和 A 底片，换上 B 线片和 B 阴图分色片，把刚曝光过的感光片再次放上，吸气、曝光。最后经显影、定影，得到一张既有 A 线又有 B 线的阳图片。

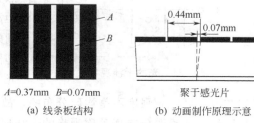

A=0.37mm B=0.07mm

(a) 线条板结构　　(b) 动画制作原理示意

图 5-23　利用线条板制作动画的原理

4. 晒版、印刷、复合柱面透镜板

将上述制作的底片经晒版、印刷、复合柱面透镜板，最后就得到从一个方向可看到 A 像、变换角度又可看到 B 像的变画印刷品。为了保证图像的清晰度，要求套印精度高。

目前还有一种立体变画印刷的方法，其原稿是采用拍摄电影的方法拍摄多达 18 幅影片的画面，依次重叠晒成一张照片。然后以这张照片作为原稿，在照相机的感光片前加上透明的柱面镜，再在柱面镜前，以适当距离安置一张 120 线/cm 的网屏，准备好后开始拍照。照片（原稿）的反射光透过网屏和柱面镜，到达感光片上，即制成一张被分解成像素的集成的照相底片，用此底片制版印刷，印刷完后在画面上复合透明的柱面镜片，就可以用肉眼看到一幅具有立体动感的画面。

第五节　全息立体印刷

全息立体印刷是把由激光照相形成的干涉条纹，变换为立体图像并显现于特定承印物上的复制技术，它是以全息照相为基础发展起来的一种新的立体印刷技术。全息立体印刷主要应用于广告的立体显示、资料的储存、包装装潢、防伪技术、书刊、杂志以及日常生活中各种证卡等领域。

全息图像有如下特征。

(1) 立体性　记录在底片上的干涉条纹形成的图像具有独特的立体视觉效果。

(2) 储存性　大约在 1°左右的倾斜角上就可记录一页的资料，一张全息图用的底片可记录 360 页以上的资料，这对于图书资料的储存与管理带来极大的方便。

(3) 保密、防伪性　全息图像有白光显像型和激光显像型两种。激光显像型必须在激光照射下才能呈现出全息图像，否则无法看到任何图像，因此，可作为保密性文件及防伪商标使用。

一、全息照相的原理

全息照相是全息立体印刷的基础，它是既能记录光波的振幅信息，又能记录光波的相位信息的一种照相方法。眼睛能看到各种物体是由于物体在光的照射下，各自发射的光波特性，包括光波的振幅、相位和波长，给予人们不同的视觉效果。如果物体本身并不存在，但能得到物体的特定光波，那么也就会看到物体的逼真图像，这就是全息照相的理论精髓，显然它所得到的底片与普通立体摄影的底片不同。在立体照片上若用单眼观看，得不到立体感；而全息照相的底片用一只眼看，立体效果丝毫不受影响。

1. 光的干涉现象

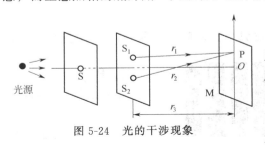

图 5-24　光的干涉现象

如图 5-24 所示，用 1 个单色点光源 S，同时照亮彼此相距很近的小孔 S_1、S_2，在距小孔一定距离处放置接收屏 M，M 上便可观察到明暗相间的条纹。若把 S_1、S_2 看做两个单独的光源，即同时发出两列振动方向相同、频率相同的单色光波，两束光波在接收屏 M 上相遇叠加，由于两光波在叠加区的光强度不是均匀分布的，故叠加后会出现极大值和极小值，这种在叠加区呈现强度稳定的强弱分布现象称为光的干涉现象。

能产生干涉现象的两列光波称为相干波。两列光波相干的条件是：其频率相同，振动方向一致，并有恒定的相位差。因此只有能发出相干光波的光源才称为相干光源。激光是相干性极好的光源，而白炽灯、溴钨灯及脉冲氙灯等是非相干光源。

事实上，产生相干现象的还有薄膜干涉和多光束干涉等，如在水面上的油膜、肥皂泡，人们有时观察到的彩色条纹就是自然光在薄膜的上、下表面相互叠加而产生的薄膜干涉现象。多束光干涉的条纹锐度较大，有利于提高干涉计量的精度。

2. 激光

激光是利用辐射的受激发射放大的光，是全息照相的主要光源，因此，全息照相又称为激光照相。

激光自从 20 世纪 60 年代初出现，70 年代应用于印刷，作为工作物质，从第一台红宝石激光器开始不断发展，已有固体、气体、液体、半导体和染料等激光器。激光发射谱线分布在很宽的波长范围内，可在 200～1000nm 之间选择，其中包括可见光、近红外及红外各个波段。激光器的输出功率，低至几微瓦，高达几太瓦，而且目前激光器的输出功率还在大幅度提高。激光之所以用于照相，是其具有以下几个重要的特点。

（1）方向性　激光极其均匀、平行、发散角很小，一般为毫弧度数量级，具有良好的方向性，因此能量集中、亮度高、空间功率密度大。例如，He-Ne 激光器发射波长 632.8nm，功率 10mW，发散角为 0.001 弧度时，则该激光器发光面的光亮度为地面所见到的太阳光亮度的 400 多倍。

（2）单色性　指激光的单波长性能。激光仅有一个波长或数个有选择的波长，这就保证了所有的能量集中在一个特别的波长上，如 He-Ne 激光器的谱线宽度仅为 10^{-9}nm。

（3）相干性　指激光在时间和空间以同样的频率和相位进行振动，所有的光波同时、同地到达最高值和最低值。普通光源的各发光中心是相互独立的，它们之间基本上没有位相相关关系，不能相干，而对于激光来说，各发光中心是相关的，其相干长度达数十米甚至数百米。

制版用激光器的种类及主要输出特征如表 5-2 所示。

表 5-2　制版用激光器的种类及主要输出特征

种类	激光工作物质	主波长/nm	输出功率		能量转换效率/%	发散角/毫弧	最小光斑直径/mm
			最大值	工作方式			
气体激光器	氦氖	632.8 1152.3 3391.3	150mW 25mW 10mW	连续	0.1	<1	0.22～0.82
	氩离子	351.1 363.5 488 514.5	1～3W 15～20W 0.2～5W 0.01～1W	连续	0.05	0.1～1	0.65
	氦镉	325.0 441.6	40mW 200mW	连续			
	二氧化碳	10600 9600	200kW	连续、脉冲	20	1～10	1.82～2.9
固体激光器	红宝石	692.9 694.3	1500J	脉冲	—1	1～10	
	钇铝石榴石	1079.5 1064.5	5～100W	脉冲、连续			

3. 全息照相原理

全息照相是利用光的干涉原理，将反映物体光波的特定光波，以干涉条纹的形式用两束相干光源在介质上记录下来，并在一定条件下使其再现物体的立体图像。

如图 5-25 所示，首先由分光器 2 将激光发生器 1 发射的光一分为二。一束光通过被拍摄物 7 照在记录介质 6 上，该光为物光；另一束直接照在记录介质 6 上，该光为参考光。由于两束光的光波特征不同，所以两束光在记录介质 6 上汇合时，就如同两个涟漪随扩散而相组合的情形，形成相长干涉和相消干涉。相长干涉和相消干涉叠合在一起构成干涉条纹。这种特征不同的两束光波在记录介质上形成的干涉条纹，经显影后则构成复杂的全息图像，当用激光照射时，就可再现物体的立体图像。

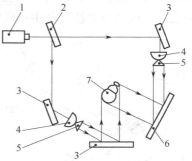

图 5-25　全息摄影光路原理
1—激光发生器；2—分光器；3—反射镜；
4—扩束；5—透镜；6—记
录介质；7—被拍摄物

4. 全息照片的显示

由于全息照相所获得的底片只能在恢复原来拍摄条件时才可看到立体图像，这很不方便，为了在白光下也能观看到全息照片的图像，或真正供印刷复制所用，还应经过适当处理。目前，主要显示方法有以下三种：

（1）李普曼全息照片；

（2）彩虹全息照片；

（3）全息立体照片。

李普曼全息照片是体积全息照片，其特点是记录下来的干涉条纹在感光材料内部形成层状结构，因此，不能作为印刷复制原稿使用。而彩虹全息照片和全息立体照片属于二维干涉条纹的记录方式，可将干涉条纹的浓淡层次置换成表面凹凸形状的浮凸全息图像，故可供印刷使用。

二、全息立体印刷工艺过程

全息立体印刷并非油墨印刷而成，它是通过全息照相的底片，制成模压版，然后经模压塑料方式而进行大量印刷，其工艺过程如下：

1. 全息图像拍摄

首先要选择合适的题材及其在空间的最佳布置。要求实物反射性能良好，三维布置明显，参考光波与物光之间的角度为 60°左右，一般按等大摄影布置为宜。由于激光的波长极短，要求感光胶片的分辨能力在 1000 线/mm 左右。拍摄时通常都把物体放在曝光时间内不会振动的、稳定的大理石上，因为任何物体只要有 $1.0×10^{-5}$in 的移动，就会使胶片上的干涉条纹发生移动和模糊，从而破坏全息图。

拍摄时按图 5-25 所示进行拍摄，按此拍摄的底片只能在激光条件下观看，故称为激光再现全息图片。

2. 彩虹全息图像的拍摄

光在经过一个不透明的屏幕缝隙时，会产生衍射现象。如果用一束与拍摄时参考光波相同角度的激光照射到全息底片上，则会被底片上的干涉图纹所衍射，这时全息底片变成一个反差不同、间距不等、弯弯曲曲的发生了畸变的"光栅"。在它后面就出现了一系列零级、一级、二级的衍射波。其中一级衍射波形成了物体的倒置实像，可用感光胶片拍摄下来。这张照片可在白光下观看，因为白光是由许多不同波长的光组成，所以变换观察角度，便可观察到各种颜色的图像，故称为彩虹全息图片。

拍摄时为了制作一张白光下观看的彩虹全息图片，通常要用一个狭缝的挡板"过滤"掉多余的图像而仅仅留下唯一的三维单幅图像。其拍摄的光学路线如图 5-26 所示。激光器 1 发出的光经分光镜 2 分为两束，一束经反光镜 3、扩束镜 4 照在全息图片 5 上，经 5 衍射，在 5 的后面形成生成物的实像。用实像作物光波，通过狭缝 6 照在涂有光致抗蚀剂的干版 7 上。另一束光波经过反光镜 3、扩束镜 4 同时照在干版 7 上。曝光后经显影处理，在光致抗蚀干版 7 则形成凹凸形状的干涉条纹图，这就是制作模压全息图片

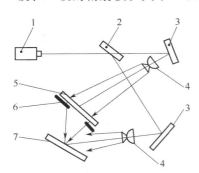

图 5-26 拍摄的光学路线

1—激光器；2—分光镜；3—反光镜；
4—扩束镜；5—全息图片；
6—狭缝；7—光蚀干版

的母版。母版上是一组密密麻麻、错综复杂、凹凸不平的条纹，条纹的粗细及其间隔应达到微米量级。

3. 压印模版的制作

由于光致抗蚀材料质地较软，不宜直接用于压印，因此将它制成一块耐压的金属模版，把光致抗蚀涂层上的浮雕图纹转移到金属版上，再在模压机上进行压印。压印模版的制作过程如下。

（1）涂布导电层　由于光致抗蚀材料本身不具备导电性，所以在电铸之前要在其上涂布导电层，使其在电铸时成为一极。涂布导电层的方法有化学沉积法、喷涂法和蒸镀法三种工

艺，镀层材料一般采用银或镍。目前主要采用蒸镀法。

（2）电铸镍版及剥离　电铸镍版采用化学原理在电铸槽内进行，其工作原理如图5-27所示。电解槽中加入氨基硫酸镍电解液，阳极挂镍板，阴极挂清晰干净的全息浮雕版，当外加电源在两极板之间施以一定电位时，阳极镍板上的镍被电离而在阴极光刻原版上还原成镍，以形成足够强度凹凸形状的镍层，其厚度一般为 $50\sim100\mu m$。为保证电铸镍层质量的稳定性，应合理控制电解液的性质及工艺条件。最后，将电铸层剥离下来即制成模压版。

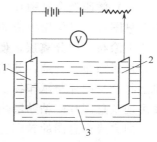

图 5-27　电铸镍版工作原理
1—阳极镍板；2—阴极光刻原版；3—电解液（氨基硫酸镍）

4. 压印

压印是在一定温度和压力作用下，将金属模压版上的干涉条纹转移到透明薄膜或真空镀铝膜上。压印材料一般采用热塑性树脂，如 PVC、PET、PS、PP 薄膜等，目前大多采用PET 薄膜。压印是在压印机上进行的，压印机有平压平型压印机和圆压圆型压印机，如图5-28、图5-29所示。平压平型压印机模压版呈平面形，承印物作步进运动，印刷速度不高，但图像无大的变形，压印质量较好。圆压圆型压印机模压版卷绕在模压版滚筒上，可实现连续高速印刷，适用于大批量印刷，但其图像变形较大，设备费用较高。压印按热压—冷却—剥离等工艺过程进行，通过压印将模压版上的干涉条纹转移到薄膜上，完成全息图像的制作。

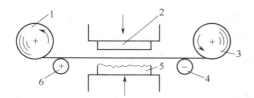

图 5-28　平压平型压印机
1—给料部；2—平面压板；3—收料部；4—冷却部；5—模压版；6—加热部

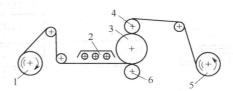

图 5-29　圆压圆型压印机
1—给料部；2—加热器；3—印版滚筒；4—冷却辊；5—收料部；6—压印滚筒

5. 真空镀铝

为了使压印的全息图像便于在白光下观看，特在 PET 薄膜上镀以铝膜构成反射层，利用铝对光的反射作用可清晰看到五颜六色的彩虹全息图像，即反射型全息图像。真空镀铝在镀槽内进行。在高真空条件下使铝丝雾化沉积在 PET 薄膜上，镀层厚度一般为 $40\sim50nm$。

在压印过程中，压印材料可直接采用真空镀铝薄膜进行压印。此种反射型全息图又有不干胶粘贴性和烫印型之分。

6. 涂胶与覆膜

经过真空镀铝形成的全息图像并不能直接转移到承印体上，还必须在镀铝层上涂布一层压敏胶并复合防粘纸，或者涂布热熔黏结层、分离层和保护层等后加工，才可备用，其过程包括粘贴型和烫印型两种全息图片的加工。

（1）粘贴型全息图片　经压印、镀铝成卷的全息图像，为了便于逐个分离转印，以适用于不同的制品，可在 PET 薄膜上真空镀铝，然后在镀铝面加热压印全息图片，将凹凸的干涉条纹直接压印在薄膜表面，再涂上一层不干胶，并复合防粘的剥离纸，最后经裁切，即可随用随贴。其结构如图5-30所示。

（2）烫印型全息图片　　烫印型比粘贴型全息图片更适合在承印物上进行大量转印，但这类全息图片只可使用极薄的抗张强度极好的聚酯薄膜（15～20μm）。其加工过程是：首先在薄膜上涂布一层分离层，便于剥离，再涂以保护层，接着进行全息图片的压印和镀铝反射层，最后涂布黏合剂，其结构如图5-31所示。烫印时，事先必须做一块烫印模版，在烫印机上将全息图片与承印物精确重合，然后施以热压，温度控制在105～110℃之间，1s左右，便可使全息图片的粘贴层热融粘到承印物表面。最后，揭起片基并从分离层的界面处剥离下来，即完成全息图的转印。这种全息图片可与各类印刷品完美地结合。

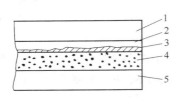

图5-30　粘贴型全息图片

1—基材；2—衍射层（镍）；3—反射层；
4—黏结层；5—剥离层

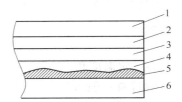

图5-31　烫印型全息图片

1—基材；2—分离层；3—保护层；4—全息层；
5—反射层；6—粘贴层

三、全息图产品的复制

从真空镀铝形成的全息图到复制成全息图产品一般通过贴合法和转印法完成。贴合法使用粘贴型全息图片，将全息图片贴合在制品上。转印法使用烫印型全息图片，使用间接方法将全息图像印在物体上，适合于需要大量复制全息产品的场合。

转印是将烫印型全息图片材料与复制物相重合，施以热压使转印材料粘贴层热融粘接到复制物表面。当转印材料抬起时，片基从分离层的界面剥离，完成全息图的转印复制。转印工艺过程如图5-32所示。

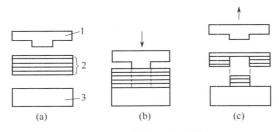

图5-32　转印工艺过程

1—加热模版；2—全息转印膜；3—被转印材料

转印机主要有平压型转印机和辊压型转印机，其工作原理如图5-33所示。无论采用哪种机型，温度都应控制在100～200℃，在1s左右完成转印。

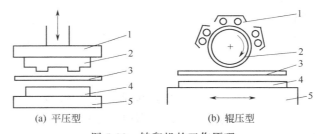

(a) 平压型　　　　　　　(b) 辊压型

图5-33　转印机的工作原理

1—加热板（加热器）；2—模版（硅胶辊）；3—转印箔；4—被转印材料；5—工作台

全息立体印刷质量目前尚不够理想，有待进一步提高，尤其是应改进全息照相技术，增强图像的清晰度，开发新的全息记录材料，对各种转印材料的表面特性进行研究，以扩大全息立体印刷的应用范围。

第六节 转移印刷

一、概述

转移印刷是指当某些承印物的表面呈现不规则起伏状态，或成型的物体，或是软性材料物体等不便于直接在印刷机上进行印刷时，为了在这些表面上也能印上图像和文字，将图像和文字先印到一种称为中间转印载体的材料上，然后通过某种方法，如采用加温、润湿、施压等将它们转移到承印物上，最终形成印刷品的方法。因此，转移印刷的承印体不但形体各异，而且材料也多种多样，广泛用于形状不规则的已成型容器、儿童玩具、家具、商标以及其他各种陶瓷、玻璃、塑料、纺织品、皮革等日常生活用品的印刷。

1. 按转移方式分有直接移印和间接移印

（1）直接移印　在专用的移印机上利用移印头将凹版面上的油墨吸上，然后再转印到承印物上，多用于表面呈现出不规则的凹凸状容器、小件装饰品、玩具和餐具等。

（2）间接移印　是在特殊的转印纸或转印薄膜上先印上图案，然后再转印到承印物上，多用于陶瓷贴花印刷、纺织品印刷、商品标签印刷等。

2. 按转印技术分有湿转印、热转印和压力转印

（1）湿转印　以水或相关的溶液或溶剂作为转移条件，将印刷在中间载体上的图像或文字转移到不同材料的物体表面上。

（2）热转印　以施加一定热量作为转移条件，将印刷在中间载体上的图像或文字转移到诸如纺织品、瓷器、玻璃、金属、塑料和木材等物体的表面上。但是由于热转印受到受热面积、物件形状的限制，因此对于不同面积、形状的物件往往需要使用特定的制作工具，目前常见的热转印制作工具主要有平板机、烤盘机、烤杯机等等。

（3）压力转印　以压力和粘胶作为转移条件，将印刷在中间载体上的图像或文字转移到不同形状、不同材料的物体上，如各种机械的铭牌、家电产品的标签、装潢、装饰以及儿童玩具等，不干胶商标印刷可视为是其中的一种特例。

总之，转移印刷应用广泛，几乎可以弥补许多曲面印刷所不能承印的各类材料的印刷，除了直接移印是在专用的移印机上进行印刷外，其他的转移印刷都是脱机印刷，即中间转移载体与承印体是各自独立的，它们互相之间不影响各自的加工。

二、直接移印

又称移印，可用于平面或不规则的凹凸表面，如多段面、多曲面、多角平面的各种成型物上进行印刷。在包装印刷领域起着重要作用，如电子产品、光学制品、日用化妆品、儿童玩具、陶瓷、仪器、机械零部件等表面的印刷。

（一）基本原理

直接移印利用凹版印刷的原理，即在铜或钢制的凹印版面上涂上印刷油墨后，用刮刀刮去高面空白部分的油墨，仅剩下凹面图文部分的印墨，再用硅橡胶制作的移印头施以压力压向凹印版面，将印版上的图像转印到承印物上。移印机是移印的主要设备，如图5-34所示。其中移印头起着转印的作用，抱合承印物曲面体，将印版上的图像转移到曲面承印物上。它要求具有一定的柔软性（肖氏硬度50左右）、良好的弹性（弹性模量0.005左右）、较高的表面光洁度、较好的吸附油墨能力和脱墨能力，并具有一定的抗溶剂性和抗老化性等。一般选用硅橡胶、用浇铸的方法来制作移印头。移印头一般有球形、半球形、正方体形、长方体形及异形等，根据印刷图案的大小和承印物的形状要求来制作，每种形状的移印头都有从大

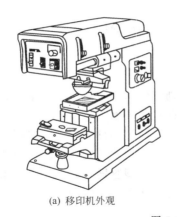

(a) 移印机外观

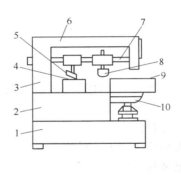

(b) 移印机结构

图 5-34　移印机

1—角铁架；2—底座；3—立柱；4—印版台；5—刮刀；6—横梁；

7—导轨；8—硅胶印头；9—承印物；10—升降机构

到小的几十种规格，以便印刷时正确选用。

移印头的承印表面一般都是弧形曲面。在移印过程中，为了完整、准确地转印图纹，移印头要与凹版密切接触，同时弧面能排挤出图案油墨中的气体，防止因此而影响转印质量，移印头就要求制成弧面状。除此之外，移印头还有硬度的差别，印刷曲率大、硬度高的承印物，要求选用硬度小的移印头；印刷外形变化大的承印物，印刷易变形，可选择硬度较大的移印头。

（二）移印油墨

移印油墨是一种以挥发干燥为主的快干油墨，它的种类有塑料移印油墨、金属移印油墨、玻璃移印油墨和陶瓷移印油墨等。对于移印油墨的性能，要求具备有以下几个印刷适性。

（1）合适的干燥速度　移印油墨是一种快干油墨，但相对来说，又有慢干和快干两种，即一般印迹在 2～5s 内干燥者称为快干型移印油墨，在 5s 以上干燥者称为慢干型移印油墨。

（2）较好的脱墨能力　即是油墨从移印头转移到承印物上的能力，它与移印头的脱墨能力也有关。

（3）良好的油墨附着力　由于移印的范围广，承印材料的种类多，要求移印油墨对不同的承印材料都要具有良好的附着力。

除此之外，作为移印油墨还要求不能对移印头和印版有腐蚀现象，因此在移印油墨中使用的溶剂，通常是乙酸丁酯、环己酮和松节油等。

（三）移印机

移印机是移印的重要印刷工具，目前主要有两种类型，即机械式移印机和气动式移印机，由于气动式移印机机构比较简单，操作方便，所以其应用较为广泛，图 5-34（b）为移印机结构示意图，包括机体、印版台、输送带、刮刀机构和施印机构等组成。

1. 机体

机体由底座、角铁架、立柱、横梁、印版台、输送带和升降台等组成，底座固定在角铁架上，立柱则固定在底座上，横梁上安装有导轨、刮刀机构和施印机构等，它们可以在横梁上左右移动。

2. 刮刀机构

刮刀机构由刮刀支承架、刮墨刀和毛刷等组成。刮刀和毛刷安装在刮刀支承架上，而刮刀支承架则安装在横梁的导轨上，可以沿导轨进行往返水平移动。此外，刮刀和毛刷还可以进行上下运动和摆动，当毛刷下降到墨盘时，刮刀上抬毛刷从墨盘中取出油墨并向前铺刷到整个印版上，接着毛刷上抬刮刀下落与版面接触作水平退回，刮去印版表面上多余的油墨，完成一次上墨动作。

3. 施印机构

施印机构主要是移印头和一组带动移印头运动的机构，它可以根据施印物及印版图纹的具体情况作上下、左右的运动。印刷时，移印头向下运动对凹印版施以一定压力，将图纹部分的油墨吸上并上抬作水平运动抵达承印体上方，然后向下对承印体表面施以一定印刷压力完成印刷过程。

4. 输送带

输送带由链条、链轮、导轨和定位块等组成。它安装在升降台上起到传送承印体至施印工位的作用，一般输送带可以配置多个工位，以便放置多个被印刷物体。

（四）移印版的制作

移印版一般选用钢或铜版材，属于凹印版，其制作过程可分为两个，即版材的预加工和凹版的制作。

版材的预加工主要包括钢板的锻造、热处理、平面加工等。版材经预加工后，其表面要求应平整、光洁，具有良好的表面质量。

凹版的制作方法与照相腐蚀凹版方法基本相同，根据承印体表面的粗糙度决定凹版图纹的凹下深度，一般为 $15\sim30\mu m$。移印凹版具有较高的耐印力，一般可达 100 万印。

移印版也有使用感光树脂版凹版的，它制版速度快，成本较低，使用方便，但表面硬度低，使用寿命短，耐印力一般为 $5000\sim10000$ 印，适用于小批量生产。

（五）移印工艺

在移印加工中，经常会遇到圆柱或锥度较小的圆形工件。如果图案印刷的工件表面包角小于 $120°$ 则可以直接印刷。而图案印刷在工件表面包角超过 $120°$ 的则需要采用滚印的方式，常见的有以下几种。

（1）利用双推夹具实现滚印　移印滚印夹具是专门适用在圆形工件上进行 $0°\sim360°$ 范围内的印刷。印刷时，移印机上的硅胶头沾完墨后，在施印位置施印垂直气缸活塞杆伸出，硅胶头下压，与印刷工件紧密接触，滚印夹具气缸动作，推动工件运动完成印刷。

（2）利用旋转气缸实现滚印　旋转气缸也叫摆动驱动器 DSM。旋转气缸通过给气接口交替加压，机壳中的内叶轮来回摆动。这一摆动的动作被用为旋转运动传递给外部撞杆和输出轴。通过可调的缓冲部件（弹性缓冲或者液压缓冲器）可限制撞杆的转角。

（3）胶头组合配合齿轮齿条机构实现滚印　胶头组合主要包括机头和夹持装置。通过在移印机的机头上设置组合式两个胶头及推动气缸等装置，两个胶头能在推动气缸的推动下分别进行印刷工作，能减少印刷程序，大大提高印刷工作效率。通过在印件夹持装置中设置转位装置，能使印件在一个位置完成印刷后转到第二个需要印刷的位置进行印刷，大大提高同一印件有两个位置需要印刷的工作效率。

（六）影响移印图像失真的因素

（1）移印时压力的大小　图纹的失真一般随移印压力的增加而增大，因为压力增大时移印头的变形随之增大，油墨的扩散、滋溢增大，故图纹的失真增大，且细线条比宽线条失真明显。

（2）移印头的硬度　移印头的硬度越大，转移图像时需要的压力增大，因此图像变形也越大。

（3）移印头表面的曲率半径　移印头表面的曲率半径愈小，曲率愈大，与印版全面接触需要的压力增大，图纹失真也就愈大。

（4）印版线条的宽度　当印版线条超过一定宽度时，移印头的弧面与印版接触时，易陷入图纹的凹区内，油墨滋溢现象就增多，图纹失真也就愈严重。

（5）移印头离印版图纹中心的距离　在移印过程中，压力在接触区域内的分布不均匀，所以图纹的失真程度也不一样，一般图纹的最大失真位于移印头的最大半径 3/5 区域内。

三、间接移印

不适合直接在印刷机上进行印刷的承印物，必须通过一个过渡载体印刷后，再将图像转移到其上的一种印刷方法，称为间接移印。间接移印方法很多，包括贴花印刷、热转印、湿转印、压力转印和不干胶商标印刷等，而在这个过渡转印体上的印刷方法有平印、凸印、凹印、丝网等，由于转印时有正贴和反贴之分，因此过渡载体上的图像也有正像和反像的区别。同时，转移印刷具有使用方便、成本低廉的特点，广泛应用于商品标签、陶瓷与玻璃制品、纺织品、家具、建材装饰等转印。

（一）织物的热升华转印

纺织纤维制品除了采用印染、丝印技术可以直接在其表面上进行印刷以外，还采用热转移印刷方法，如升华性分散染料转移、熔融法转移、脱膜转移等。热升华转移是将图文先印在转印纸上（这种纸与分散染料没有亲和力，而仅作为一种载体），然后依靠热的作用，使染料升华并渗入到织物纤维内形成牢固的着色，具有图像逼真、层次丰富的效果。热转印多数应用于纤维制品，如服装、鞋帽和箱包类的商标或图文的转印。

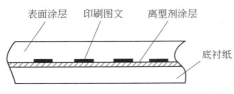

表面涂层　印刷图文　离型剂涂层

底衬纸

图 5-35　转印纸结构

1. 热升华转印纸的结构

如图 5-35 所示，热升华转印的底基材料为纸（或薄膜），其上涂有一层离型剂涂料，这种纸对染料油墨既要有一定的吸附力，更重要的应有一定的脱墨能力，一般采用 $60 \sim 80 \text{g/m}^2$ 的铜版纸或胶版纸，并能耐受 150℃ 左右的温度。具体要求是：

① 抗水性强，不易收缩起皱。

② 有一定强度和韧性，经高温重压不易破损。

③ 纸质紧密度高，表面光滑，吸收性适当。

④ 要求染料转移容易。

2. 热转印油墨

热转印油墨是靠染料升华印刷的，它不同于常规油墨，其主要由分散染料和载色剂组成。载色剂主要是溶剂，不同印刷方法采用的溶剂有所不同，对凹印和丝印采用有机溶剂或水性溶剂，而凸印采用醇性或水性溶剂，平印则以采用有机溶剂为多。

3. 印刷方法

首先根据不同的要求选择凸印、平印、凹印和丝网等印刷方法，然后制作相应的印版并在印刷机上用热转印纸进行单色或多色印刷，印后再涂敷一层涂料以便备用。

4. 转印工艺

用于热升华转印的纤维制品较多，由于它们的性质有些差别，尤其是对天然纤维织物，一般需要先将织物进行树脂处理或变性处理，如对棉花纤维可以用乙酰化、苯甲基化处理，使天然纤维对升华的分散染料易于着色，其颜色鲜艳度、牢度不如合成纤维。转印时，对小型材料，如童装、手帕、裙子、台布等的装饰转印，可根据印刷图文的大小将转印纸上图案剪下，而后将有图案的一面平铺贴合在纤维物品正面上，再用电熨斗在纸面慢慢来回轻施压力，最后将转印纸揭起，印有染料的图文即牢固地附在纤维品上。对大幅面承印材料必须采用热转印机进行，主要有以下三种类型。

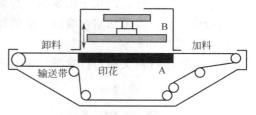

图 5-36　平板式热转印机结构图

（1）平板式热转印机　主要用于服装印花、装饰品印花。如图 5-36 所示，转印时，底板 A 被加热，转印纸放在输送带上，图案向上，然后将织物仔细地放在转印纸上，经输送带送到转印部分。B 为衬垫，按需要时间加压，即温度为 $180\sim220\,^\circ\!C$，时间约为 $15\sim60\mathrm{s}$，即可转印完成。

（2）连续化圆筒转印机　用于成卷类织物的转印。

（3）真空转印机　用于特殊要求的织物转印，如厚实织物、毛毯、壁毯等。

热染料升华转印一般只适合于合成纤维织物的转印，对于天然纤维纺织品转印比较困难，现在人们利用一种涂料油墨在高温下形成薄膜物质，将色料图案整体固着于纺织品上，印后牢度好、图像层次丰富、色彩鲜艳。这种转印纸的结构由胶版纸和释放膜组成，表面释放膜对印刷图文的油墨有适当的黏着力，在加热时又容易释放油墨层。印刷方法以平版印刷为主，采用专用油墨，即由颜料、浆料、黏合剂和添加剂等组成，印刷后为了使图文顺利转印，在图文部分再涂一层能黏附到织物上去的黏着剂。对聚乙烯类材料，也可以做一块印版，单独在需转印的部分印上一层黏着剂，干后即可备用。转印时，将印好并涂有黏着剂的转印纸在转印机上与纺织品密接，在一定的温度和压力下，涂料油墨便可脱离纸面转移到织物上，一般家用熨斗也可用于小型图案的转印。

（二）不干胶商标转印

不干胶商标转印是指以一定的压力和粘胶作为转移的条件，将印有图像的不干胶转印纸从底基上剥离下来直接粘贴到承印体上的一种转印技术，一般称为不干胶商标印刷。其印刷方式有凸版、平版、柔性版、丝网印刷和凹版印刷等。不干胶商标印刷，除了印刷以外，还要进行烫金、覆膜、模切、压痕、排废、裁切、干燥和收纸等印后加工的过程。不干胶商标转印具有粘扯灵活、使用方便、黏着牢固、耐热、耐潮、不易老化、不污染商品的特点，且兼有装饰作用，广泛应用于家用电器、仪器仪表、机器铭牌、塑料制品、家具木器、食品包装、儿童玩具、办公用品等商品上。

目前，不干胶常用的印刷方式有平版印刷、凸版印刷（包括柔印）和丝网印刷三种，机器结构分圆压圆、圆压平和平压平三种压印形式。印刷版面稍微大的如海报、商标等产品，一般是采用圆压圆或圆压平结构的胶印机、凸版自动印刷机印刷，产品质量和印刷效率可获得比较满意的效果。而小幅面的多拼版结构，并且需模切、覆膜、烫金的商标、标签产品，最适合于采用凸版不干胶标签印刷机印刷。该类机具有胶、凸两种印刷机的匀墨与印刷机构汇集一机的特点，采用的材料是卷筒式不干胶纸，可一次实现多色印刷并可完成烫箔、覆膜、模切、收卷边角料和分切等工序。可使用金属版和树脂版印刷，由于采用积木式结构，可根据印件特点灵活方便地增减某功能部件。输纸结构和收纸结构与柔版印刷机基本相似，所不同是在整个行进过程中，增设了可控制纸张步进印刷的机构，要求有严格的时间控制和定位控制，以保证套印的准确。对印刷墨层要求厚实的产品，则可采用丝网印刷机印刷，其印刷墨色鲜艳，色彩亮度高，是海报、大面积商标的理想印刷工艺方式。

压敏型胶粘商标是近几年出现的一种简便感压转印纸，其图像的背面涂有黏合剂，经印刷、模切后取下，即可粘牢在清洁干燥的物品表面。

1．不干胶转印材料

不干胶转印材料又称为自粘纸，主要分为不干胶纸和不干胶薄膜，其基本结构是由表面基材、黏合剂层和剥离层组成，如图5-37所示。

图5-37　自粘纸的基本结构

（1）表面基材　表面基材是图像的载体，所用材料一般有纸基印刷层和薄膜印刷层。纸基印刷层目前使用较多的有胶版纸、铜版纸、各色亮光纸和荧光纸、铝箔以及其他特殊用纸。薄膜印刷层有透明薄膜、半透明薄膜、不透明薄膜、金属化膜、特种薄膜等类型。

（2）黏合剂层　黏合剂主要是与承印体起粘贴作用。按黏合剂化学特性分，可分为橡胶型、树脂型和橡胶树脂混合型等；若按黏合剂黏附力的强弱分，可分为超强粘型、强粘型和弱粘型，其中前两种可永久粘贴在物体上，为一次性使用，若取下印刷图像即被破坏，后者则属于可重复使用型，它粘贴在物体上若撕下，不损坏商品；按面材特性分，可分为纸张不干胶、薄膜不干胶、特种不干胶；按黏合剂涂布技术分，可分为热融型不干胶、溶剂型不干胶和乳剂型不干胶。

（3）剥离层（硅树脂涂层）　剥离层是在纸基或薄膜上涂布的一层硅油，使底纸变成表面张力很低的光滑表面，防止黏合剂粘在基纸上，但又要求表面基材与基纸有一定的黏着力，便于印刷和模切。

（4）底基层　用来接受离型剂的涂布，支撑表面基材，使其能够顺利的模切、排废，并在贴标机上贴标。不干胶纸的基底材料一般是胶版纸或塑料薄膜。

2．印版的制作

不干胶商标印刷可采用丝网、凸版和平版印刷，因而也就有许多不同印刷方式的不干胶商标印刷机。但多数采用凸版印刷，印版主要为感光树脂凸版和柔性版，因为它比较柔软，可以方便地粘贴在印版滚筒上，制作类似于柔性版。为了适应不同的不干胶商标印刷机结构的要求，印版除了与常规的一色一版，即单色版外，还有一种是整体版，即四个颜色都晒在一块印版上（见图5-38），即各色印版都制作在同一块树脂版上，但是各色的间距必须根据印刷机结构固定不变，因此制版时必须采用专用设备（如连晒机），以保证各色套印的准确。

3．模切版的制作

模切版是最后整形工艺用版，要求把表面纸材模切成型，而底纸完好无损。模切版是通过在6～8mm厚的胶合板上依商标轮廓线嵌镶9mm×0.5mm（宽×厚）的刀条制成。

4．烫金版的制作

一般与照相腐蚀的铜、锌版制作相同。

5．印刷工艺

商标的设计不同，印刷工艺不同，但基本工艺流程相同，一般流程如下：

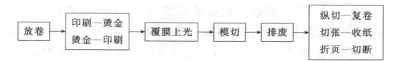

```
┌──────┐   ┌──────────┐   ┌──────────┐   ┌──────┐   ┌──────┐   ┌──────────┐
│ 放卷 │──▶│ 印刷—烫金 │──▶│ 覆膜上光 │──▶│ 模切 │──▶│ 排废 │──▶│ 纵切—复卷 │
│      │   │ 烫金—印刷 │   │          │   │      │   │      │   │ 切张—收纸 │
└──────┘   └──────────┘   └──────────┘   └──────┘   └──────┘   │ 折页—切断 │
                                                                └──────────┘
```

6. 不干胶商标印刷机

不干胶商标印刷机大多采用卷筒纸多工序联动的构成方式，根据印刷机组的压印方式不同，可将不干胶商标印刷机分为平压式、圆压平式和圆压圆式三类。其结构基本相同，主要由以下几部分组成。

输纸部分：将卷筒纸输入给印刷部分。

印刷部分：根据印刷色数、幅面大小、压印方式选定，纸张的运行方向与印版滚筒轴线平行。

覆膜部分：在印刷品表面覆盖一层薄膜，以防掉墨，增加印刷品的光亮度。

模切部分：根据需要对印刷品进行半切或全切成各种形状的标签。

排废部分：经模切后的废纸收卷。

裁切部分：将印刷后的标签分切成所要求的尺寸。

另外，根据要求可以任意选配的部分还有以下几种。

烫金部分：可放在印刷之前或之后，视油墨干燥情况而定。

干燥部分：放在印刷工位之后，使墨层快速干燥。

纵切部分：放在复卷工位，可将卷筒纸切成窄条，便于以后使用。

复卷部分：将印刷后的成品按要求复卷。

（1）平压平式不干胶商标印刷机　这种类型的印刷机可归纳为基本型和标准型两种机型。

1）基本型　基本型的主要功能有：

① 印刷—覆膜—收料；

② 印刷—烫金—收料；

③ 印刷—模切—收料。

基本型平压平商标印刷机主要由给料部件、印刷部件、覆膜（烫金或模切）部件、供料（薄膜或金箔）部件、导料辊和复卷、排废部件组成，如图5-38所示。

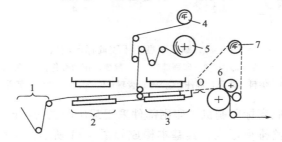

图 5-38　基本型平压平不干胶商标印刷机
1—给料部件；2—印刷部件；3—覆膜（烫金或模切）部件；4—排废辊；5—供料辊；
6—牵引装置；7—复卷、排废部件

由于采用平压平型压印方式，所以卷筒纸给料部件采用间歇运动形式，使承印物在静止时同步进行压印和覆膜或烫金、模切。本机型结构简单，调整方便，但精度不高，属于初级机型，主要印刷一般档次的印品。

2）标准型　标准型平压平型商标印刷机是在基本型的基础上进行不断改进与完善，基本组成与标准型相同，只是将印刷部件、覆膜（或烫金）部件和模切部件单独设置，当承印物在静止时同步进行压印、烫金和模切。同时，烫金部件也可作为覆膜使用，如图5-39所示。标准型印刷机可采用铜锌版，也可使用树脂版，是目前比较理想的设备，国内大多使用这种机型。

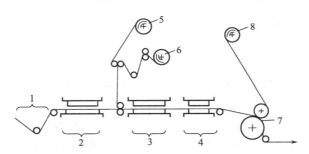

图 5-39　标准型平压平不干胶商标印刷机

1—给料部件；2—印刷部件；3—覆膜或烫金；4—模切部件；5—排废辊；

6—供料辊；7—牵引装置；8—复卷、排废装置

（2）圆压平式不干胶商标印刷机　印刷部件采用圆压平型压印方式的不干胶商标印刷机，其基本构成如图5-40所示。该机可完成烫金、印刷（多色）、模切、覆膜、收料等工艺过程，其烫金部件、覆膜和模切部件与平压平型不干胶商标印刷机相同，而印刷部件则采用圆压平型压印方式。其印版是圆弧形印版，装在印版滚筒上，压印时印刷台固定不动，印版滚筒往复旋转一次完成二次印刷或进行多色套印。这种机型的印品质量高于平压平式机，印刷图文的再现性和分辨率较好，可印刷中档质量的印品。

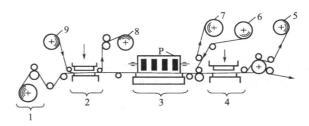

图 5-40　圆压平型不干胶商标印刷机

1—给料部件；2—烫金部件；3—印刷部件；4—覆膜、模切部件；5—复卷、排废部件；

6—供料（薄膜）部件；7,8—排废辊；9—供料（烫金）部件

（3）圆压圆式不干胶商标印刷机　印刷部件采用圆压圆式的压印方式商标印刷机，印刷部件大多采用卫星式滚筒排列形式，其基本构成如图5-41所示。本机型经多色套印和干燥后，可以进行模切和复卷，也可根据需要在模切之后进行横切和输出。同时，还可在印刷部件的最后一色组安置上光部件。这种机型主要用于产品稳定、批量较大、要求质量较高的场合。

目前，不干胶标签印刷机大多采用组合型印刷部件，除完成多色套印外，还与诸如上光、覆膜、模切、裁切等部件联机形成印刷、印后加工生产线，具有较高的自动化程度，如设置计算机商标设计系统和电子套准及张力控制系统等。

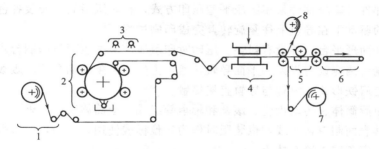

图 5-41　圆压圆型商标印刷机

1—给料部件；2—印刷部件；3—干燥部件；4—模切部件；5—横切装置；

6—输出装置；7—复卷装置；8—排废辊

7. 典型不干胶商标印刷机

现以圆压平的不干胶商标印刷机为例说明其工作原理，图 5-42 为不干胶印刷机的工艺路线图，主要包括烫金、印刷、覆膜、模切、收纸等。该机纸张的运行方向与印版滚筒轴线平行，印版安装在滚筒上，卷筒纸下的平台上垫以适当的衬垫材料，当滚筒处于图中位置顺时针转动时，卷筒纸静止，进行第一次印刷，当滚筒完成印刷后到达纸带右侧位置时，卷筒纸开始运行第二次印刷位置，静止准备接受印刷，这时滚筒又逆时针沿齿条转动，进行第二次印刷。如此往返运动，实现单色或多色印刷。圆压平型印刷机的工位安排有各种组合，除进行印刷、烘干、烫金、覆膜、模切等外，还可以在烫金、模切部位进行压痕、压凸凹工艺。圆压平型印刷机滚筒与版台为线接触，压力比较少，油墨容易转移，所以图像再现性好，分辨率可达 150~170 线/in，装卸版台及调节套印比较方便。缺点是多色套印时误差较大，印刷速度低。

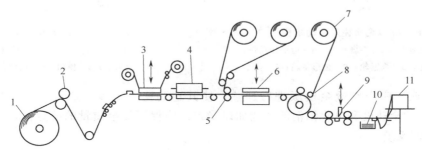

图 5-42　B100-Ⅲ型商标印刷机工艺路线

1—纸卷；2—送纸辊；3—烫金部分；4—印刷部分；5—覆膜部分；6,8—模切部分；

7—卷废辊；9—纵切部分；10—收纸器；11—复卷部

圆压平型印刷机压印中瞬间的接触面较小，压力较大又容易均匀，这有利于实现版面墨层的均匀转移。但由于铝箔不干胶纸质地韧又硬，所以，印版底托的平整度对产品印刷墨色的影响比较敏感。若采用传统的生产工艺，以胶合板充作印版底托，这种底托坚实性差，不耐压，且平整度不好，容易产生压力不均、着色不饱满，使印品墨色出现发花等工艺弊病。所以，印刷铝箔不干胶纸产品，应选用金属性版托，如磁性版台、铝板底座作为印版的底托，金属性的版托平整度较好，抗压强度也高，印刷压力充足又均匀，可以使印品版面墨色饱满，附着牢固，能有效避免印刷不良故障的发生。

（1）印刷部件　印刷部件采用圆压平型压印方式，在印版滚筒上安装各色印版，印版滚筒在传动部件的驱动下在导轨上往复旋转，完成印刷过程。

印刷台为平面形平台，并设有衬垫。压印时印版滚筒上的版面与印刷台直接接触完成压印。另外，印刷台两侧设有齿条和平面导轨，通过齿轮与齿条的啮合使印版滚筒在导轨上往复旋转。采用走肩铁形式，滚枕与导轨直接接触。

印版滚筒由滚筒体、传动齿轮、滚枕和轴承等组成。滚筒体表面平整、光洁，具有较高的精度，并在其表面制有格子线，供装版时作为定位标线使用。目前，一般采用树脂版，用双面胶带将各色印版装在滚筒体上。

滚筒的轴装于轴承座内，在齿形传动带的驱动下往复运动，以带动印版滚筒实现往复旋转，如图 5-43 所示。

（2）烫金部件

烫金的给料方法有纵向走箔和横向走箔部件，以合理利用电化铝材料。烫金压印是通过烫金模版的上下运动来实现的，压印机构的工作原理如图 5-44 所示。两个曲柄同步旋转，通过连杆使模版架沿导轨上下运动，与烫金台完成压印。压缩弹簧直接作用在模版架底部，在停机时可保证模版处于离压位置，同时还可提高运动的稳定性。

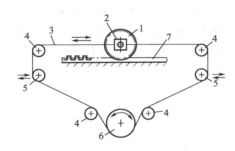

图 5-43　滚筒往复运动机构

1—滚筒转动齿轮；2—轴承座；3—齿形传动带；
4—固定轮；5—张紧轮；6—齿形带轮；7—齿条

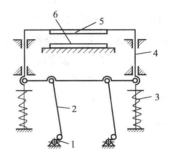

图 5-44　烫金压印机构

1—曲柄；2—连杆；3—压缩弹簧；
4—模版架；5—模版；6—烫金台

在烫金前，应先对烫金模版进行加热，使其达到稳定温度。烫金温度一般为 $100 \sim 140^\circ\text{C}$，根据烫金速度和电化铝箔的性能加以确定。为保证烫金质量的稳定性，应设有烫金温度自动控制系统。

（3）覆膜部件

如图 5-45 所示，覆膜材料从供料辊 4 传出后，经张紧辊 3 送到分膜辊 6 下方，先将覆膜材料的纸基剥离下来送到排废辊 5 上，承印物从上下覆膜辊之间通过，在一定压力下把具有一定黏性的薄膜贴附在承印物表面上。为保证覆膜质量，应合理调整覆膜辊之间的压力。

（4）模切部件

模切部件是利用模切版的模切刀片将承印物上的标签图形进行半切，使标签部分保留在基材上，经牵引、剥离部件送入下工序加工，而被切除下的废纸边送往排废辊。

模切压印机构的工作原理如图 5-46 所示，模切版用双面胶带贴在模切版台上。在曲柄的驱动下，带动连杆使模切版沿导轨上下运动，与模切台完成模切过程。压缩弹簧直接作用是在停机时可保证模版处于离压位置。版台上装有衬垫，可通过改变衬垫厚度来调节模切压力，模切压力也可通过调整模切台的上下位置来实现。

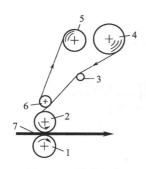

图 5-45　覆膜部件

1—下覆膜辊；2—上覆膜辊；3—张紧辊；4—供料辊；
5—排废辊；6—分膜辊；7—承印物

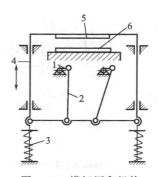

图 5-46　模切压印机构

1—曲柄；2—连杆；3—压缩弹簧；4—模版架；
5—模切版；6—模切台

在模切部件后面一般还设有牵引排废部件，主要由牵引与排废两部分组成，如图 5-47 所示。纸带经模切后从牵引辊与压纸辊中间通过，经剥离辊将纸带分为成品标签和废纸边两部分。成品标签通过压纸辊输出，废纸边由剥离辊导向送往排废辊处复卷。

（5）纵切部件

如图 5-48 所示，纸带从切刀辊与底刀辊中间通过，由压纸器压住纸带，依靠底刀辊与切刀辊对滚，由圆形切刀将纸带沿其纵向切开，然后输出复卷。

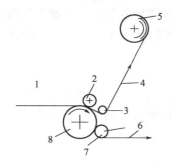

图 5-47　牵引排废装置

1—纸带；2,7—压纸辊；3—剥离辊；4—废纸边；
5—排废辊；6—成品标签；8—牵引辊

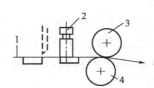

图 5-48　纵切部件

1—纸带；2—压纸器；3—切刀辊；4—底刀辊

（6）横切部件

如图 5-49 所示，纸带从送纸辊和压纸辊之间通过，由压纸板压住纸带，然后由上切刀向下运动与下切口将纸带切断，由送纸辊和压纸辊送到成品堆上，吹风嘴将产品干燥。

（三）贴花印刷

贴花印刷主要用于陶瓷、玻璃和搪瓷等无机材料，也用于机电产品的商标、标识等的印刷以及不规则的曲面承印物或成型物的印刷。陶瓷、玻璃和搪瓷等无机材料的印刷，具有某些共同之处，如印刷后一般都要经过高温烧烤，印墨才能牢固附着等。贴花印刷的工艺过程一般分为：转印纸的制作—制版—印刷—转印—后加工等。

1. 转印纸的制作

转印纸有裱纸和塑料薄膜转印纸两种。其制作方法有手工裱纸和机械裱纸。手工裱纸不

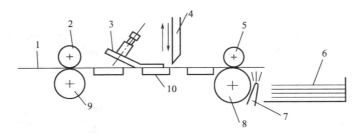

图 5-49　横切部件

1—纸带；2,5—压纸辊；3—压纸板；4—上切刀；6—成品堆；7—吹风嘴；8,9—送纸辊；10—下切口

需要专用设备，裱纸质量不易控制，主要用于小批量生产；机械裱纸采用专用的涂布机、上光机进行，主要用于大批量的生产。其制作过程如下。

（1）裱纸　裱纸是将海藻胶黏剂涂布于衬纸和拷贝纸表面，经压平、烘干等工序操作。裱好的纸再上胶，胶液由玉米粉、淀粉、海藻酸钠等组成，其作用是充分填充拷贝纸的毛细孔，起到光滑表面和隔离阿拉伯树胶与纸的接触。胶层遇水30s后能自行溶解，图文便可完全脱离拷贝纸。在第一遍胶液干燥后，再上第二次胶，这种胶是由阿拉伯树胶或羧甲基纤维素胶配制而成，经轧光后的纸即可印刷。

（2）塑料薄膜转印纸　是先在纸上涂布一层水溶性底膜，如聚乙烯醇缩丁醛或聚甲基丙烯酸丁酯薄膜，然后热压塑料层，塑料层的原料包括合成树脂，如聚甲基丙烯酸甲酯、聚苯乙烯以及适于与挥发性增塑剂化合的聚苯乙烯聚合物，如酞酸盐类中的酞酸二丁酯。在塑料层上即可用油墨进行印刷，这种塑料层在50～100℃时开始软化和发黏，并在印面层熔化温度下全部分解挥发，不留残迹。

2. 制版

贴花印刷一般采用平版胶印，制版与普通照相制版方法一样，在制版时应注意图像的正反，即转印纸的图文必须是反的，转贴到物品上才是正向图文。陶瓷印刷由于采用专色油墨印刷，所以必须是专色制版，不能用三原色原理制版。

3. 印刷

贴花印刷可用凸印、平印及丝网印刷方式。一般采用平印，在印刷之前，先在裱纸施胶面上涂布一层透明调墨油，如果用于商标贴花印刷，可使用金属印刷油墨。套印时，要先印透明性强的油墨，后印遮盖力较强的油墨，转印后就得到与普通印刷色序相同的图文。最后在印刷表面再印一次不透明的白色油墨作为底色，这样，转印后不透明的白墨便在底层，可以避免承印物表面的本色对印刷图案色彩效果的影响。

陶瓷贴花印刷使用耐高温颜料制成的特殊油墨，油墨为专色，印刷时不同颜色不能重叠印刷，否则在高温煅烧时会引起化学变化造成变色、爆裂发花。

4. 转印

将印好的裱纸图文经转印转移到承印物上。商标贴花转印时，现将承印物表面用调墨油涂布，然后把润湿的裱纸贴在承印物表面并施以压力，接下裱纸即可完成转印。

瓷器贴花转印如果用普通转印纸，首先在瓷器表面涂一层明胶溶液，然后把转印纸的膜面贴在瓷器上，压贴好，待胶液干燥后将瓷器浸入水中，拷贝纸上的阿拉伯树胶膨胀后溶解，使转印纸上的图文固着于瓷器表面。揭去拷贝纸，洗去残余胶质，待干燥后放入窑中，经750～850℃高温煅烧4～5h，转印纸上的颜料即固着于瓷器上显现出特定的颜色图文。如果是采用塑料薄膜转印纸，首先将印有图文的部分从整张纸上剪下，并使画面周围留有适当的空白，将剪下的转印纸贴在瓷器上，并加热（50～100℃）使其密合，此时边缘上的塑料层以及其他未印有图文部分的塑料层就与瓷器表面相黏合，然后通过水洗将纸揭去，薄膜及其上的图文便留在瓷器的表面，最后在陶瓷颜料和溶剂的熔化温度下（800～900℃）进行加热，该塑料薄膜即可分解挥发而不留痕迹。

5. 后加工

贴花转印完应进行后加工处理。商标贴花转印完在印刷图文表面要涂漆上光，以形成一定的保护膜。瓷器贴花转印后，将其放入烧结炉进行烘烤，以提高油墨的附着性，烘烤温度和烘烤时间是保证产品质量的关键。

（四）湿转印

湿转印，又称水转印，它是以水或相关的溶剂或溶液作为转印条件，使印刷在中间转印体上的图像转移至不同材质的物体表面。水转印技术被称为比较环保的技术，也是目前最新兴起的一种高效印刷技术。水转印有两种类型：一种是水标转印技术，另一种是水披覆转印技术。前者主要完成文字和写真图案的转印，后者则倾向于在整个产品表面进行完整转印。湿转印使用的转印载体材料有纸张和塑料薄膜两种。一般情况下水标转印依靠转印纸实现图文转移，而水披覆转印依靠的是柔软性极好的转印膜。

1. 水标转印

（1）湿转印纸的结构　湿转印纸，即为一层吸水性很强的纸或塑料薄膜，表面涂有一层可溶性胶构成。好的湿转印纸，应吸水性强，脱水性好，不易变形。由于转印方式有正转印和反转印的区别，转印纸的结构稍有差别。图 5-50 为湿转印纸的结构，包括底基纸张或薄膜，水溶性胶体和起保护作用的打底胶层等。

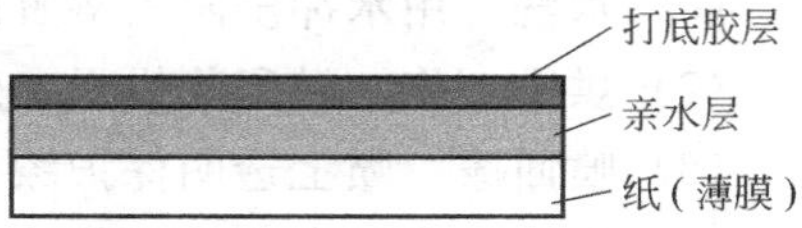

打底胶层
亲水层
纸（薄膜）

图 5-50　湿转印纸的结构

（2）印版　印版依据印刷方法（如凸版、平版、凹版、丝印版）而定。转印可采用正转印或反转印，因此，还必须考虑印版上图像的正反，而制版工艺与常规方法一样。

（3）印刷及印后加工工艺　印刷是在相应的印刷机上进行的，由于被转印的材料种类各式各样，为了使转印的图像能牢固地黏附在转印体上，所选的油墨必须与转印体材料相匹配，如塑料制品最好采用相应的塑料油墨。印刷时首先在转印纸上进行单色或多色印刷，然后在其上涂布一层粘胶，以便转印时与转印体粘贴牢固。也可以采用印刷方法，预先制作一块能覆盖整个图像的轮廓印版，然后印刷一层粘胶。粘胶必须根据不同的转印体材料、气候条件来选择。最后覆盖一层涂有硅油的剥离纸以保护图层，即可待用。

（4）转印方法

① 首先将被转印体清洗干净，以利于图像粘贴。

② 将印有图像的转印体上的剥离纸撕去浸于溶液中约 15～20s，亲水胶体逐渐膨胀。

③ 接着小心从溶液中取出反贴至被转印物表面，要求在贴牢之前应尽量对准位置，再用刮刀刮干水后，在润湿的情况下揭去转印底纸，洗净表面。

④ 待干燥后再喷上一层光油。

⑤ 罩光油后加热温度约为 150℃，烘烤 3min 即可。

这种湿转印技术多用于木器、塑料或金属表面的商标或图文转印。

2. 水披覆转印

水披覆转印技术使用一种容易溶解于水中的水性薄膜来承载图文。水披覆转印的原理是将已印刷好图文的水披覆薄膜平送于水的表面，在其上均匀地喷洒活化剂。活化剂是一种以芳香烃为主的有机混合溶剂，能够迅速溶解破坏聚乙烯醇，但不会损坏图文层，使图文处于游离状态。然后将待印产品逐渐贴近水披覆膜，利用水压的作用，将游离图文均匀地转印于产品表面，而水披覆薄膜则自动溶解于水，经清洗及烘干后，再喷上一层透明的保护涂料，即在产品表面形成图文。由于水披覆薄膜张力极好，很容易缠绕于产品表面形成图文层，产品表面就像喷漆一样得到截然不同的外观。通过改变薄膜上面的图文形成，产品的装饰变得琳琅满目。

水披覆转印的基本流程如下。

（1）膜的印刷　在高分子水解薄膜（PVA膜）上用感压型或PET系列油墨印刷各种所需的正像图案，如木纹、石纹等仿真图案。

（2）喷底漆　许多材质必须涂上一层附着剂，如金属、陶瓷等，若要转印不同的图案，必须使用不同的底色，如木纹基本使用棕色、咖啡色、土黄色为主，石纹基本使用白色为主，梦幻纹、几何图案基本使用白色或黑色为主。

（3）膜的延展　让膜在水面上平放，并待膜伸展平整。

（4）活化　以特殊溶剂（活化剂）使转印膜的图案活化成油墨状态。

（5）转印　将被转印物由上往下向水中压，利用水压将经活化后的图案覆盖在被转印物的各种表面上。

（6）水洗　用水冲洗除去溶解的残留水溶膜，使转印物表面干净。

（7）烘干　将被转印物烘干，烘干温度要视素材的性能与熔点而定。

（8）喷面漆　喷上透明保护漆保护被印物体表面。

（9）烘干　将喷完面漆的物体表面进行干燥。

水披覆转印技术的适用范围如下。

（1）汽车工业　方向盘、仪表盘、门把手等内装饰件。

（2）家电行业　空气加湿器、冰箱、音响。

（3）通信行业　手机、电话等。

（4）计算机行业　鼠标、打印机、机壳等。

（5）家具行业　高档仿木纹家具、仿木纹板材等。

（6）其他行业　仪器仪表、运动器材、工艺品等。

水披覆转印适用的材质：从理论上来说，只要表面能喷涂油漆的物体都能进行转印，现在主要用于塑料（ABS、PP、PET、PVC、尼龙等）表面的仿木纹、仿大理石装饰，人造木材表面的仿天然木纹装饰，彩色钢板装饰，陶瓷贴花等。

第七节　凹凸压印

凹凸压印也称压凸、扪凸、压凹凸、轧凹凸、凹凸印刷等，是印刷品表面装饰加工中的一种特殊的加工技术。它是利用压力在已经印好图文部分或在未印图文的纸或纸板表面压成具有立体感的凸形图案或文字，凹凸压印不用油墨，不用胶辊。凹凸压印出的成品一面凸，另一面凹，凸面接触印版，凹面接触凸模（凸版）。

一、凹凸压印的作用和特点

凹凸压印是包装装潢中常用的一种印刷方法，主要用于印刷各种高档包装纸盒、商标标签、请柬、贺年片、书刊封面、证件、人物图案、动物图案、风景图案等。凹凸压印是一种特殊的印刷加工工艺，它不使用油墨，能使浮雕艺术在印刷上移植和应用，能在面积不大、厚度薄的平面上凸起图案形象，使平面印刷品产生类似浮雕的艺术效果，使画面具有层次丰富、图文清晰、立体感强、透视角度准确、图像形象逼真等特点，是纸制品和纸容器表面装饰加工方法之一。

凹凸压印的承印物主要是纸张及其制品，一般能够承受凹凸压印的纸张厚度为 0.3～1mm 左右。凹凸压印的印版与压印机构是由凹面和凸面两部分组成，凹面是印版，凸面是将印版图文在压印机构表面进行复模制成的凸模，再运用压印机构进行压印。

二、印版

凹凸印版是由阴、阳两块彼此相配的印版组成。阴版也称凹版，加工图文部分的凹凸与加工后产品方向相反；阳版也称凸版，加工图文部分的凹凸与加工后产品方向相同。凹凸压印中，印版要受到较大的压力作用，所以版材要求具有一定的硬度和耐磨性，常用的版材有锌版、铜版和钢版；阳版的基材有高分子材料、石膏和纸等。凹凸版的制作质量，是决定印刷品压印质量的关键。

凹版制作前，首先应根据被加工印刷品的特征及要求合理选用底版。加工的图文简单、凹凸压印产品数量少，则可选用锌版；否则选用铜版或钢版。

凹凸图文向底版的转移，可以采用照相翻晒、手工翻样和计算机直接绘制等方法。

照相翻晒方法时在版基上均匀涂布一层感光胶，将通过原稿照相获得的底片密覆于版基表面，通过曝光、显影后得到图文转移后的版材。此法操作简单、劳动强度低、精度高，适用于各类复杂程度不同的原稿。照相翻晒后的版材适用于化学腐蚀和雕刻制版法。

手工翻样方法是根据印刷好的成品图样，用透明材料将所需凹凸的部分，用划针精确地描刻出划痕，在划痕上均匀地涂布炭粉，并将其固定在涂布了一薄层白广告色的版材上，施以一定的压力，使图文翻印到版材上。此法成本低、周期短，适用于加工精度要求不高、凹凸压印图文简单、层次较少的印版。手工翻样的版材仅适用于雕刻制版法。

1. 凹版（阴模版）制作工艺

凹凸印刷品是具有梯状层次的凸形图案，呈现浮雕形态，印版的图文凹入版面越深，轧压后画面凸出越明显，立体感越强。凹版按制作方法不同，可以分为照相腐蚀法、照相雕刻法、腐蚀雕刻法。

（1）照相腐蚀法 将需要腐蚀的图文，通过晒版以及腐蚀的方法，在铜板表面腐蚀出凹形的轮廓、线条，不做雕刻加工。这种凹凸版轧压出的印刷品只是整个图案凸起，没有立体层次，凸起的高度也较小，但由于这种方法制版速度快、图文轮廓准确、劳动强度低，一般使用于文字和立体感要求较低的印刷品。

腐蚀液的浓度、温度、腐蚀时间等因素对印版质量均有一定影响，因此腐蚀过程的工艺条件应严格控制。

（2）照相雕刻法 以照相稿或者复制稿作为原样，通过晒版将图文复制到 1.5～3mm 厚的铜板表面，然后由人工在铜板表面图案上直接进行雕刻，刻出具有立体层次的凹凸版。这种凹凸版轧压出的产品有清晰的立体层次，具有浮雕的艺术形态，用于立体感要求高的凹凸版印品，如贺年卡、贵重礼盒等。

这种制版法劳动强度大，制版周期长，在雕刻繁杂的印版时，不仅技术难度大，而且要求操作人员具有一定的美术、印刷与雕刻功底。当然随着计算机的发展，电子雕刻将会逐渐取代原来的人工雕刻和机械雕刻。

（3）腐蚀雕刻法　这种制作方法兼于照相腐蚀法和照相雕刻法之间，是在照相腐蚀的基础上，再用雕刻的方法制成凹版，这样既减少了雕刻时间，又提高了凹版的质量，它是目前国内外制作凹凸版的常用工艺。工艺过程：先在晒有图文的铜版表面进行腐蚀，将需要在画面中凸出的图文腐蚀到一定的深度，然后在版面的轮廓还不够明显以及图文深度还未达到凸出部分的要求处，再进行仔细的雕刻加工，使图文梯状层次得到修整，提高凹凸印刷品的立体效果。

凹版制作完成后，通常采用橡皮泥嵌入凹版的图文中，脱模出来后检查凹凸的效果，如果有不理想的地方，以此来修改，直到凹凸效果满意为止。

2. 凸模（复制阳模）制作工艺

为了能在印刷机上轧压出具有立体层次的凸形图案，在压印平版表面需要制作一块与凹凸图文形状相对应的阳模版。阳版的制作方法因所采用的原材料不同，其工艺过程不同，传统的凸模制作工艺有石膏制阳版和高分子材料制阳版，如今已渐被淘汰。现在的凸版制作工艺与凹版制作方法一样，利用铜、锌板等材料，具有质地硬、耐磨，抗压强度较高，不易变形等良好特点，采用腐蚀或雕刻的方法进行加工。

石膏制阳版的制作工艺过程大致如下。

（1）调整印版压力　所谓凹凸版的版面压力，就是指非凹下部分版面的压力。调整印版压力，就是使版面压力要均匀。调整方法：将制好的阴版粘在平压机的金属底板上，在压印平板上糊一张白卡纸，用墨辊在阴版表面均匀滚上一层油墨，合压后，根据打样纸上的印迹轻重情况来调整印版压力。

（2）阳模版制作工艺过程　调整好印版压力后，在压印平板上糊一张黄纸板，然后用树脂胶液和石膏粉调成浆状，并快速均匀地把石膏液涂在压印平板表面的黄纸板上，摊平后盖上一层薄纸，再在薄纸上盖一层塑料薄膜，以防止石膏浆嵌入凹膜花纹中。经加压后，石膏层表面形成凸形图文。第一次压印时压力不宜太重，略显印痕即可，主要是为了在石膏表面获得明显的图文印痕，作为检查版面、调整压力的参考。第二次压印时，应先在印版后面加垫一张到两张白纸板，待石膏浆快干时压印，此时，石膏层表面图文压痕已十分明显。经两次压印后，一部分石膏浆被挤压后外溢，印版凹下去的部分石膏浆就凸起成型。为了减轻机器的压力，增强图文效果，应把不需要凸起、四周多余的石膏铲去，待石膏浆完全干燥后，便制成了石膏压印凸版。制凸版用的石膏粉应满足细度要求，以保证凸版精度。若石膏凸版图文有局部缺陷或图文轮廓不鲜明时，可用石膏浆进行修补。

高分子材料制作凸模工艺如下。

由于传统的石膏复制凸模制作工艺复杂费时，而且石膏强度低，随着压印的继续，石膏因为挤压而下塌严重。新型高分子材料的黏流温度、弹性模量、坚韧程度能满足要求，且来源丰富，价格低廉。一般用于制作凸版的高分子材料有聚氯乙烯、聚苯乙烯等，其中聚氯乙烯比聚苯乙烯较为理想，一般选用聚氯乙烯。

其制作过程是将聚氯乙烯板材与凹版模具重合后，放入具有加热及冷却系统的模压机内，通过调节温度与压力，得到与模具形状一样、凹凸相反的制品，步骤如下。

（1）表面清洗 将裁好的聚氯乙烯板、凹模等表面用去污剂或弱酸（碱）液清洗干净。

（2）涂脱模剂 在聚氯乙烯板、凹模版的接触表面涂刷脱模剂，常用的有硅脂、硅油及二者的混合物。

（3）装框上机 将聚氯乙烯板、凹模版装入模框中，盖上盖板后送入模压机，使凹模版与模框壁间留有适当间隙，以便让多余的熔融装料液流出。

（4）升温加压 升温前适当加压使被压物密合，当达到温度预定值后加压，压力大小视版面大小、图文深浅、线条粗细而定，一般为 $100 \sim 300 kgf/cm^2$（约 $10 \sim 30 MPa$）。

（5）冷却脱模 当温度冷却至室温后卸压脱模。

（6）裁切检验 将图纹以外的边角裁切后，经检查无缺陷，即完成。

高分子材料凸模的固定方法如下。

① 将凸模用双面胶固定在铝板上，铝板用螺钉固定在电热板上，图纹重心应放在电热板的中轴线上，使压力均衡。

② 粘贴双面胶。将双面胶粘贴在凸模的背面。

③ 吻合凸模。将凸模吻合在凹模版上，用玻璃胶固定四角。

④ 凸模转移固定。开机合上压板，在压力作用下凸模通过双面胶固定在平板上。

凹凸压印版制作完之后，应先检查版面结构是否完整、层次是否分明；版面图文、规格与印刷图文、规格是否相适应；版面若有麻点、毛刺等应予以处理干净。

高分子材料制凸版，基材的选择十分重要。同一凹模，相同的工艺条件，若采用不同的基材，成型后的凸模质量可能会有较大的差别。一般要求基材要有良好的机械强度，成型快速、方便。高分子材料制版周期短，速度快；技术难度低，操作方便；制版可采用预制；另外高分子材料耐压强度高，弹性恢复值大，在一定条件下，印件在相当的压印数量内，能始终保持质量效果如初，此法应用广泛。

三、凹凸压印工艺

将凹凸印版粘在金属底板上，使凹凸印版尽量装在版框的中间位置，压印时受力均匀。金属底板分为普通金属底板和电热金属底板两种。电热金属底板是专供某些特殊产品使用的，采用电热金属底板压印时，底板先进行加热。压印时，印版与纸张接触，纸张受热，可塑性就增大，容易变形而不易破碎，压印效果能得到明显改善。但因金属电热底板造价较高，耗电量也大，成本比较高，故使用尚不广泛。

凹凸压印的方法与一般印刷方法相同，尤以平压平压印、手工输纸较为普遍。有的凹凸压印工艺与模切压痕工艺和烫金工艺安排在一起，在同一台机器上完成，实现程序控制。凹凸压印时，将印刷品放在两个印版之间——凹版和凸版之间，用较大压力直接压印。压印较厚的硬纸板时，利用电热装置将凹版加热，可以取得较好效果。

在压印过程中，印刷品出现折角、双张以及在印刷品表面粘有杂物等，都会影响压印质量，严重时还容易损伤凸版衬垫，需经常用铜丝板刷擦刷印版。如果发现凸版衬垫损坏或局部压力不够理想、图文轮廓不清晰等现象，应及时停机对印版进行修整，修整后重新试压并对样张认真检查。

四、凹凸压印设备

凹凸压印一般选择平压平凹凸压印机、圆压平凹凸压印机和圆压圆凹凸压印机，还可以用平压平印刷机或圆压平印刷机改造而成。许多模切压痕机和烫金机安装有凹凸压印机构，组成多功能机器。

平压平凹凸压印机特点是压力大、结构简单、操作方便、压印产品质量好、应用较广泛。其结构和工作原理与凸版印刷机基本相同，这里不再赘述。

圆压平卧式压印机与回转平台凸印机基本相同。只是去除了上墨装置。此类机运转阻力小，机速较快。但圆压平机器的压力冲击力小，印件的凹凸层次不及平压平式的丰满。

圆压圆压印机即采用一对对滚的圆柱形模具（一个阴模和一个阳模），根据不同的工艺要求和使用寿命，有的采用两个钢模，有的用一个钢模（或其他金属模）和一个硬塑料膜。纸张经过阴阳模对滚加压成型。成型深度在 0.14mm 左右。棋具装于滚筒上，滚筒的结构分整体式和装配式两种，装配式便于更换不同的压凸模具，整体式更能保证压凹凸的精度。整体式压凸钢模的制作方法一般有两种，一种方法是在凸版电子雕刻机上对腐蚀层进行雕刻，然后进行腐蚀，刻印深度达到 1～1.2mm。另一种方法是先机械雕刻，后经人工修整加工制成压凸钢模。对于组装式压凸模具，大批量生产（上千万件）时，使用钢模，一般生产（几万到十几万）使用钢模或铜模电镀铬。

五、凹凸压印若干故障现象分析

1. 凸纹轮廓不清晰

制版时凹版图文扩大过多，合压后与非石膏材料的凸版纹路间隙过大，使凸纹边缘轮廓不清晰。此外，印张厚薄不均匀、垫版压力不均匀、机器压印机构存在磨损松动现象、输纸出现双张或多张现象、胶合板底托压缩变形、石膏版边缘受压崩裂等问题的出现，均会造成凸纹轮廓不够清晰，图文立体感差的问题，应采取相应的措施进行纠正和预防。

2. 版面图文套印不准

当印张印刷定位不准、印张变形、凹凸版没有粘牢固而在受压过程中同时移位、输纸存在歪斜不到位现象，以及机器定位装置工作不稳定等不良情况的存在时，都容易造成凹凸版面套印不准，应进行检查、分析和处理。

3. 凹凸纸面出现压破现象

如果压力过重、凹凸图文版面边缘过于锋利、金属凹版图文没有适当扩大、纸质过于干燥而脆弱、机器精度差而使压印出现颤动现象、凹凸版图文套合存在偏向误差等，都容易压破图文纸面，根据存在的问题采取相应的措施进行处理。

第八节　数　字　印　刷

数字印刷就是利用印前系统将图文信息直接转换成印刷品的一种印刷复制技术。在数字印刷系统的印前阶段，页面上的文字、图形、图像通过拼版软件生成数字文件，再通过光栅图像处理器（RIP）处理将印刷图文的输出信息传输到数字印刷系统，然后在该系统中，进行成像和印刷工作。它是与传统的印刷概念完全不同的一种现代化印刷方式。它不需要胶片和印版，无水墨平衡问题，简化了传统印刷工艺中十几道繁琐的工序，是一种快速、实用、经济、适合于彩色短版的全新印刷工艺。

一、数字印刷的工艺及特点

1. 数字式直接印刷工艺

数字式直接印刷是由图文合一的印前处理系统和数字印刷机相结合组成的。印刷机仅需1人操作。人们可以将原稿、电子文件或从 Internet 网络系统上接收的各种网络文件输入计算机，在计算机上进行创意、修改，编排成为用户满意的内容和形式。这些数字化的信息最后经 RIP 加网装置处理，成为相应的单色像素数字信号传至激光控制器，发射出相应的单色激光束，对印版滚筒进行扫描。由感光材料制成的印版滚筒经感光后形成可以吸附油墨或墨粉的图文，然后转印到纸张等承印物上。其工艺系统的构成如下：

$$原稿 \rightarrow 图文合一印前处理系统 \rightarrow 数字印刷机 \rightarrow 印刷品$$

2. 数字式直接印刷的特点

传统的印刷生产过程是以物理载体的转换为特征，从原稿到数字文件，到胶片，到印版，最后到印刷品，都是在不同物理载体之间的相互转换，这就决定了传统的印刷生产需要采用仓储和交通运输的方式来连接。

而数字印刷却与之不同，尽管它与传统印刷一样仍然需要必要的印前处理，但印前处理所形成的数字文件、页面并不需要立即印刷输出，而是按照数字方式存储在系统中或通过数字网络传输到异地，最后，根据顾客的订货需求再完成印刷输出。显然，这是一种建立在"数字流程＋数字媒体、高密存储＋网络传输"基础上的一种崭新的生产方式。它不会受到时间和地域的限制。随着技术的发展，实际上只要是在网络覆盖的区域内，不管距离有多远，都可以实现产品（数字文件、页面）的实时传输，并按客户的要求印刷输出。因此，也可以说传统印刷是"生产后再销售"的生产模式，而数字印刷是"销售后再生产"的生产模式。

数字式直接印刷的优点是：

① 直接接受从电子印前系统传来的数字信息，在印刷机上直接成像；

② 无需印版和胶片，省去了印刷材料和制版等设备；

③ 印刷过程中可以随时更换信息，所以更新印刷内容快、交货快，能减少产品的库存量；

④ 简化了工艺流程，生产效率高；

⑤ 通过计算机网络将数字信息传送到任何地方进行异地印刷；

⑥ 由于没有印版，数百份以内（或 1 份）印刷品的成本比传统印刷要低，适合于短版快速彩色印刷市场。

由此看出，数字式印刷的优点集中体现在其优异的生产工艺流程，即从计算机到纸张（印刷品），是一个完全的数字式过程，实现了数字式页面向印刷品的直接转化，而且没有任何中介环节，不使用印版。无版实际上是数字式印刷区别于传统印刷的另一个非常重要的特点。正是因为无版，数字式印刷任何相邻的两张印品都可以不一样，即可以实现所谓的可变信息印刷，印刷品的价格基本上与印数的多少没有关系，印一张与印一百张、一千张、一万张……的单价基本上一样，而传统印刷由于含有制版的成本，印数与成本之间有密切的关系。由于这些特点，数字式印刷被认为是一种可以提供信息的个人化服务的印刷方式，这也就是按需印刷。

3. 可变数据印刷应用领域

可变数据印刷应用范围广、产品系列多。可应用领域包括：彩票印刷、商业表格印刷、直接邮件印刷、商标印制、包装印刷、各种按需印刷和个性化印刷活件等。

二、数字印刷机的工作原理及其控制

数字印刷机是用数字数据实现印刷的一台（或一组）机械。数字印刷机实际上是一台高速数字式彩色硬拷贝输出机，它直接接受从印前处理系统传送来的数字式信号（数字式页面），并将其转换成黑白/彩色硬拷贝（印刷品）。目前数字印刷机分为两大阵营：在机成像印刷（Computer-to-plant，CTP 或 Direct Image DI）和可变数据印刷（Variabl Eimage Digital Presses）两种。在机成像印刷是指将制版的过程直接拿到印刷机上完成，省略了中间的拼版、出片、晒版、装版等步骤，从计算机到印刷机是一个直接的过程；可变数据印刷指在印刷机不停机的情况下，连续地印刷出不同的印品图文。数字印刷机的品种很多，主要可分为：

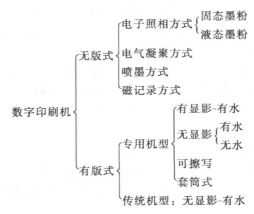

1. 无版数字印刷机

无版数字印刷系统，也称可变数据印刷系统，可实现内容张张不同的全数字化印刷系统，主要原理是采用静电印刷或喷墨印刷原理。

现有无版数字印刷机包括电子照相方式、电气凝聚方式、喷墨方式和磁记录方式等几大类。墨粉有固态和液态两种，一般是固态占主流。喷墨方式从一般用途到特殊用途有多种类型，根据不同的目的、速度、分辨率及颜色，再现范围也不尽相同。

（1）电子照相方式　电子照相方式又称静电成像，是通过数字技术控制对应图像信息的激光光束影响光导体表面上静电电荷的分布，在光导体上形成静电潜影，利用带电墨粉与静电潜影之间的电荷作用力吸引墨粉，再转移到承印物上，墨粉经过定型后形成图像。其显色介质主要采用固态墨粉和液态电子墨，采用固态墨粉显影的静电成像系统分辨率可达到 600～800dpi，采用液态电子墨显影的可达到数千 dpi，可以在普通承印物上成像，呈色剂为颜料，与传统的胶印相似。

采用固态墨粉类型的数字印刷机，基本原理是经过 RIP 处理的图文信息控制激光器，激光器发出的激光束射向有机光半导体滚筒使其成像，再将细微墨粉吸附其上，在滚筒上形成墨粉影像，印刷后，墨粉经加热固定在纸上。

Xeikon DCP-1 机型采用卷筒式给纸形式，通过印刷、输出机构的程控裁切机，将卷筒纸切成不同尺寸的印页，其工作原理如图 5-51

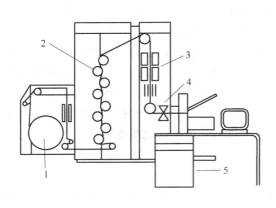

图 5-51　Xeikon DCP-1 机工作原理

1—进纸；2—印刷装置；3—熔化装置；4—裁切装置；
5—RIP（光栅图像处理器）

所示。

印刷装置为一涂有机光电导体（OPC）薄层的铝制滚筒，铝质滚筒首先被一特殊的电晕放电器充电，使 OPC 仍然保持带电状态，用发光二极管（LED）光源在电荷均匀的滚筒上成像。OPC 滚筒经过照射后，将产生原稿文件的带电图像或潜像。

当潜像显影时，曝光的图像部分吸引由磁刷显影系统散布的带电颗粒色粉，从而在滚筒上产生由色粉组成的真正图像。再将 OPC 滚筒上的色粉图像转印到纸张上。

滚筒上的 OPC 涂层为无接缝循环式，因此，滚筒的周长并不限制需要印刷图像的长度。全部成像过程采用同步操作并加以精确控制。数字技术对图像进行精确套准，而不受纸卷或 OPC 滚筒的干扰，可以精确定时转移每一色的图像。

采用液态墨粉类型的数字印刷机大多是喷墨成像系统，如图 5-52 所示。通过网络或磁介质接受到电子印前系统做好印刷电子文件后，对数据进行 RIP 处理，再利用激光成像系统在成像版上形成光电网点图像，图像带有负电荷；喷墨部件将带有正电荷的电子油墨喷射到成像版上，迅速形成油墨图像，继而转印到橡皮布上，通过压印和静电形成使橡皮布上的油墨 100％地转印到纸或其他介质上。在转印过程中，印版滚筒按照色序每旋转一周印一种颜色，而橡皮布上不残留任何墨迹。这主要靠独特的电子液体油墨，以确保印刷机只用一组滚筒就可完成四色或六色印刷。喷墨成像系统油墨成像分辨能力为 300～1500dpi，而且成像速度高。大多数喷墨成像的呈色剂以染料为主，最终影像的形成依赖油墨与承印物的相互作用。因此，喷墨成像系统一般需要使用由油墨配套的专用承印物，以便实现油墨与承印物之间在性能上的最佳匹配。

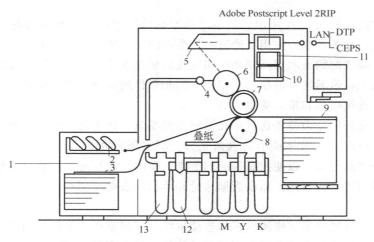

图 5-52　Indigo 数字印刷机工作原理

1—装订；2—小册子；3—纸堆；4—彩色油墨开关；5—激光成像；6—印版滚筒；7—橡皮滚筒；
8—压印滚筒；9—输纸；10—磁带；11—存储器；12—第五色印刷；13—第六色印刷

Indigo 数字印刷机不用胶片，也无需晒制印版，只需将计算机处理好的图像（也可包括文字）文件，送入工作站，由内置的 RIP 对文件进行栅格化处理，而将图像文件转换成不同加网线数、加网角度和网点形状的点阵信息。用这些信息控制六束激光的"开"或"关"，而在成像滚筒的有机光导体表面扫描，形成带正电的图文区域和不带电的非图文区域。当带负电的液体电子油墨喷出时，便被吸附到图文区域，接着图文被转移到橡皮滚筒上。此时，第一色黄便印刷到橡皮滚筒与压印滚筒之间的承印物纸张上。往复四次，便可完成色序为

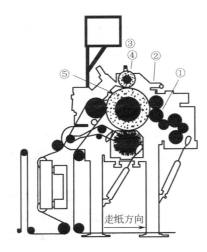

图 5-53　数字印刷机工作原理

Y→M→C→K 的四色套印。

（2）电气凝聚方式　电凝聚成像是一种全新的成像方式，具有非常高的成像速度，这种成像方法采用电化学凝聚原理，通过电极之间的电化学反应导致油墨发生凝聚（金属离子诱导凝聚），使一种水性的反应油墨从液体状态转换成为固体状态，从而使油墨固着在成像滚筒表面形成图像区域，没有发生电化学反应（即非图文区域）的油墨依然是液体状态。然后，通过一个刮墨刀的机械作用可以将非图文区域的液体油墨去掉，使滚筒表面只剩下图文区域的固着油墨。最后，通过压力的作用可以将固着在成像滚筒上的油墨转移到承印物上，从而实现影像记录，完成印刷过程。

加拿大的 Elcorsy Technology 公司研究开发电气凝聚方式的机型，其工作原理如图 5-53 所示。

首先将油状膜层涂布在图像形成滚筒表面，在膜层上均匀地喷涂一层油墨，当产生的电场到达图像形成滚筒表面时，瞬间会在其表面发生电化学反应生成三价铁离子，通过滚筒表面的保护膜进入油墨层，使油墨凝聚，产生大小、厚度与图像信号对应的油墨点，然后清除多余油墨并将油墨转印到纸张上。工作过程如图 5-53 中数字标注①～⑤。

系统一组只能印刷一色，多色印刷或双面印刷需多组连接排列，印刷图像接近连续调。

（3）喷墨方式　如图 5-54 所示。喷墨印刷原理的数字印刷系统是用电子控制一股高速微细墨滴，使液体油墨在压力作用下通过一排微细的喷墨嘴 2（一般直径在 $30\sim50\mu m$），利用数字信号控制喷墨时间或利用高频动作切割喷射墨流成连续墨流，利用同极充电偏转板引导喷射到承印物上，最后通过油墨与承印物 1 的相互作用实现油墨影像的再现。

喷墨方式有连续喷墨和按需喷墨。

连续喷墨系统利用压力使墨通过窄孔形成连续墨流。产生的高速使墨流变成小液滴。小液滴的尺寸和频率取决于液体油墨的表面张力、所加压力和窄孔的直径。在墨滴通过窄孔时，使其带上一定的电荷，以便控制墨滴的落点。带电的墨滴通过一套电荷板使墨滴排斥或偏移到承印物表面需要的位置。而墨滴偏移量和承印物表面的墨点位置由墨滴离开窄孔时的带电量决定。

按需喷墨也叫脉冲给墨，按需供墨与连续供墨的不同就在于作用于储墨盒的压力不是连续的，受成像计算机的数字信号所控制。通过加热或压电晶体把数字信号转成瞬时的压力。当压电晶体受到微小电子脉冲作用时会立即膨胀，使与之相连的储墨盒受压产生墨滴。

喷墨方式一般要求油墨中的溶剂、水能够快速渗透进入承印物，以保证足够的干燥速度，所使用的油墨必须与承印物匹配，以保证良好的印刷质量。一般地，喷墨系统都必须使用专用配套的油墨和承印材料，这是喷墨成像系统的一个缺点。目前，印刷质量只能达到低档的胶印水平。印刷速度很高，可达每分钟数百张至数千张，目前已经可以实现 2000 张/min。喷墨系统的价格相对比较低廉。

（4）磁记录方式　如图 5-55 所示，这种成像技术与磁带的记录技术采用相同的记录原理，即依靠磁性材料的磁子在外磁场的作用下定向排列，形成磁性潜影，然后再利用磁性色粉与磁性潜影之间的磁场力的相互作用，在成像滚筒 1 上完成显影，最后将磁性色粉 3 转移到承印物上完成印刷。

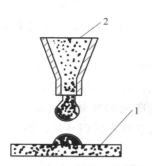

图 5-54　喷墨成像原理

1—承印物；2—喷墨嘴

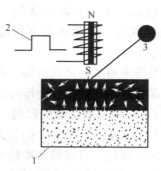

图 5-55　磁记录成像原理

1—磁记录介质（成像滚筒）；

2—记录脉冲；3—磁性色粉

磁性色粉采用的磁性材料主要是三氧化二铁，由于这种材料本身具有很深的颜色，因此，这种方法一般只适合制作黑白影像，不容易实现彩色影像。可以在普通承印物上成像，印刷质量只相当于低档胶印的水平，适合于黑白文字和线条印刷，印刷速度为每分钟数百张。Xeikon 的一些产品为磁记录数字印刷机。

2. 有版数字印刷机

有版数字印刷系统（简称 DI）大多通过安装在印刷机上的激光成像部件实现在机制版或对相当于印版的转印介质进行直接数字制版，并采用胶印方式完成印刷。它基本上是基于胶印印刷原理，按照是否使用润版液分为有水 DI 和无水 DI。

数字印刷系统印版材料主要使用银盐、聚酯或金属印版及可擦除印版介质，主要面向的是对开以下的单张承印材料，也有一些可以进行卷筒纸印刷，一般都可进行双面印刷。普遍采用激光成像技术，印刷分辨率较高，最高分辨率可达 3200dpi。

有版式数字印刷机，指在印刷机上装载某种曝光设备，可以对印刷滚筒上的印版直接曝光的印刷机。有版式数字印刷机根据版材的种类，分为有显影和无显影两种。

（1）有显影式　日本网屏公司 TruePress 的数字印刷机，在双倍径滚筒方式的四色印刷机上装载了三菱 Silver 数字式制版机，用 CTP 及其显影机组合而成。

TruePress 系统包括一个高性能控制器、数字成像系统和印刷两个单元，版材在安装到滚筒上以后可直接进行成像，分辨率可达 3000dpi 和 175dpi。上版、下版、曝光、显影、定位实现全部自动化，成像完成后采用胶印印刷，这样可使印刷质量接近传统胶印刷水平。

TruePress 基本机型是一台单面四色印刷机，加上附属部件后也可实现双面双色印刷，工作原理如图 5-56 所示。

第一个印版滚筒 6 被置在制版位置 8 处的成像

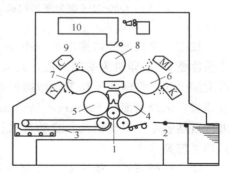

图 5-56　TruePress 数字印刷机

1—压印滚筒；2—给纸装置；3—收纸装置；

4,5—橡皮滚筒；6,7—印版滚筒；

8—印版滚筒制版位置；9—供墨装置；

10—成像头

头 10 下面，柔性的聚酯版材从暗盒传送到印版滚筒上，使用 633nm 波长的氦氖激光进行记录曝光。曝光后在位于印版滚筒下方的显影部件中显影，显影后就向下同第一橡皮滚筒 4 接触。第二个印版滚筒 7 也同样地进行曝光、显影，并同第二个橡皮滚筒 5 接触。制版完成后，供墨装置 9 供墨，纸张从给纸装置 2 经压印滚筒 1 传送到收纸装置 3 完成印刷。

印版滚筒采用了分离式结构，在印版滚筒上可同时晒两个色版，如在第一个印版滚筒 6 上装青和品红两色，在第二个印版滚筒 7 上装黄和黑两色，可实现四色印刷。

TruePress 的自动化程度较高，整个曝光过程，包括印版的装卸、成像、显影、定位、墨斗辊调节、橡皮布清洗和印刷压力调节都自动完成。由于曝光过程是从印版装到滚筒后才进行的，因此保证了良好的套准精度。

（2）无显影式　如图 5-57 所示，QM-DI46 型印刷机采用卫星型滚筒排列结构和无水胶印原理，保证了套印精度。

图 5-58 为 QM-DI46 型印刷机的供墨系统。该机采用中央水制冷系统，将水通过冷却部件输入到供墨部件，如墨斗辊、串墨辊、匀墨辊的辊芯内，将胶辊冷却，以保持供墨系统恒温，使油墨达到良好的黏度和流变性。一般高速的印刷机采用串墨辊水冷系统，而中速印刷机采用匀墨辊水冷却或风冷系统。

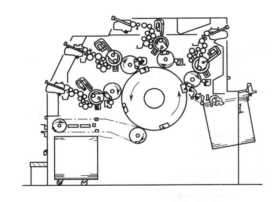

图 5-57　QM-DI46 型数字印刷机

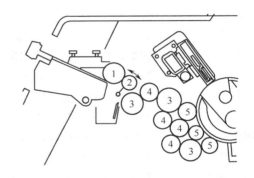

图 5-58　QM-DI46 型印刷机的供墨系统

目前，海德堡公司推出 Speedmaster 74 DI（速霸 74 DI）直接成像印刷机。该机是以海德堡速霸 74 胶印机为基础制造，其最高印速为 15000 张/h，最多可以进行六色印刷，还可以附加上光、翻转和干燥等，印刷的纸张厚度为 0.03～0.6mm。速霸 74 DI 使用感热铝基胶印版，记录幅面为 605mm×745mm，记录分辨率为 2400dpi。采用了 CPC 和 Cp-Tronic 进行自动装版、自动清洗、自动套准、自动墨量和润版液量控制，因此，印刷的质量和效率达到了较高水平。

（3）可擦写式　曼·罗兰公司最新数字胶印机 DICOWeb。该机采用 Creo 激光方形网点热成像技术，如图 5-59 所示。从印前系统接受数字化数据，用一条热转移带 3 在滚筒表面成像，如图 5-59（a），转移带由一层薄薄的聚合物及转移层组成，通过激光 4 转移到印刷表面 5 的像素形成受墨区域。然后加热元件 6 使滚筒表面图像定影，如图 5-59（b）；之后将滚筒调整至受压状态，即可印刷。印完一个活件后，操作者用清洁布 2 及清洗液 1 即可擦掉滚筒上的油墨及热转移材料，10min 后便可进行新活件的印刷，如图 5-59（c）。

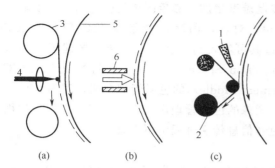

图 5-59　DICOWeb 胶印成像过程

1—清洗液；2—清洁布；3—热转移带；4—激光；

5—不锈钢印刷表面；6—加热元件

该机的版材可重复使用，在印版滚筒外套上一个专用材料的金属筒，将热转移带上的物质转移到这个专用的金属套筒上，使该套筒具备亲油和亲水的印刷特性。印刷完成后再用清洗液将套筒洗净，准备下一次的成像，所以称为可擦写式数字印刷机。

三、数字印刷质量控制

数字印刷技术是一种利用印前系统将图文信息通过网络直接传输到数字印刷机上印刷的技术，即无需软片、印版及压力，直接将数字文件转换成印刷品。在数字化模式下的印刷过程中，也需要经过原稿的分析与设计、图文信息的处理、印刷以及印后加工等过程。数字印刷质量需从印前和印刷两部分进行控制。

1. 数字印前质量检查

（1）版面内容的检查

版面内容是由文字、图形和图像三者组成的。印刷的文字必须用矢量格式保存，字体按客户要求选择，或与客户协商选择。由于印刷图形是矢量文件，对于图形的控制一般要注意色彩和文件格式。一般彩色图像的分辨率至少为 300dpi，灰度图像一般为 600dpi，黑白线条稿则要求为 1200dpi，同时还应注意图像的格式和色彩模式。适用于印刷的格式应该为 EPS 格式和 Tiff 格式。所有彩色图像应该都为 CMYK 模式。如果使用专色印刷，需要对专色进行必要的设置。

（2）版面设计的检查

根据纸张和印后加工的要求，对图文尺寸和出血量进行检查。出血至少为 3mm，图文尺寸必须在允许的纸张开本范围内。同时检查色标、套版线以及各种印刷和裁切用线是否设置齐全以及大版文件的尺寸是否正确。

（3）原辅材料的检查

数字印刷所使用纸张和油墨的变更会直接改变印刷输出的色域空间。数字印刷色彩再现的准确性与纸张白度、光泽度、平滑度息息相关。纸张平滑度、白度、光泽度与色偏、灰度呈负相关，与色效率、色纯度呈正相关。纸张平滑度、白度、光泽度越高，色域范围越大。纸张油墨吸收性越高，色域范围越小。因此对原辅材料的质量进行控制是保证印刷稳定输出的必要条件。

2. 数字印刷质量控制

（1）网点控制

数字印刷采用数字混合加网技术，这种技术借鉴了调幅加网、调频加网的特性及数字化控制，既能体现调频加网的优点，又具备了调幅加网的稳定性和可操作性。与传统加网技术相比较，在输出速度和分辨率上都有较大提高，与 CTP 技术结合，能使印前或印刷呈现完美的网点效果。

（2）色彩控制

色彩是图像复制效果的重要衡量标准。数字印刷流程是开放的系统，输入、处理、输出设备可能来自不同的生产商，不同设备的颜色描述和表达方式不同，同一设备随使用次数的增加，对颜色的表现力也会相应的变化，色彩复制难度增加。彩色图像的颜色信息不仅要在不同显示设备上呈现，还要在不同媒体间传递。对此，国际色彩组织 ICC 开发了 ICC Profile 特性文件用来描述设备的颜色特征，通过其可实现跨平台色彩交流。构建了一种包括与设备无关的色彩空间 PCS（Profile Connection Space）、设备颜色特性文件《ICC Profile》和色彩管理模块 CMM（Color Management Modle）的色彩管理框架，称为 ICC 标准格式，目的就是建立一个标准化的交流和处理图像的色彩管理模块，并允许色彩管理过程跨平台和操作系统进行，使各种设备和材料在色彩信息传递过程中不失真。

（3）数据输出和管理

为了对数据在网络上的传输和管理过程进行优化，制定了 OPI（Open Prepress Interface）规范和 DCS（Desktop Color Separation）规范。OPI 规范包含一系列符合 Post-script 的注释语句，允许拼版时使用低分辨率图像来代替高分辨率图像，分色输出时再由 OPI 服务器自动替换为高分辨率图像，减少网络传输中的数据量。DCS 规范包含一个主 EPS 文件和多个高分辨率分色文件，对 EPS 文件格式进行了扩展，管理桌面出版系统的整个分色过程，能够缩短生产时间和降低对设备的要求，并保证数据文件在传递中不会缺失。

（4）印刷套准控制

在数字印刷中采用 CCD 摄像头监控印刷机的套准情况，通过印刷机进行自动套准控制。CCD 摄像头进行套准是采用了图像处理技术，套准精度高，能够自动区分色标和非色标内容；能够适应极小色标，套准速度快。

3. 在线测控技术

在线测控印刷技术可以在测试的同时，直接反馈控制，测试目标不仅包括测控条，也可以直接对印刷品进行测试，在极短的时间内对印品进行分析，对印刷油墨量进行在线控制。

思 考 题

1. 简述喷墨印刷的工艺过程。

2. 喷墨印刷油墨的组成及性能要求是什么？

3. 喷墨印刷的印刷方式有哪几种？

4. 简述连续式喷墨印刷、间歇式喷墨印刷、脉冲式喷墨印刷的原理。

5. 简述彩色喷墨印刷的工作原理。

6. 什么是静电印刷？静电印刷有哪些类型？

7. 简述静电平版印刷的原理及特点。

8. 简述静电凹版印刷的原理及特点。静电凹版印刷有哪些类型？

9. 简述静电丝网印刷的基本原理及主要特征。

10. 静电复印的原理是什么？

11. 静电制绒的原理是什么？

12. 盲文印刷的方法有哪些？

13. 简述盲文油墨印刷和发泡印刷的工艺过程。

14. 立体印刷的工艺过程是什么？

15. 立体印刷的特点主要有哪些？

16. 实现立体显示主要有哪些方法？

17. 立体印刷原稿的摄制方法有哪些？

18. 立体印刷制版加网的角度如何选择？

19. 立体印刷中加网方式有哪几种？

20. 立体印刷的印刷方式选择应满足哪些要求？常用什么方法印刷？

21. 简述立体印刷印后加工常用方法及特点。

22. 立体印刷主要材料有哪些？各材料有什么性能要求？

23. 什么是全息立体印刷？

24. 简述全息照相原理及全息立体印刷的工艺过程。

25. 简述全息压印模版的制作过程。

26. 简述烫印型全息图片的制作过程。

27. 什么是转移印刷？转移印刷按转印技术分为哪几种？

28. 简述移印油墨的性能要求。

29. 什么是直接移印？什么是间接移印？什么是热升华转印？

30. 影响移印图像失真的主要因素有哪些？

31. 自粘纸的结构由哪些组成？

32. 不干胶商标印刷机主要由哪几部分组成？

33. 贴花印刷的主要工艺过程有哪些？

34. 贴花印刷制版、印刷应注意哪些事项？

35. 什么是水转印技术？其转印方法是什么？

36. 什么是水披覆转印技术？其转印方法是什么？

37. 什么是凹凸压印？凹凸压印的作用和特点有哪些？

38. 简述凹凸版阴模的制作方法。

39. 简述凹凸版阳模的制作方法。

40. 简述数字机的分类及特点。

41. 简述 UV 冰花油墨印刷制版应注意事项。

42. 简述 UV 皱纹油墨印刷制版应注意事项。

43. 简述激光全息防伪商标的制作工艺过程。

第六章　特种油墨印刷

第一节　发泡油墨印刷

发泡印刷使用的发泡油墨，是一种能在印刷品上形成立体图文的功能性油墨。由于此种印刷的图文富有立体感，不仅增强了装饰艺术效果，而且具有一些特殊的功能，广泛应用于包装装潢、书籍封面装帧、盲文刊物、装饰墙纸等方面。

使用的发泡油墨根据制取方法的不同可分为微胶囊发泡油墨和沟底发泡油墨。

一、微胶囊发泡油墨

微胶囊发泡油墨是将充有低沸点溶剂的微胶囊均匀地分散到丙烯酸类共聚物连结料中，并加入一些其他辅助材料制成的。这种油墨只有通过丝网印刷的方法转印到承印物上，经低温干燥后，在烘道中加温至120～140℃，几秒钟内油墨中的微胶囊膨胀，形成无数小气泡，促使油墨层凸起。

微胶囊发泡油墨组成示例如下：微胶囊20％、连结料（丙烯酸酯类共聚物）60％、色素10％、稳定剂（尿素）5％、其他成分5％。

（1）微胶囊　用不同浓度等量的明胶和阿拉伯树胶溶液，在温度50℃时相混，当混合液pH值在4.7时充入低沸点的溶剂，在不断的搅拌下制成微胶囊。

（2）连结料　是发泡油墨中的主要成分之一，一般选用丙烯酸酯类，如丙烯酸甲酯、丙烯酸乙酯和丙烯酸辛酯等。

（3）稳定剂　因尿素具有较好的吸湿性，在油墨中能使微胶囊受热汽化时的体积膨胀和扩散，中和色浆的酸度，印刷时有利于发泡油墨的舒展。

（4）色浆　在油墨中起着呈色作用，应有良好的结构黏度和印刷呈色效果。

（5）其他成分　主要是指附加剂、催干剂等物质，用来改善油墨的印刷适性。

二、沟底发泡油墨

沟底发泡油墨主要是以聚氯乙烯树脂为基础，将发泡剂溶解在液态的聚合物中。当油墨受热时，发泡剂汽化，使油墨层形成无数微小的气孔，图文发泡体凸起。

沟底发泡油墨的组成示例如下：连结料（聚氯乙烯树脂）40％、稳定剂（二盐基性亚磷酸铝）2％、填充料（碳酸钙）18％、发泡剂（偶氮二甲酰胺）2％、增塑剂（苯二甲酸二辛酯）36％、色素（颜料）2％。

聚氯乙烯树脂在沟底发泡油墨中作连结料，碳酸钙在油墨中作填充料。苯二甲酸二辛酯作为聚氯乙烯的增塑剂，用来增加聚氯乙烯树脂加工成型时的可塑性和流动性。二盐基性亚磷酸铝为稳定剂，在油墨受热时吸收聚氯乙烯树脂高热分解逸出的氯化氢气体，并阻止树脂的继续分解。偶氮二甲酰胺作为沟底发泡油墨中的发泡剂，在塑料中的分解温度为155～210℃分解时析出氮气、二氧化碳及固体残渣乙二酰胺。颜料主要用来调配发泡油墨的颜色。

三、发泡印刷工艺

发泡印刷有化学发泡和机械压花发泡。化学发泡是印刷后印品送到发泡机内加热，油墨层中的发泡剂受热分解成为气体完成发泡过程。加热温度即发泡剂的分解温度决定油墨层发气量的多少和发泡程度。机械压花工艺是待印刷加热后还要用沟底压花滚筒进行加热轧压，从而形成凸起的图文。图文的浮凸高度取决于沟底压花滚筒的深度，印品具有一定的光泽和良好的耐磨、耐水性能。

发泡油墨经加热发泡，体积会膨胀 50～120 倍，使墨色的颜色变淡，墨层表面会变粗而不透明，不能像普通油墨那样多色叠套呈色，应采用专用色。发泡后体积增大，大面积实地易起皱缩、发泡不匀，会影响艺术效果。设计时可用 80% 粗网点来取代大面积实地。发泡印刷不适用于 0.2mm 以下的细线条和过于细密的图文。发泡图文底部不要铺色，让发泡油墨与承印物直接接触，以增加它们之间的附着力。

发泡印刷宜采用丝网印刷。为防止发泡油墨堵网，一般采用 70～100 目低目数的丝网；同时，在油墨中可适当加些甘油或乙二醇类的防堵网剂。

无论丝网印刷采用手动或自动，最好是印刷、加热发泡流水作业进行。为了提高油墨对承印物的附着性，不宜在较短的瞬间加热发泡，一般要先预热干燥（70～80℃以内），然后用 120℃加热 1min 进行发泡，也可待充分自然干燥后再加热发泡。

丝网印刷的色序安排，应将发泡印刷放在最后一色进行为宜。

四、发泡印刷质量影响因素

发泡印刷质量主要取决于油墨中发泡剂的含量及均匀性、增塑剂的含量、加热温度的高低及加热时间的长短等因素。发泡印刷常见故障及处理方法见表 6-1。

表 6-1　发泡印刷常见故障及处理方法

故障现象	产生原因	处理方法
制品表面发黏	增塑剂含量较高	减少增塑剂含量或在表面涂一层薄膜
制品表面收缩	发泡温度太高或涂料中有水分	降低温度,排除涂料中的水分
制品表面有道痕	涂料中有杂质	清除涂料中的杂质
花纹不清	压花滚筒的位置不平衡,表面温度不均匀	调整压花滚筒的水平位置,对两边温度较低处,加辅助热源
花纹厚薄不一	涂层厚度不均匀	调整滚筒和刮刀的压力
承印物透油	预热烘箱温度太低	提高预热烘箱温度
发泡层厚度不够	起泡不足	增加发泡剂的用量

第二节　液晶印刷

液晶是某些有机物质在一定的温度范围内，所呈现的一种中间状态。在此状态下，由于分子排列有特殊取向，分子运动也有特定规律，从而令液晶既具有液体的流动性和表面张力，又呈现某些晶体的光学性质。液晶印刷不是以墨层中的颜料来构成彩色图文，而是以墨层中的液晶这种物质，因感温而引起有序排列的分子方向改变，有选择地反射特定可见光，吸收其他波长的光，来呈现图文色彩的变化。印刷时，将液晶封入微胶囊中，掺加油墨印刷，可防止液晶自身的污染，能起到保护作用，延长保护寿命，便于长期保存，能提高印刷适性。由于液晶制取不便，价格昂贵，目前只应用于特殊需求的温度变化、发色变化的装饰等方面。

一、液晶材料简介

在某个温度范围内，液晶是介于液体与晶体之间的一种有机化合物，它不仅具有液体的流动性和连续性，而且还具有晶体的各向异性所特有的双折射性，因而在物理和化学上表现出独特的性质。

液晶受自然光和人工白光照射，以及某波长的色光由于折射现象加强反射，随着温度的上升，由长波长的颜色变为短波长的颜色（即按红色—绿色—青色而变化）。其液晶的呈色机理是由于液晶对特定波长的光有选择性的反射而形成的，液晶必须印在黑色或暗色的底色上。现在液晶能反映$-100 \sim 700℃$的温度，精度是$0.5℃$。

液晶分子中由于含有极性基团，分子之间互相吸引，按一定规律有序地排列。根据液晶分子的排列结构不同，液晶一般分为四类，即向列型、近晶型、胆甾型和异型，向列型、近晶型一词来源于希腊语。

向列型用偏光显微镜观察，可以看到许多类似丝状的光学图案。

近晶型用偏光显微镜观察，显示像润滑脂一样黏稠的光学图案。

胆甾型大多数是由胆甾醇衍生而来的化合物，故以胆甾命名。

进入20世纪70年代后，人们又相继发现了重入液晶和圆盘型液晶，被统称为异型液晶，即第四种类型。重入液晶：在相变过程中又再次出现相同相的液晶。圆盘型液晶：分子结构呈圆盘状的液晶。

液晶的分子排列并不像晶体结构那样牢固，所以很容易受到电场、磁场、温度、应力以及吸附杂质等外部刺激的影响，使其各种光学性质发生变化。其中，胆甾醇类液晶在受到外界温度的影响时，对光产生选择性动态散射而引起颜色变化，所以它被应用于印刷工业领域。胆甾醇又称胆固醇，由于各种胆甾醇类液晶的化学成分和结构不同，光学呈色效果也不同。使用时，根据呈色效果要求，常常采用几种液晶按比例混合。常用的胆甾醇类有：氯化胆甾醇、胆甾醇正丁酸酯、胆甾醇壬酸酯、胆甾醇油酸酯、胆甾醇肉桂酸酯、胆甾醇苯甲酸酯等。

二、液晶油墨的配制

液晶油墨主要由水溶性树脂、液晶胶囊、助剂、连结料、消泡剂组成，其主要成分如下：

① 水溶性树脂丙烯酸共聚乳液等；

② 微细胶囊液晶胆甾醇苯甲酸酯等；

③ 消泡剂丙三醇等。

这种油墨不使用颜料，触变性好，流平性好，黏度为$4 \sim 6 Pa \cdot s$。

配制时，胆甾醇类液晶不能直接加入到连结料中使用，必须把液晶包覆到微胶囊中，再与连结料混合制成微胶囊型的液晶油墨。液晶微胶囊的制取方法与发泡微胶囊和香味微胶囊的制取方法基本相同，但对形成的微胶囊的囊壁要求不一样。发泡微胶囊的囊壁要求有随体积膨胀而增大，且又不易破坏的柔韧性；香味微胶囊的囊壁要求在印刷时不被压溃损坏，而在使用时用指甲、铅笔等捺压容易破坏，达到散发香味的目的；液晶微胶囊的囊壁要求不仅能顺利地通过印版，还必须具有永久性的坚固，不易被外力损坏。因此，在制取液晶微胶囊时应达到：

① 各微胶囊应单独存在，不可黏结成块；

② 胶囊壁要充分硬化；

③ 选用的胶囊壁壳体材料不易腐败；

④ 粒径分布尽量均匀一致。

液晶经微胶囊化后，应选择合适的黏合剂或树脂作为液晶微胶囊的载体，配制成油墨。这类黏合剂或树脂应具有：

① 对液晶微胶囊影响要小，如透明度；

② 配制成油墨后要符合印刷要求，要具备油墨的特征；

③ 具有一定的流动性，并使微胶囊能长期悬浮在载体中而成一种胶体，不分层，以利长期保存。

常用于液晶微胶囊作为载体的材料有：聚乙烯醇树脂、丙烯酸共聚物、乙烯系聚合物乳剂及合成橡胶系乳剂等。配制油墨时，液晶微胶囊在连结料中的比例应控制在 $40\%\sim60\%$ 之间为宜。如果配制比例越高虽然液晶微胶囊的变色越灵敏，颜色也鲜艳，但印刷适性变差；配制比例越低，液晶微胶囊的呈色效果不理想，达不到印刷的要求。

三、液晶印刷工艺

液晶印刷的主要方法是丝网印刷。液晶印刷工艺技术的关键是：能够在不同温度下显示出鲜艳色彩的液晶，而且在色域值上要成系列；液晶微胶囊的制作技术也是关键。微胶囊要做得小而匀，囊衣透明且薄，掺入油墨要求耐溶剂、稳定、可靠、长寿命；印刷过程中，还要保证液晶微胶囊不被压破；表面覆盖保护膜等。由于液晶印刷主要采用丝网印刷工艺，因此配制的液晶油墨应该具有丝网印刷油墨的特征，即能在刮板的轻压下顺利通过网孔，并附着在承印物上而不扩散；同时，应具有一定的流动性，使印迹的墨层很快流平并使丝网的网纹痕迹消失。为此，在印刷前应在液晶油墨中添加适量的各种辅助剂，来提高油墨的物理性能，改善油墨的丝网印刷适性。常用的辅助剂有如下几种。

（1）分散剂 可改善微胶囊表面张力和润湿性，提高其在连结料中的分散效果，有利于提高印品的颜色鲜明度。

（2）流变助剂 调节油墨的黏度和触变性，防止油墨因黏度和触变性过低，在印刷时网上产生流挂；黏度和触变性过高，造成印刷图文墨色不均匀等不良现象。

（3）消泡剂 抑制油墨在连续不断的刮印过程中产生气泡，以免影响产品印刷质量。

对于丝网印版，网布最好选用 70～150 目低目数的 T 型或 HD 型的涤纶丝网。在网版制版时，可选用间接贴膜制版法，以便制取感光胶膜层厚的网版，如果采用直接涂布感光胶制版法时，感光胶膜应涂厚一些，因为较厚的感光胶膜层印刷时可以形成较厚的印刷油墨层。

印刷时，刮墨板宜选用硬度较软的刮板（肖氏 60°～70°），采用较小的刮板角度（60°左右）。印刷机要一次装有足够墨量，中途最好不要补墨，以防起泡。由于微胶囊油墨易堵塞网版，印刷中发现堵网、起泡时，要立即停机排除，彻底洗净。印刷时应注意给墨均匀、充足，印刷承印物上的墨量不足，会影响发色效果。印刷压力不可过大，以防压破液晶微胶囊，也会降低发色效果。印刷墨层要平滑光洁，墨层厚度要控制在 $15\sim35\mu m$ 之间，墨层不平整或过薄会降低发色效果。为了提高液晶微胶囊的呈色光学效果，宜印刷在黑色或深色调的底色承印材料上；同时，在油墨中添加一些紫外线吸收剂以增加耐光性。印刷后再在其表面涂覆一层涂料或覆一层塑料薄膜，来提高液晶油墨的耐水性及耐久性。

干燥方式最好为自然干燥，也可用 40℃ 左右温风烘干，千万不可高温急剧加热。干燥后尽量不要重叠堆放，断裁时也不宜加压力。

第三节　磁　性　印　刷

一、磁性印刷的定义、特点及应用

磁性印刷是指利用掺入氧化铁粉的磁性油墨进行印刷的方式。磁性印刷属于磁性记录技术的范畴，通过磁性印刷完成磁性记录体的制作，使之具有所要求的特殊性能。

磁性记录方式具有如下特点：

① 记录用机械部分机构简单、轻巧，便于携带与使用；

② 记录用材料的物理、化学性质比较稳定，可靠性良好；

③ 记录体便于保存，可在一般环境条件下保持稳定的性能；

④ 可以反复使用，也可磁性消除后再进行录制，经济性好。

20 世纪 60 年代磁性油墨印刷首先在银行和邮政的业务中使用，主要用于银行对票据的自动处理、邮政对信件的自动分拣，所以磁性油墨被用于印刷字母和数字，以能对印件进行自动识别和处理，即磁性油墨字母识别法（magnetic ink character recognition，MICR）。

目前主要用于支票上的符号与字母印刷，印刷方法一般为平印与凸印；还有就是用于印刷信贷卡片和各种磁卡上的磁带条。例如，车票、月票、印花、银行存折、身份证等均可采用磁卡形式；价目表示卡上采用了磁性膜；资料登记表、支票上也可用磁性油墨印刷金额等项目。磁性印刷的用途日益广泛。

二、磁性印刷所用基材和磁性膜

磁性印刷所用的承印物基材和磁性膜如表 6-2 所示。磁性印刷油墨中颜料的磁性、磁性颜料的含量、磁性膜厚度等影响磁性记录层的特性。

表 6-2　磁性印刷基材和磁性膜示例

项目	磁性记录体	录音卡	车票	月票	资料卡	帐卡	节目卡
基材	特殊纸	特殊纸	上等纸	聚酯	PVC	特殊纸	聚酯
磁性膜	单面满版	单面线条	单面满版	单面满版	单面线条	双面线条	单面满版

1. 磁性膜

磁性膜由磁性油墨构成。磁性膜干燥后的厚度以 $10\sim20\mu m$ 为宜，故印刷时的墨层厚度则需要 $100\mu m$ 左右，因此，磁性膜一般采用丝网印刷或照相凹印制作而成。为提高磁性膜表面的平滑度和耐摩擦性，印刷后可用合成树脂进行表面上光处理，上光层的厚度为 $2\sim3\mu m$。

2. 磁性油墨

磁性油墨的基本构成与一般油墨相同，即主要由颜料和连结料等组成，但是，磁性油墨所用的颜料不是色素，而是强磁性材料。磁性材料是指将其一插入磁场中就被磁化，去掉磁场也能残留下磁化值的磁性材料。磁化前油墨本身没有磁性，之所以具有磁性，是因为油墨配方中所用的颜料在经过磁场处理后具有保留磁性的能力。

作为磁性油墨的颜料大多是铁素体。铁素体是指其一般式用 $XO\text{-}Fe_2O_3$ 表示的无机化合物，其中 X 为二价的金属离子，根据 X 的种类不同有锰-铁素体、铁-铁素体、铜-铁素体等。

将强磁性材料置入磁场中，改变磁场强度，测试其所对应的磁化值，即可以得到强磁性材料的 H-B 曲线。图 6-1 所示 H-B 曲线是表示磁性材料特性的重要曲线，其中 oa 代表饱和磁化值，ob 代表残余磁化值，oc 代表磁阻值。常用磁性颜料有氧化铁黑（Fe_3O_4）、氧化铁棕（γ-Fe_2O_3）、含钴的 γ-Fe_2O_3 和氧化铬（CrO_2）。

磁性油墨连结料是油墨中流体组成部分，在油墨中将颜料等固体粉状物质连结起来，使之在分散后形成浆状黏体。油墨的流变性、黏度、干性以及印刷性能等主要取决于连结料。高质量的磁性油墨不光要有好的磁性材料作为颜料，而且应采用高质量的连结料。在磁性油墨中常用植物油（亚麻油）和合成树脂（醇酸树脂）作为连结料。亚麻油是具有代表性的干性油，亚麻油一般是淡黄色、清净的透明液状体。有强烈的特殊气味，相对分子质量约为870，碘值 155～250 ，熔点－20℃。经碱法精漂后，酸值约 0.5。亚麻油可看成是油酸、亚油酸、亚麻酸的混合甘油酯。因为这三种酸在亚麻油中的比例达 90％ 左右。亚麻油的干性主要取决于上述三种脂肪酸的组成比例。亚麻酸越多，则干性越好。但是，纯亚麻油制的植物油型连料，由于其相对分子质量小，且磁性油墨中使用的磁性原料一般是亲水性的，所以制成的油墨在胶印印刷中容易引起乳化，使印刷时油墨附着到非图文的部位，这不仅影响印刷质量，还会减弱印刷部位的磁性。减少油墨乳化现象的处理方法主要是用树脂（如硅酮、醋酸乙烯、聚乙烯、聚酰胺、醇酸等）适当地被覆原料。常用的合成树脂是醇酸树脂，它是醇和酸的酯化反应生成的高分子化合物，一般都叫聚酯（树脂），故醇酸树脂也是聚酯树脂的一种，差别在于它的组成中含有很大一部分一元（脂肪）酸，具有与其他聚合物进行化学物理改性的本领。把原料分散在热熔融状态的树脂中；把树脂溶解于适当的溶剂，并把原料分散其中之后，搅拌溶剂进行微粒粉碎等。纯醇酸树脂由于亲水，溶解性差，与植物油不溶，混合性不好，易于胶凝等，不利于图形转移。为了改善其应用性能，需要用植物油、松香，以及其他合成树脂等进行改性。

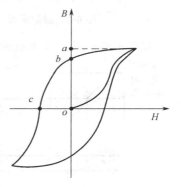

图 6-1　强磁性材料的 H-B 曲线
a—饱和磁化值；b—残余
磁化值；c—磁阻值

另外，磁性油墨还有一些填充料、辅料（增塑剂、稳定剂、防电剂、润滑剂、着色剂等）。填充料用来调节油墨的性质，如稀稠、流动性等；辅料可以是原料的附加部分和连结料的附加部分，也可以作为油墨成品的附加部分，主要视产品的特点要求而定。

评价印刷品质量往往是以印刷的密度值和色相作为评价参数，而对于磁性印刷，则是以决定图 6-1 曲线的残余磁化值和磁阻值作为印刷质量的评价参数。例如，在计数与计量记录印刷中，强磁性材料的磁阻值应为 250～3600e，残余磁化值为 800～1100G，强磁性材料一般为 Fe_2O_3。了解强磁性材料的基本特性，合理选择强磁性材料，正确确定磁性油墨的配方，是获得优良的磁性印刷品的关键。

三、磁性印刷的信息记录与显示原理

1. 磁记录原理

用于磁性印刷的磁记录原理与录音磁带的磁记录原理基本相同，只是磁性印刷的磁记录的要求相对较低，对感磁后的磁性材料的磁性质量要求也较低。

记录磁头如图 6-2 所示，由内有空隙的环形铁芯和绕在铁芯上的线圈构成。磁卡是由一定材料的片基和均匀地涂布在片基上面的微粒磁性材料制成的。在记录时，磁卡的磁性面以

一定的速度移动，或记录磁头以一定的速度移动，并分别和记录磁头的空隙或磁卡磁性面相接触。磁头的线圈一旦通上电流，空隙处就产生与电流成比例的磁场，于是磁卡与空隙接触部分的磁性体就被磁化。如果记录信号电流随时间而变化，则当磁卡上的磁性体通过空隙时便随着电流的变化而不同程度地被磁化。磁卡被磁化之后，离开空隙磁卡的磁性层就留下相应于电流变化的剩磁。

磁头的表面要做得平滑，当磁卡移过磁头时，利用压力使磁卡和磁头表面保持接触。磁卡穿过部分的磁场分布如图6-3所示。这里，除了通过缝隙和穿过非铁磁性的片基产生一些漏磁通外，大部分磁通都通过磁卡上的氧化物磁性层，而最大磁通密度在两极靴之间的空间。

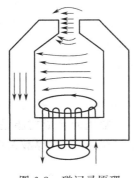

图6-2　磁记录原理

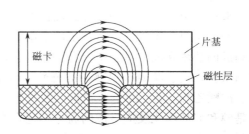

图6-3　穿过磁头的磁极靴上的磁通

如果电流信号（或者说磁场强度）按正弦规律变化，那么磁卡上的剩余磁通也同样按正弦规律变化。当信号电流最大时，纵向磁通密度也达到最大。记录信号就以图6-4所示的正弦变化的剩磁形式记录、储存在磁卡上。

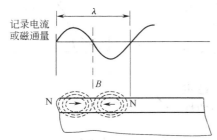

图6-4　正弦电流形成磁通的示意图

磁卡面上的磁通密度和波长成反比，即当记录信号电流一定时，磁卡面上的磁通密度以正比关系与频率同时俱增。磁卡记录的信号波长是记录电流完成一周变化的长度，它与磁卡移动速度成正比，与记录电流的变化频率成反比

$$\lambda = \frac{v}{f}$$

式中　λ——记录在磁卡上的信号的波长，cm；

v——磁卡移动速度，cm/s；

f——记录信号的频率，Hz。

2. 磁卡显示原理

磁卡表面剩余磁感应强度在磁卡工作过程中起着决定性的作用。磁卡以一定的速度通过装有线圈的工作磁头，磁卡的外部磁力线切割线圈，在线圈中产生感应电动势，从而传输了被记录的信号。输出电压正比于记录电流与信号频率。当然，要求在磁卡工作中被记录信号有较宽的频率响应、较小的失真和较高的输出电平。

四、磁性印刷工艺

由于磁性油墨的连结料与一般油墨是相同的，而连结料主要影响着油墨的印刷适性，所以从原理上讲，凸版、平版、凹版、丝网版和柔性版都可以用磁性油墨印刷。

目前主要采用小型胶版印刷和丝网印刷的方法获得带状或图形磁层，它能在卡片必要的地方形成磁带，从而降低了成本，而磁性油墨中磁性原料的含量、磁性和印刷后油墨膜的厚度等都会影响磁性。采用不同的印刷方法，效果也不一样，这在设计时应引起重视。

采用小型胶印机印刷时，制版时可以采用彩色照片，并且能够再现很细的线条，其制版和印刷成本低，文字及图像清晰。一般使用专用的 PVC 卡印刷机或进口四色彩印机在单层 PVC 卡料上印刷，然后再进行层压、冲卡、写磁、打凸字等工序，使用 UV 胶印油墨，成品色彩艳丽，清晰度好，质量高，适合大批量印刷。但采用 UV 油墨，使得保护膜容易脱落。因此在设计时应在塑料磁卡的周围留有 2mm 的空白，进行断裁或加工时也应充分注意。在印刷时最好不要使用荧光油墨。

丝网印刷在磁卡印刷占有相当大的份额。网印具有墨层厚实，可达 30μm 以上，是胶印墨层厚度的 5～10 倍，印刷图案立体感强、质感丰富、耐光性强、色彩艳丽、密度大、对油墨和承印物的印刷适性好，具有很好的耐候性能及耐药品性能。磁卡一般都是以 PVC 材料为卡基使用网印工艺。磁性油墨印刷品在印刷后，在两面覆膜透明的 PVC 片，用热压机压合，按规定尺寸进行模切。为了防止伪造和篡改，在丝网印刷中使用特殊的制版技术和油墨，包括用荧光油墨、热敏变色油墨、吸收红外线油墨进行印刷，还用地纹印刷、微缩印刷、彩虹全息等措施。

丝网印刷与胶印结合进行印刷。由于网印证卡一般只能印刷简单的文字和图形，不能印制高质量的彩色图案。制作大批量、印刷质量高的磁卡时利用胶印和网印各自的特点，将网印与胶印结合使用，一般大面积着色部分采用丝网印刷，而细线或小文字部分采用小型胶印机印刷，以弥补两者的不足。但是，由于丝网印刷的网版具有柔性，每块网版张力不同等原因，容易造成网印磁卡图案大小与制版胶片尺寸有一定误差，在网印与胶印组合印刷中会产生套准。为解决这个问题，常用的印刷方法是：先进行网印，再进行胶印。胶印时根据网印的实际尺寸进行调整。叼口与拖梢尺寸不同时，通过调整胶印机的橡皮布、改变印刷包衬厚薄等来调整胶印图文纵尺寸；而横向尺寸可根据网印印刷实际尺寸，经制版胶片重新拼版。

网版的制作质量对印刷品质起着关键作用。磁性印刷一般选择 150～350 目的尼龙丝网，就能满足不同油墨及各种图案的印刷；但对于金银油墨印刷，因为油墨中有金银粉等金属颗粒，一般来说，选择 160～250 目的尼龙丝网比较合适。选择网框时，选用合金网框，要注意网框四边的平整度，框架有无扭曲现象；用旧网框重新绷网时，注意用砂轮磨平网框架。绷网张力控制在 14～15N/cm 之间，网版四个角的张力要保持一致。绷网的角度除满版图案可采用 90°外，一般采用斜绷网，可有效地避免磁卡图案边缘部分网孔出现锯齿形，提高图文的清晰度和印刷质量。

刮刀最好选用聚氨酯材质，其耐溶剂性强，耐磨性好，可耐 90℃以下高温。非常适合磁性网印的溶剂型油墨。刮刀的硬度与印品特点要相匹配，如 SH60～80 的软性刮刀适合印刷满版图案；精度要求高的线条，文字等最好采用 SH80 的刮刀。刮刀需经常研磨，印完一色再印下一色时，要确认刮刀刃口正常。此外，刮刀的刮印角度、压力、刃口的锐度、圆滑程度、印刷速度的快慢都对印刷质量有直接影响。

思 考 题

1. 发泡印刷的原理是什么？

2. 发泡印刷常采用什么方法印刷？如何进行发泡？

3. 发泡印刷常见故障及处理方法有哪些？

4. 发泡印刷质量影响因素有哪些？

5. 液晶印刷的原理是什么？

6. 液晶油墨的主要成分有哪些？制取时有哪些要求？

7. 根据液晶分子的排列结构不同，液晶一般分为哪几类？

8. 液晶印刷常采用什么方法？应注意哪些问题？

9. 常用在液晶油墨中的辅助剂有哪些？其作用各是什么？

10. 液晶印刷工艺技术的关键有哪些？

11. 液晶油墨中分散剂、消泡剂、助剂的主要作用是什么？

12. 什么是磁性印刷？磁性印刷的印刷质量评价参数有哪些？

13. 简述磁记录原理和识读原理。

14. 磁性印刷可用哪些方法？

15. 影响磁性印刷墨膜磁性的因素有哪些？

16. 磁性油墨中常用连结料有哪些？其作用是什么？

17. 磁性印刷评价印刷品质量评价参数有哪些？

18. 磁性油墨印刷网版的制作应注意哪些问题？

第七章　特种光泽印刷

第一节　珠光印刷

一、珠光印刷概述

1. 珠光印刷特点

一些高档的包装印刷产品用特殊的珠光颜料作着色剂进行印刷，使产品具有珍珠般的光泽和质感效果，给人以柔和、悦目、高雅的视觉感，这种印刷方式称为珠光印刷。

珠光印刷具有投资少、见效快的特点，可以采用平印、凸印、凹印或丝网印刷的方式进行，而且珠光颜料的使用很容易操作和掌握。

2. 珠光颜料

珠光颜料最早是天然角鳞片，因来源有限、价格昂贵，限制了它的使用。目前，出现了以云母为载体，多层金属氧化物包膜的云母珠光颜料（简称云母珠光颜料）。因它无色，具有与普通基料相似的折光指数，密度小，容易分散在连结料的浆液中，而且还具有无毒、无味、耐光、耐气候等诸多优点，很快得到广泛使用。

珠光颜料为无机颜料，它的色彩可以通过控制云母片上金属氧化物种类及金属氧化物包络层的厚度来实现。例如，用白色的二氧化钛包络云母，包络膜的厚度为 $60\mu m$ 时，颜料的干涉色为银白色，透射色呈无色；厚度为 $90\mu m$ 时，干涉色为金色，透射色呈紫色；厚度为 $115\mu m$ 时，干涉色为红色，透射色呈绿色；依次随厚度增加为 $128\mu m$、$143\mu m$、$170\mu m$ 时，干涉色分别为紫色、青色、绿色，透射色分别为黄色、橙色、红色。另外，如用有颜色的金属氧化物进行包络，也可以得到闪光的呈该金属氧化物颜色的颜料。

珠光颜料常用颗粒细度"目"为计量单位，即以筛选时所使用的筛网上每平方英寸所具有筛眼数来确定。目数越高表明珠光颜料颗粒越细，反之则越粗。应用于包装印刷的珠光颜料规格有 325 目、400 目和 800 目等。在品种方面，有用无机颜料着色的，如金色、砖红色、普蓝色、淡黄色等；有用有机颜料着色的，如橘红色、蓝色、绿色、黄色等多种。不管何种珠光颜料，它们都应该具备片状的形态和高反射率的重要特性，只有这样，才能在油墨层中反射出光，产生闪烁的珍珠光泽。同时，还应耐酸碱性良好，不会变色；具有绝缘性能，不会导电；不溶于水，但可分散于水中；耐高温，不自燃、不助燃，无色、无味、无毒，卫生安全、可靠等特性。

二、珠光油墨的调配

1. 珠光颜料的选择

珠光颜料的闪光效果是被动发光的，即在受光的条件下才能显现其闪光效果。为了充分地发挥珠光颜料的这一特色，调配油墨时应该掌握好以下三个关系。

① 珠光颜料的片径大小与闪光效果之间的关系。

应用于包装印刷中的珠光颜料都是呈片状的，通常片状直径（简称片径）大，则闪光源间的距离（即片与片之间的距离）大，闪光效果就分散；反之，片径小，闪光源间距则小，闪光效果就集中。

② 珠光颜料片径大小与闪光强度之间的关系。

珠光颜料的片径越大，其表面受到光线的多重反射、折射机会就越多，闪光的强度也越强；反之，闪光的强度就弱。

③ 珠光颜料片径大小与凝聚性及在连结料中的悬浮沉降性之间的关系。

一般的情况下，珠光颜料的片径越小越容易凝聚，颗粒的纵横比也越小，从而在连结料中也容易产生沉降。珠光颜料的片径越大越容易分散，颗粒的纵横比就越大，在连结料中也越容易呈悬浮状。

要想获得令人满意的均匀分散在连结料中的油墨，在掌握好三个关系的基础上，还必须根据连结料的密度来选择适宜的片径和纵横比的珠光颜料。在调配时，可以通过加入增稠剂来防止珠光颜料的沉降，或者预先使珠光颜料润湿后再分散在连结料中，避免产生颗粒凝聚结团而沉降的弊病。

2. 珠光油墨的调配

珠光油墨的调配通常使用每百克油墨内加入 10～20g 的珠光颜料，或者把珠光颜料直接与连结料（如硝基纤维素）以 1∶1 的配比调和，使调和制得的珠光油墨流动度符合印刷要求。

调配的方法是：先把预先称量的珠光颜料置于一量具中，再加入等量的透明油墨或连结料，用木棒小心地搅拌均匀，使其完全润湿而成为不结球或块的粉粒，然后再倒入其余量的透明油墨或连结料中，用木棒或螺旋式搅拌器搅拌到均匀。

调配彩色珠光油墨时可以加入一些微量有机类颜料。为了降低成本，一般可采用白色珠光颜料，再配合其他颜料的调配方法。例如，白色的珠光颜料中加入 1% 的炭黑，就可以得到古银色的效果。珠光色彩调配应以浅色为主，因为首先调配深色时所加的深色颜料量多，会遮盖住部分珠光光泽，尤其是深色的无机颜料，会降低油墨的珠光效果，所以一般不采用。其次，不能把彩色珠光油墨系列产品混合使用。如果用彩色珠光油墨拼色混用，则两种或多种珠光油墨之间就会出现互补色现象，反而会降低珠光效果。

三、珠光印刷

1. 珠光印刷对承印物的要求

珠光印刷的承印物可以是纸张和塑料薄膜等。用于珠光印刷的纸张应该是质地紧密、表面光泽度好、平滑度高、吸墨性能差的纸张，一般选用玻璃卡纸、铜版纸、轧光白纸板为好，胶版纸则次之；而对于质地较疏松，表面光泽度和平滑度较差，吸墨性较强的凸版纸、书写纸、新闻纸类则不宜采用。

2. 珠光印刷方式对油墨的要求

不同的印刷方式选用珠光油墨（主要是珠光颜料颗粒大小）的要求不同，如表 7-1 所示。

表 7-1　印刷方式对珠光油墨的要求

项　　目	粒径大小/μm	粗细度/目	添加比例/%	油墨黏度/Pa·s
平版胶印	10～12	800	30	5～10
凸版印刷	10～40	400	10～20	50～300
凹版印刷	35～55	300	10～20	2～6
丝网印刷	<丝网孔径	300～800	5～20	适中

3. 珠光印刷方法

珠光印刷的操作方法与通常的印刷方式相同，但为了充分显现出珠光油墨的闪烁的珠光效果，可以在通常印刷操作的同时，采取下列三种方法。

① 把珠光油墨和半透明印刷油墨混合使用。用这种方法只需经过一次印刷工序，珠光效果与半透明油墨的颜色同时显现，但由于珠光油墨的珠光效果容易被半透明油墨深颜色所掩盖，所以只适用于较浅的半透明油墨颜色，且珠光颜料的添加比例约在 15％～35％之间。

② 用珠光油墨先印第一层，再在其表面印一层半透明油墨颜色。该方法可以适用于较深的颜色效果，但印刷的半透明油墨颜色的遮盖力不能太高，否则会把珠光效果完全遮盖住。

③ 第一层用普通油墨印刷油墨颜色，再在其表面印刷一层珠光油墨。这种方法会取得较柔和的珠光效果，珠光油墨中的珠光颜料以 3％～7％的比例加入到透明连结料（如光油）中即可。但第一层的油墨颜色要印深一点，否则会受表面层的珠光油墨层的影响而颜色变淡。

4. 珠光印刷注意的问题

用珠光油墨进行印刷，应注意以下几个问题。

① 印刷机的选用。用于珠光印刷的机器，应以实际印版的大小来选择。如果小版放在大机器上印，墨台大，吃墨量小，会使珠光油墨传递不良，出现糊版、堆墨现象。

② 印刷胶辊的选用。用于珠光印刷的胶辊要软而有弹性，以利于充分而又均匀地涂布珠光油墨。

③ 实地印刷。实地印刷所需压力较大。有时珠光油墨需要多次印刷，才能达到所要求的效果。

④ 凹版珠光印刷。采用凹版进行珠光印刷，建议使用 30～40 线/cm 的网线，最好是 30 线/cm，腐蚀深度 35～40μm，这样可使颜料填入印刷凹版，而不发生拖印、弱印或脱印现象。珠光颜料的颗粒越大，网线也应越粗，腐蚀也要越深。

⑤ 柔性版珠光印刷。柔性版珠光印刷可采用 30 线/cm 的网线的网纹辊，因为 30 线/cm 的网纹辊可以将珠光颜料充分转移给印版滚筒。

⑥ 珠光印刷的承印物一般为纸张和塑料薄膜。用于珠光印刷的纸张，光泽度要好、平滑度要高，以玻璃卡纸、铜版纸、压光白纸为好。

第二节　金属光泽印刷

这里讲的金属光泽印刷是指用金银墨印刷和用电化铝材料烫印，使承印材料具有闪光的金属光泽。这种金色或银色给人以华美、富丽的感觉，用于装潢产品的包装，不仅可以美化商品，而且可以提高产品的附加值。

一、金银墨印刷

（一）金银墨印刷的特点

用金粉或银粉调制出来的油墨，与普通的彩色油墨相比，具有闪光的金属光泽。金银墨在实际应用中有两种情况：第一种是在使用之前将金粉、银粉与连结料、辅助料调和，随调随用；第二种是由专业油墨厂制成金银墨成品，并能存放一段时间，随时可以用于生产，在有效期内金属光泽保持不变。

金银墨印刷适应性较强，应用较简单，平版、凸版、凹版、丝网印刷工艺中都能应用，且生产成本不高，经济效益较好，是包装印刷领域中具有相当发展前途的工艺。

（二）金银墨印刷材料

1. 金粉、银粉

都是金属颜料，是金黄色的铜粉和银白色的铝粉之俗称。它们均采用机械的方法，把铜和铝金属颗粒分别与硬脂酸等一起进行研磨、分级、抛光等工序制成的极细的鳞片状金属粉末。一般来讲，粉末粒径大的光反射面就宽，呈现金属色的呈色性就强；粉末粒径小、光反射面就窄，呈现金属色的呈色性就弱。

（1）金粉　金粉也称铜金粉，它是由铜、锌组成的合金粉末。其中含锌量的不同，导致金粉具有不同的色泽，含锌量在 8％～12％，色偏红，习称红光金粉或红金；含锌量在 20％～30％，色偏青，习称青光金粉或青金；介于二者之间的色光，称为青红光金粉。金粉的颗粒呈鳞片状，其平均粒径为 $10\mu m$ 左右，厚度约 $0.1～1.8\mu m$ ，水面覆盖能力为 $0.4m^2/g$。金粉是以"目"为计量单位的，一般 220～400 目应用于撒金工艺；800 目的金粉应用于凸版和凹版印金工艺；1000～1200 目用于平版胶印印金。

金粉的化学性能一般不够稳定。遇到酸、碱、碳酸气和硫化物气体等就会产生化学变化，致使金属光泽降低或消失。

（2）银粉　银粉即铝粉，有银白色的金属光泽，光泽的强弱也因粉末颗粒的粗细不同而有差异。粒子扁平粗大，则金属光泽强；粒子微细，则金属光泽消失而呈灰白色。银粉是以"目"为计量单位的，一般用作印刷的银墨，采用 400～800 目的银粉。

银粉易悬浮，水面的覆盖能力强，遮盖力大，稳定性好，对光和热的反射性能好，抗热性强，不易变色，不受气候影响、耐久力强。但银粉密度小，易在空中飞扬，遇火星会爆炸；遇酸性物质会发生化学变化，使金属光泽受到影响。

2. 金银墨的连结料

金银墨的连结料是一种特殊的调墨油，简称调金油或调银油。它们是由特种树脂、干性植物油及多种有机溶剂，经高温精炼而成。金银墨印刷墨层的光亮度主要取决于金属粉末本身的呈色性、金属粉末的悬浮性和粉末颗粒直径与形状等因素之外，还有调金油或调银油对金属粉末的亲和性能因素的影响。因此，为了使金银墨具有良好的印刷性能，达到理想的印刷效果，要求调金油或调银油必须具备以下特性。

① 必须有足够的黏度，与金、银粉调和后基本达到印刷油墨的黏性、流动度等性能的指标。若调金油或调银油黏度低，没有足够的拉力，就不能很好地传递金、银粉，往往会造成堆墨辊、堆印版等故障。

② 酸值要低，化学性能较稳定。

③ 能与金、银粉均匀地混合，保证金属粉末悬浮体的稳定和良好的印刷性能。

④ 能改善金、银粉的呈色性，使金属粉末的光泽和着色力更强，所以必须保持透明。

⑤ 必须具备快干和快固着的性能，印到纸面上迅速干燥，不使背面沾脏。

因此，金银墨的连结料一般采用酸值和胺值极低的树脂，以免影响油墨的光泽，如乙基纤维素、硝酸纤维素、聚醋酸乙烯、酮树脂、聚酰胺树脂，并加入一些蜡类物质以改善颜料的悬浮状态。金属油墨也可配制溶剂性的，但因黏度小而常常现配现用，溶剂的极性不需太大，否则颜料会因过度润湿而易沉淀。二甲苯、异丙醇都可以作为金银墨的溶剂。

金银墨中一般还加入亮光浆，以改善油墨的光泽度，加入二丁酯用于增加油墨的流动性；加入燥油使墨膜迅速干燥。

一般情况下，在凸版印刷中调金油或调银油与金、银粉的混合比例为 1：1 或 3：2；在平版胶印中的混合比例约为 2：3。

3. 印刷用纸

根据产品特殊需要选择符合适性的纸张来印刷，才能获得理想的金银色印刷效果。纸张表面平滑度越好，则印件的金属光泽越好；一般选用铜版纸、压光白纸板为佳，因为它们具有较高的平滑度，吸墨性能小，表面强度高，pH 值适中，对光的反射系数比在平滑度较差纸张上的反射系数大，印刷金银色特别光亮醒目，不易产生拉毛脱粉、金属粉末变色、消色现象，而且网点清晰、层次丰富、色泽鲜艳，不易造成背面沾脏，产品质量较好。虽然玻璃卡纸表面光泽度、平滑度都好，用来印金印银，大面积印金印银会遮住了纸张本身的洁白光亮度，反而削弱玻璃卡纸的特点，所以不宜选用。

（三）金银墨印刷

1. 金银墨印刷与设计、制版的关系

为了使金银墨印刷取得较好的效果，印前的设计、制版必须虑及金银墨印刷的特殊技术要求。

① 设计时，应尽量避免主色及大面积实地叠印过多，以免金银墨印不上或印迹发虚。

② 金银墨印刷应设计在最后一道色序印刷。

③ 金色或银色尽可能设计在红、蓝、黑等深色实地上，形成光亮金属色与深色墨的强烈对比，以衬托出金银色的金属光亮作用。

④ 金银墨印刷的线条、文字不能太细小，这是因为金银粉的颗粒较粗，在印刷油墨传递过程中转移传递性较差，容易造成堆墨、糊版，而致使细小的线条、文字模糊不清。

⑤ 在同块印版版面上，不宜将大面积实地印金银与细小线条、文字设计时拼在一起。一般地讲，印大面积实地金银时印刷压力要重，这会影响细小线条、文字的清晰度；若考虑细小线条、文字的清晰而减轻印刷压力，必然影响大面积实地金银色的厚实和平服。

⑥ 需在金银色印刷的实地上叠印其他色的图文时，为了解决其他色图文在金银实地上的附着牢度，可在金银色实地印版需套印图文的部位设计成空白。

2. 金银墨印刷与底色的关系

金银墨印刷之前，一般先印一道底色。底色墨印得好坏，直接影响金银墨印刷质量的好坏。这是因为：先印底色可以增强金银墨的吸附能力；有利于衬托出金银墨的金属光泽，消除了纸张白度的不纯给金银墨的颜色带来影响的可能；可以使底色墨充填纸张表面的毛细孔，降低纸张的吸油性，使金银色光亮醒目。

印金底墨一般以黄墨为主，黄墨有两种，一种是透明黄，宜用于铜版纸作底色；另一种是中黄，一般使用在胶版纸上作底色。也可用茶色（俗称假金）墨作底色。

印银底墨一般以银灰色或白墨作底色。对于实地版面，可以叠印两次底色，但墨层一定要薄。

印刷底墨要掌握好墨层干燥情况来施放干燥剂。因为底墨完全干燥，叠印在上的金银墨会黏附不牢；如果底墨不干，叠印在上的金银墨被粘坏，影响金银墨的光泽。在实际金银墨印刷中，一般都在底墨似干非干时进行。

3. 金银墨印刷

金银墨印刷采用的印刷设备及其操作方法与彩色油墨印刷基本相同。

凸版印金银墨，印版要装得平整、牢固、准确。墨辊选用柔软而富有弹性、表面光洁而又平整的墨辊。印刷压力要适当，压力过大会造成纸张背面有凸痕，印迹滋墨，图案模糊或变形；过轻则造成印刷品不光洁、不醒目、不平服，图文虚花不清晰。印刷速度增大时，印刷压力也需随之增大。

胶印印金银墨，印刷时应注意：润版液不宜采用酸性的，因金银粉遇酸性润版液容易变黑。适宜采用醇类润版液为佳，因为醇类润版液对金银粉氧化少，不易变色，具有润湿版面的耗水量小、易达到水墨平衡等优点。包衬宜采用中性或硬性包衬。金银墨印刷的色序安排在最后一色完成。

凹版印金银墨主要应用于塑料薄膜及复合薄膜印刷。对塑料薄膜表面必须经过处理，如电晕处理，以改善塑料薄膜表面的印刷适性。根据凹版印刷及塑料薄膜的特点，必须使用挥发干燥型的专用凹版金银墨。凹版印刷在塑料薄膜上印刷金银墨时则不需要先铺设底墨，而是借用图文中的某色块来起到托色和黏附作用，使墨层饱满，增加金银墨的光泽。金银墨要随调随用，防止调和时间过长，受氧化作用或受酸、碱等化学物质的侵蚀而变色。

柔性版印金银墨工艺要注意网纹辊的线数的选择。由于金银墨的颗粒较大，印刷时，线数选择不能太高。柔印金银油墨一般为溶剂型，黏度较小，由于金属颜料的密度较大，印刷前要注意搅拌。干燥时要根据情况调节干燥设备的效率。另外，要注意印刷压力的调整，使印版与承印材料保持良好的接触。压力过大会使油墨从印迹边缘挤出，使图案变形或糊版；压力过轻会使印刷品不光洁、不醒目，实地不平服，图文不清晰。

丝印金银墨其墨层厚，而且所用的金属色料可以直径大一些，所得到的金属光泽效果也就更好，更加接近烫金、银的质量。由于丝印金、银油墨一般为溶剂型的，黏度较小，金属颜料的密度较大，印刷前要注意油墨是否因沉淀而引起粘连，故在印刷前要注意搅拌。由于膜层厚，因此要注意干燥，印完后应等干燥后才能堆放。

二、电化铝烫印

电化铝烫印是一种利用铜、锌凸版，在一定的温度、时间和压力作用下，将烫印材料上的彩色铝箔转移到承印材料或物品上，从而获得精美的图案和文字的方法。电化铝烫印工艺被广泛应用于高档、精致的包装装潢、商标和书籍封面等印刷品上，以及家用电器、建筑装潢、工艺文化用品等，在贺卡、请柬、钞票、烟标、药品、化妆品等高档包装方面也广泛采用。

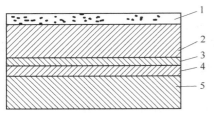

图 7-1　电化铝箔的构成
1—胶黏层；2—镀铝层；3—染色层；
4—隔离层；5—片基层

（一）电化铝箔

电化铝箔是目前烫印装帧中使用最为广泛的材料，它适用于在纸张、塑料、皮革、人造革、有机玻璃等材料上进行烫印。

1. 电化铝箔的结构

常用的电化铝箔由 5 层不同材料构成，如图 7-1 所示。

（1）片基层　也称基膜层，由双向拉伸涤纶薄膜或聚酯纤维薄膜构成，主要对电化铝箔其他各层起支撑作用，片基层厚度为 12～25mm，电化铝箔其他各层物质依次黏附在片基层上。片基层要求耐温、抗拉强度大，在烫印时不能因温度升高而熔化，并在烫印压力作用下能敏感动作。

（2）隔离层　也称为脱离层、剥离层，它的作用是使镀铝层与片基层相互隔离，以便于烫印时自动熔化使片基层剥离下来。隔离层一般采用有机硅树脂溶液，也可用黏附力较小的连结料均匀地涂布在片基层表面，容易与片基层分离。

（3）染色层　也称为颜色层，是电化铝箔的色彩层，烫印后覆盖在图文表面，呈现需要的颜色，表面光滑明亮。在烫印温度和压力作用下，染色层和片基薄膜分开，保证图案部分的电化铝箔迅速从膜层上脱离而转印到烫印物上去。染色层由合成树脂和染料组成，将其涂布在隔离层表面，经烘干后形成彩色薄膜。染色层具有成膜性、耐热性和透明性。

染色层各种颜色在铝层衬托下，发出闪光的颜色。如加黄色染色层，就显出金子一般的颜色，闪闪发光；加入其他颜色，如红、绿、蓝等，使电化铝品种花色增加，五彩缤纷，美不胜收。

（4）镀铝层　利用铝具有高反射率，能较好地反射光线的特点，呈现光彩夺目的金属光泽，使染色层的颜色增加光辉，这就是烫金的效果。

把已经涂布隔离层和染色层的片基置于真空镀铝机的真空室内，通过电阻加热到1500℃将铝丝熔融、汽化，连续蒸发到表面温度约80℃的薄膜的染色层表面，附着在染色层表面上，形成厚度均匀的镀铝层。由于在真空条件下完成镀铝过程，也称为真空镀铝。镀铝时利用电阻加热镀铝，电热烫印，所以称为"电化铝"。

（5）胶黏层　作用是烫印时，通过加热加压，将镀铝层和染色层粘贴到承印材料上。在储存和运输时胶黏层保护电化铝膜。胶黏层主要由热塑性树脂、古巴胶或虫胶、松香溶于有机溶剂中或配成水乳液，制成涂布胶液。通过涂布机将配制好的胶液均匀地涂布在真空镀铝层的表面，经烘干形成胶黏层。胶黏层要适应纸张、布、塑料、皮革等材料的黏合，涂层厚度均匀。

2. 常用电化铝箔

（1）电化铝箔的颜色　电化铝箔有金色、银色、大红色、棕红色、蓝色、绿色、草绿色、翠绿色、淡绿色等数十种颜色，金色最为常用，其次是银色。

（2）电化铝箔的型号　根据烫印性能和烫印材料的不同，电化铝箔有不同型号。例如，上海产电化铝箔有1♯～18♯等不同型号。常用的电化铝箔有1♯、8♯、12♯、15♯、18♯等型号。不同型号的电化铝箔，烫印性能也有区别。

电化铝箔的规格为片基厚度和长宽尺寸规格。常用电化铝箔片基厚度的规格有$12\mu m$、$16\mu m$、$18\mu m$、$20\mu m$、$25\mu m$等类型；长宽尺寸规格标准为（宽×长）$450mm×60000mm$，日本产电化铝箔规格为$600mm×60000mm$。使用时可以根据产品规格的实际需要，分切需要的宽度。

3. 电化铝箔的质量要求

电化铝箔的质量好坏主要是以能否适应各种不同烫印物的特性，烫印出光亮、牢固、持久不变色的图文为标准。

电化铝箔的质量应符合下列要求。

（1）光亮度和外观质量　电化铝箔的光亮度要好，色泽符合标准色相要求，涂色均匀，不可有条纹、色斑、色差等，烫印后色泽鲜艳闪光。光亮度主要决定于电化铝箔的镀铝层和染色层。电化铝箔表面无发花、砂眼、皱折、划痕等，涂布均匀，卷取均匀。

（2）黏着牢固　电化铝箔表面的胶黏层能与多种不同特性的烫印物牢固地黏着，并且应在一定温度条件下，不发生脱落、连片等现象。对特殊的烫印物，电化铝箔胶黏层要使用特殊黏合材料，以适应特殊需要。黏着牢固度还与烫印时间、烫印温度和烫印压力等工艺条件有关，调整烫印工艺也可以改善电化铝箔烫印的牢固程度。

（3）箔膜性能稳定　电化铝箔染色层的化学性能要稳定，烫印、覆膜、上光时遇热不变色，表面膜层不被破坏，烫印成图文之后，应具有较长期的耐热、耐光、耐湿、耐腐蚀等性能。

（4）隔离层易分离　隔离层应与片基层既有黏着，又易脱离。在生产、运输、储存过程中不得与片基层脱离。当遇到一定温度和压力时，即刻与片基层分离，受热受压部分要分离彻底，使铝层和染色层顺利地转印到烫印材料表面，形成清晰的图文。没有受热受压部分仍与片基层黏着，不能转移，转移部分和非转移部分要界限分明、整齐。

（5）图文清晰光洁　在烫印允许的工作温度范围内，电化铝箔不变色，烫印"四号字"大小的图文清晰光洁，线条笔画之间不连片或少连片。电化铝箔的染色层涂布要均匀，镀铝层无砂眼、无折痕、无明显条纹。印迹清晰是电化铝箔的重要性能，烫印出的字迹应无毛刺，这与隔离层和胶黏层黏合力大小、涂布是否均匀有关。

（6）电化铝卷轴平直　电化铝箔卷轴平直，松紧均匀，不粘连。

4. 电化铝箔烫印范围

电化铝箔的型号、性能不同，适合烫印的材料和烫印范围也不同。电化铝箔烫印材料主要有：纸张、纸板及纸制品、漆膜、塑料及塑料制品、皮革、木材、丝绸和印刷品油墨层。各种材料的结构、表面质量、性能各不相同，要求电化铝烫印的适性也不相同，如空白纸张与有墨层纸张的性能不相同，对烫印的要求就有差异。

烫印图文的结构有文字、线条和实地。文字分大号字和小号字，线条有粗线条和细线条，所有这些差别对电化铝箔都有不同要求。一般情况下，烫印粗线条图文和大号文字，要求电化铝箔结构松软，染色层容易与片基层脱离；烫印细线条图文和小号文字，要求电化铝箔结构紧硬，染色层与片基层结合得较牢。

鉴别电化铝箔性能的方法为：用透明胶带粘电化铝箔胶黏层面，或用手揉擦胶黏层面，观察电化铝箔脱落的难易。若箔膜与片基容易脱落，说明电化铝箔的结构是松软的；反之，若箔膜与片基不容易脱落，说明电化铝箔的结构是紧硬的。

电化铝箔型号及适用烫印材料：

1#　纸张、纸板及纸制品、印刷品表面等

8#　纸张、纸制品、皮革、木材、印刷品的油墨层等

12#　聚丙烯、聚氯乙烯硬塑料制品、有机玻璃、铅笔等

15#　聚氯乙烯塑料薄膜及其制品

18#　纸张印刷品以及皮革、丝绸等

（二）电化铝烫印工艺

电化铝烫印机理是：在合压作用下电化铝与烫印版、承印物接触，由于电热板的升温使烫印版具有一定的热量，电化铝受热使热熔性的染色树脂层和胶黏剂熔化，染色树脂层黏性减小，而特种热敏胶黏剂熔化后黏性增加，铝层与电化铝基膜剥离的同时转移到了承印物上，随着压力的卸除，胶黏剂迅速冷却固化，铝层牢固地附着在承印物上完成一次烫印过程。

电化铝烫印的主要步骤为：电化铝箔裁切—装版—烫印。

1. 电化铝箔的裁切

电化铝箔生产厂家的规格固定，需要烫印的产品尺寸各种各样，电化铝箔要根据烫印产

品的尺寸进行裁切，裁切前要精确计算用料。按产品横向面的规格，留有适当余边，裁切电化铝箔，裁切尺寸过宽造成电化铝箔浪费；裁切过窄，不能烫印全部面积，也造成浪费和残留。

为了节省电化铝箔，可采用下列方法烫印。

（1）一次烫印　承印物大部分面积上都有图文，并且全部需要烫印，采用一次烫印，一个版面一次烫印完成。

（2）多条烫印　承印物表面几块面积上的图文需要烫印，若使用整张电化铝箔，会出现多处空白造成浪费，可把电化铝箔裁切成条，几条电化铝箔同步烫印。

（3）多次烫印　承印物表面有多块面积需烫印，各个烫印的图文位置不宜采用几条电化铝箔同步烫印，采用分条分块多次烫印，最后完成整张图文烫印。

2. 印版材料与装版

一般烫印版为铜版、钢版或锌版。锌版不如钢版和铜版耐用，只能用于印数比较少的情况下。烫印时，印版要受热和受压，常用厚型版材。印版图文要腐蚀得深一些，字迹和四边也要保持光洁，图文部分与空白部分的高度差比普通印版相差多些，可避免电化铝箔连片、粘版。制好的印版固定在金属底板上，底板带有电热装置，固定要可靠，印版固定效果直接影响烫印质量，到版面的烫印压力合适为止。

3. 烫印

印版位置调整正确，烫印压力调整合适，即可开始烫印。

（1）开机试印　开机后进行试印，试印速度必须由慢到快，如果试印正常，逐渐进入正常运转，进行烫印。

（2）烫印温度　开车试印前，印版由金属底板中的电热丝通电加热，用温度控制仪控制温度的升降，一般情况下，温度控制在 $-120\sim150℃$ 之间，最高可达 $180℃$。烫印面积大，烫印温度应略高些；烫印面积小，烫印温度应略低些。

（3）烫印时间　烫印温度和烫印时间应配合好，温度高，烫印时间可短些；反之，烫印时间应略长一些。烫印时间过长或过短都可能影响产品质量。烫印时间过长会发生变色，金属光泽变暗；烫印时间过短，则可能出现不能完好烫印，烫印迹容易擦掉等现象。一般烫印时间为 $0.5\sim2s$。

（4）底色墨层必须干燥　在已经印刷过的墨层表面烫印电化铝箔，必须待墨层干燥牢固后才能烫印，防止烫印时拉底；同时，防止烫印发花或印不上。

（5）电化铝箔走卷速度　在烫印过程中，要正确调整电化铝箔在运转过程中的速度，控制放卷输送和收卷间距，防止放卷速度过慢，收卷速度过快，或者放卷速度过快，收卷速度过慢，电化铝箔出现运行故障。还要防止电化铝箔输送不平整，偏离印版位置。

（6）承印物定位精确　烫印过程中，承印物输送必须准确，经常检查规矩是否准确、平整，有无松动、移动，防止造成烫印在承印物上的误差，保证图文烫印精度。

（三）电化铝烫印设备

电化铝烫印机有平压平型和圆压平型两类。烫印机与凸版印刷机结构和原理基本相似。平压平型烫印机使用较普遍。烫印机输纸方式有手动输纸和自动输纸。按烫印颜色分，烫印机有单色烫印机、多色烫印机以及多色多功能数控自动步跳式烫印机。有的烫印机和模切压

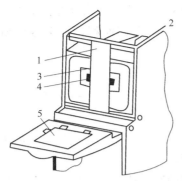

图 7-2　电化铝烫印装置示意图
1—电化铝箔；2—滚轴；3—电热板；
4—印版；5—印张

痕机及其他机器装配在一起，组成多功能烫印模切机等；有的烫印机采用电脑控制，具有全息套准烫印功能，采用智能操作显示屏，可进行人机对话，能适合不同电化铝箔带的同时套准烫印。

1. 平压平型烫印机

平压平型烫印机有手动和自动平压平型烫印机。平压平型烫印机烫印压力大、设备简单、操作方便、烫印质量好，被广泛使用。图 7-2 为电化铝烫印装置。

2. 圆压平型烫印机

圆压平型烫印机的结构与一回转平台式凸版印刷机基本相同，凸版印刷机去除墨斗墨辊装置，改装电化铝箔放卷辊和收卷辊，加装电加热装置，就成为烫印机。由于圆压平型烫印机是卧式机，压力负重和版面面积较大，适用于承印版面负重较大的印件，印速为 1400～1600 印/h。

第三节　折 光 印 刷

折光印刷，又称反光图文印刷，它是一种采用光反射率高的材料作基材，经过精心设计—制版—印刷，压印出有规律的、凹凸状的线条图文，在光的照射下，产生有层次的闪耀感和二维立体形象，使装潢制品产生光耀夺目、富丽华贵、立体感强的效果。可见，折光印刷中的"折光"，实际上指的是反射光，而非折射光。

折光印刷的产品可以分为图像折光和图纹折光两大类。图像类折光是用实物或实景摄制或人工绘制的图像原稿来制作；图纹类折光是用人工或电脑绘制的花纹图案原稿来制作。

折光印刷的应用范围较广泛，主要用于装饰画、商品的包装装潢等方面，用来美化生活环境，提高商品包装的档次和商标的防伪。

一、折光印刷的原理

折光印刷的折光效果就是运用光反射特性，即光的反射强弱均由物体表面的平滑程度所决定。表面平整光洁，对入射光则产生镜面反射，即对平行入射的光线沿着同一方向反射；表面粗糙不平，对平行入射的光线则不能向同一方向反射，而是向各方向反射，反射光散乱无章，反射光线就显得暗。因此，要充分显现折光印刷的光耀夺目的效果，就必须采用表面平整光洁的纸张。

折光印刷的工艺过程，与传统的印刷工艺大致相同，所不同的是首尾两道工序。首道工序是设计；后道工序是压纹加工。

折光技术的基本原理包括以下两个方面。

1. 具有高反射率的基材表面

折光技术是作用于以电化铝或镀铝为表面的基材。金属铝向基材载体的转移，是在真空条件下，铝丝在 1500℃高温被熔为气态分子的飞溅吸附行为。而经过气化真空喷镀聚结到基材载体表面的铝分子，其基本性能并未改变，通过铝分子有序排列组合所形成的镜面铝膜层不仅与基材载体融为一体，而且以铝的物理结构成为基材新的表面，该表面具有能反射出高强度金属光泽的光学性能。

2. 产生多光位的折射光

当用排有不同纹理图案的印版对有镜面铝膜表层面料的纸张进行无墨压印时，镜面铝膜上即有不同方向排列的细微凹凸线条。即使位置都相对固定不变，因其上印出的由不同方向排列的细微凹凸线条而表现的纹理图案，不仅改变了原有镜面的平滑，而且使其对光的反射因表面形态的改变和表面积的扩大，从单一平面的同位反射扩展为有正面光、前侧光、左侧光、右侧光、顶光、脚光等多光位的反射，因此使整体平面上印压产生了三维空间的立体图案。由于印版上的几何线条极为规律且分布均匀，纹路浅显细密且明暗有别，使得多光位的折射光线相干叠加为合成折射强光，且随着多光位的分部折射光合成强光的变化，或视觉角度的变化，使印刷品更加光彩夺目、富丽堂皇，立体感极强，动感十足。

二、折光印刷的印版制作

1. 图纹设计

（1）基材的选择　在图纹设计前，首先要考虑到选用什么基材。要想获得较好的折光效果，就必须选用表面平滑、反射系数大的材料来作承印物。但是承印物的性质不同，所呈现的光泽性质也不一样。一般把物体的光泽分为金属光泽和非金属光泽。金属光泽是一种反射光极强的光泽；而非金属光泽是一种反射光较弱的光泽。折光印刷通常采用的电化铝或金属铝箔纸，对光线的反射是金属光泽，而且对光的透射系数小，遮盖力强，经折光压痕后，折光效果较佳。如果采用非金属光泽的纸张来达到折光效果，如玻璃卡纸，尽管纸张表面平滑光洁，但折光效果总是不理想。所以，在正常的生产中，采用非金属光泽的纸张进行彩色印刷后，对需做折光的位置，先进行烫印电化铝，然后再进行折光压痕。

（2）图纹设计　折光效果是运用凸版折光压痕版在烫印电化铝的基面上，压制出不同角度有规律排列的凸痕线条几何图形来表现。这些几何图形可以是三角图形的，或是圆形的，也可以是其他几何图形；凸痕线条类型一般使用两种，即直线或曲线。

由直线组成有规律排列的常用图形是三角图形。曲线几何图形一般由多个相同的图形组成，而每个图形又由多个不同直径的同心圆构成。在图纹设计（即线条设计）时，首先要考虑折光变幻的效果，要与图像中的物体像和背景配合起来。物体图像是产品的主体，色彩要鲜明清晰，要配制的图纹也要匹配得体。例如，蜡烛图像，可采用"逐变"的圆形图形线；太阳可采用放射形线条；船或鱼类图像，可采用水波形曲线；包装设计图案，则可采用圆形、棱形、三角形等图纹。另外，要注意主体与背景的比例关系，一般的情况下，折光背景的区域不能太小，线条反射光的变幻要分明，反光线条密度可适当再高一些，可防止仿制。

2. 印版制作

折光印刷的压痕凸版版材一般选用铜版，因为铜版质地细腻，可以制成比较细密的凸痕线条。锌版质地较粗，采用它制作凸痕线条版，线条的清晰度、细密性，以及耐印率都不如铜版。铜版制作线条压痕凸版，方法与传统的铜版制版方法完全相同，但一般采用无粉腐蚀法较理想。腐蚀液的浓度应低于传统的腐蚀液，保护液应相应增加，以确保线条边缘光洁，坡度适中。

三、折光印刷

1. 承印材料的选择

在折光印刷工艺中，承印材料的选择非常重要，根据折光效果看，承印材料越具有金属光泽，质地越平滑，对光的反射能力越强，折光效果就越好。所以，一般采用质地平滑的金属光泽材料，如电化铝、铝箔类。在实际生产中，普遍采用较厚的纸板为基础，表面烫印电化铝或覆合一层铝箔膜后作为折光印刷的承印材料。鉴于折光印刷的特殊工艺技术要求，纸张宜选择内部质地较松软、表面平滑度高的纸张，也即紧度要低，有较好的塑性，这样有利于在金属膜面压出细微、整齐的凹凸线。线条光洁、均匀，无破点，折光效果好。

2. 折光印刷

折光印刷通常分两步进行，即先印彩色图案，再进行线条图纹的压制。彩色图案印刷与传统平版胶印或凸版印刷相同，只是油墨宜选用透明度好、光亮强、干燥快的油墨，否则会影响折光效果。

线条图纹的压制质量好坏，全在于压印机械压力的大小。折光印刷宜选用压力大的压痕机压制折光线条图纹。

（1）根据压痕版面大小来选择不同的压痕机　10开以上的小图纹版，可采用平压平式压痕机；8开以上的图纹版，可选用自动四开压痕模切机；四开以上的大面积图纹版，则选用对开海德堡凸版印刷机，最理想的则是德国的博斯特压痕模切机。

（2）装版　与现行的压痕模切和凸版印刷的装版法一样。滚筒包衬可选用中性或硬性，压力则比传统印刷要大。

（3）压痕方法　压痕方法与常规印刷一样。在压痕中要注意套印的准确性，以及包衬面纸的更换。

折光印刷是一种特种印刷，它是平版胶印和凸版印刷相结合的结晶，所产生的折光，是其他印刷无法相比的。因此不仅可以用来装潢商品，而且可以提高商品的陈列价值和附加值，起到保护商品、防止伪造的作用，有着广阔的发展前景。

第四节　仿金属蚀刻印刷

金属包装材料以其色彩鲜艳、华贵、庄重、高雅、反射效果好的特点备受人们的欢迎。仿金属蚀刻印刷品在一些高档精美的包装纸盒制作上，如精品服饰、工艺品、化妆品、茶叶、酒类、香烟及礼品盒上悄然出现，犹如光滑金属印刷的产品。仿金属蚀刻工艺简单而且可以节约大量的宝贵金属资源，以其独特的印刷视觉效果引起印刷界极大的关注，具有广阔的发展前途。

一、仿金属蚀刻印刷原理

仿金属蚀刻印刷是在具有金属镜面光泽的承印表面（如金、银卡纸）采用丝网印刷的独特工艺方法，将仿金属蚀刻油墨印在其上，经干燥后图像部分形成凹凸不平的喷砂状的微粒浮雕，这种粗糙面对光产生的漫反射，与没有印刷油墨部分的承印材料镜面的光反射构成强烈的光泽反差，从而获得一种犹如金属腐蚀、雕刻或磨砂后产生悬浮的立体效果。

二、仿金属蚀刻印刷工艺过程

仿金属蚀刻印刷工艺过程与普通丝印工艺几乎完全相同，需要注意以下问题。

（1）丝网的选择　应选择伸缩性小、强度大、网孔均匀的平纹织网，因为蚀刻油墨颗粒直径在 $15 \sim 30 \mu m$ 之间比较粗，所以丝网的目数应在 $180 \sim 240$ 目之间，以免印刷时产生故障。

（2）网框　应选择性能稳定、耐用、轻便、不易发生变形的耐腐蚀的铝合金材料，最好采用斜绷网方式，以减少锯齿状的出现，提高制版精度。

（3）承印材料　要求具有较高的平滑度，表面应有金属镜面光泽，如玻璃卡纸、蒸镀聚乙烯或聚酯软片、电化铝薄膜、金或银卡纸等。

（4）仿金属蚀刻油墨　它是一种专用的紫外线固化油墨，主要由光聚合性树脂、光引发剂、颜料、助剂和聚合抑制剂等组成。这种油墨干燥速度快、易产生粗糙面，印刷时应避免光线直接照射到网版上，以免油墨在网版上干结。

（5）印刷　采用普通丝网印刷机即可，刮刀可根据承印材料而定，即平面材料用直形刮刀，曲面采用锥形刮刀。硬度不宜太高，约肖氏硬度 65 即可。印刷时，因蚀刻油墨的墨丝短而稠，印刷压力可稍大些，但压力应均匀，以免因油墨层厚度不一，影响凹凸粗糙面的均匀度。

（6）干燥　光固化仿金属蚀刻油墨，一定强度的紫外线照射大约 3～5s 后，即可干燥。

第五节　温致变色油墨印刷

凡因受热而发生颜色变化的油墨即称温致变色油墨。常用的温致变色油墨的颜料包括有机变色颜料和无机变色颜料两大类，根据变色类型可分为不可逆变色颜料和可逆变色颜料两大类。温致变色油墨可分为两种类型：第一种是利用化合物随热分解而产生不可逆性颜色的变化，即冷却时不能复原者；第二种是利用化合物结晶状态变化而带来可逆颜色变化，即颜色可以复原者，用这种油墨印刷的商标，在常温下显示一种颜色，加热后随加热的温度改变显示另一种颜色，以此鉴别商标的真伪。

一、温致变色油墨的组成

温致变色油墨的组成包括变色颜料、填料和连结料。

1. 变色颜料

变色颜料是温致变色油墨的基本组成部分，该油墨受热发生颜色变化，主要取决于变色颜料。温致变色油墨的颜料必须具备下列条件：

① 对热作用要敏感，在常温下有固定明显的颜色，且当达到预定温度时变色要迅速。

② 有明显的变色界限，即变色温度区间要窄，变色前后色差要大。

③ 受外界环境影响要小。在光照、潮湿气候条件下性能稳定，不分解，不退色。

④ 印刷性能好。如颜色、着色力、干燥速度、遮盖力、耐光性、耐热性、耐酸碱性、渗透性等。

⑤ 变色温度合适，检验方便。对于热致变色防伪标识，检验时需要热源（如打火机、火柴、手温、摩擦等），因而变色温度要选择合适。

（1）不可逆变色颜料　不可逆变色颜料常用的有铅、镍、钴、铁、镉、锶、锌、锰、钼、钡、镁等的硫酸盐、硝酸盐、磷酸盐、铬酸盐、硫化物、氧化物以及偶氮颜料、酞菁颜料、芳基甲烷染料等。这些颜料或染料变色都是来自其本身发生热分解或氧化、化合所引起的，由于是化学变化，因而是不可逆的。当然，一些物理变化也有不可逆的。

不可逆变色颜料的变色机理：不可逆变色颜料的变色都是因为变色颜料受热时发生了物理或化学变化，改变了原来的物理化学性质，从而产生颜色变化。一般变化类型可分为以下几种情况。

① 升华　具有升华性质的某些变色颜料与填料配合显示一种颜色，但当加热到一定温度时（在一定压力下），它则由固态分子直接变为气态分子逸出连结料，脱离墨膜，此时墨

膜只显示填料的颜色，人们可利用这种机理达到温致变色目的。例如，选用靛蓝作变色颜料、二氧化钛作填料，以有机硅树脂为连结料配成油墨，在 240℃ 左右加热靛蓝升华，墨膜由蓝变白。升华是一种物理变化，因为当墨膜受热时变色颜料逸出墨膜，而升华的颜料的化学组成没有改变。

② **熔融**　熔融型温致变色油墨是根据纯结晶变色颜料具有固定熔点的原理设计的。结晶变色颜料在一定温度下由有色的固态物质变为透明的液态物质，颜色发生变化，起到温致变色的作用。例如，使用硬脂酸铅和乙基纤维素溶液研磨成白色色浆，喷涂或印刷在深色底材上形成白色涂层，当加热至 100℃ 时，白色硬脂酸铅熔融而成透明的液体，立即显示出深色底材的颜色，由此可以确定加热所达到的温度。熔融也是一种物理变化。

③ **热分解**　无论是有机物还是无机物热敏材料，在一定压力和一定温度下，大部分能发生分解反应。这种分解反应破坏了原来的物理结构，分解产物与原来物质的化学性质截然不同，呈现新的颜色，同时，伴随分解可有气体放出，可以利用这种特性达到温致变色的目的。例如，以碳酸镉作为变色颜料，以改性环氧树脂为连结料配制成油墨，墨膜在 300℃ 温度下碳酸镉分解

$$CdCO_3(白色) \xrightarrow{300℃} CdO(黄棕色) + CO_2 \uparrow$$

④ **氧化**　氧化反应是一种常见的化学变化。不少物质在加热条件下可以发生氧化反应，生成一种与原组成不同的物质，同时产生一种新的颜色，达到温致变色的目的。例如，以黄色硫化镉为变色颜料制成油墨，令其在空气中受热发生氧化反应，生成白色的硫酸镉。

⑤ **固相反应**　固相反应也是变色油墨变色的一种机理，利用两种或两种以上物质的混合物，在特定温度范围内发生固相间的化学反应，并生成一、两种或更多种新物质，从而显示与原来截然不同的颜色。例如，钢灰色的氧化钴与白色的氧化铝配成灰色的混合物，当加热至 1000℃ 左右，此混合物则生成蓝色的铝酸钴。

由于固相反应速度远比溶液中的反应速度慢，同时随着反应温度的升高或反应时间的延长，新物质在逐渐增多，颜色变化是逐渐变深的，所以，这种涂料变色温度区间较宽，精确度低。

(2) **可逆变色颜料**　可逆变色颜料主要选用 Ag、Hg、Cu 的碘化物、铬合物或复盐的钴盐、镍盐与六亚甲基四胺所形成的化合物等，如表 7-2 所示。

表 7-2　常用可逆变色颜料、变色温度及其颜色变化

变　色　颜　料	变色温度/℃	颜色变化	变　色　颜　料	变色温度/℃	颜色变化
$CoCl_2 \cdot 2C_6H_{12}N_4 \cdot 10H_2O$	35	粉红→天蓝	$CoSO_4 \cdot 2C_6H_{12}N_4 \cdot 10H_2O$	60	粉红→紫
$CoBr_2 \cdot 2C_6H_{12}N_4 \cdot 10H_2O$	40	粉红→天蓝	$Co(NO_3)_2 \cdot C_6H_{12}N_4 \cdot 10H_2O$	75	粉红→绛红
$CoI_2 \cdot 2C_6H_{12}N_4 \cdot 10H_2O$	50	粉红→绿	Ag_2HgI_4	50	黄→橙
$NiBr_2 \cdot 2C_6H_{12}N_4 \cdot 10H_2O$	60	绿→蓝	$CuHgI_4$	70	洋红→红棕
$NiCl_2 \cdot 2C_6H_{12}N_4 \cdot 10H_2O$	60	绿→黄	HgI_2	137	红→蓝

可逆变色颜料的变色机理：颜料变色过程，有的是在变色时失去结晶水，有的则进行晶型转化，有的是 pH 值变化引起的，均属物理变化，其变化是可逆的。

① **失去结晶水**　含有结晶水的物质加热到一定温度后会失去结晶水，从而引起物质颜色变化；一经冷却，该物质又能吸收空气中的水汽，逐渐恢复原来的颜色。例如，粉红色的

氯化钴、六亚甲基四胺，于 35℃ 失去结晶水而变为天蓝色。

② 晶型转变　有些变色颜料是一种结晶物质，在一定温度作用下其晶格发生位移，即由一种晶型转变为另外的一种晶型，从而导致颜色的改变，当冷却至室温，晶型复原，颜色也随之复原，用这颜料制成的温致变色油墨是可逆型的。例如，正方体（红色）的碘化汞，当加热至 137℃ 时变为青色斜方晶体，冷却至室温后，颜色复原。

③ pH 值变化　某些物质与高级脂肪酸混合，当加热到一定温度时，酸中离解出的羧酸分子活化，与某种物质作用出现明显的颜色变化，一旦冷却，羧酸分子复原，物质颜色亦随之复原，因此，可以利用 pH 值随温度变化而改变某种物质颜色的原理达到温致变色的目的。例如，硬脂酸与溴酚蓝在 55℃ 时颜色由黄色变蓝，发生变色，冷却至室温颜色又复原。

2. 填料

填料在温致变色油墨中是作为一种辅助材料形式存在的，有些填料可使墨膜发色鲜艳稳定，色调均匀，调节变色颜料的变色温度并能改善墨层的附着力。为此，填料选用耐热性较强的白色粉末是适宜的，常用的填料如表 7-3 所示。

表 7-3　变色油墨中常用填料

填 料 名 称	分 子 式	填 料 名 称	分 子 式
氧化锌	ZnO	碳酸钡	$BaCO_3$
氧化铝	Al_2O_3	碳酸镁	$MgCO_3$
氧化钙	CaO	碳酸钙	$CaCO_3$
氧化锑	Sb_2O_3	硫酸钡	$BaSO_4$
二氧化钛	TiO_2	偏硼酸钡	BaB_2O_4
二氧化硅	SiO_2	高岭土	$Al_2O_2 \cdot 2SiO_2 \cdot 2H_2O$
二氧化锆	ZrO_2	滑石粉	$3Mg \cdot 4SiO_2 \cdot H_2O$

另外，填料的品种及用量对变色油墨的变色性能也有影响，其原因是填料在温度作用下，某些活化元素对变色颜料能起一种催化或抑制作用。

3. 连结料

（1）树脂　在变色油墨中，连结料应当是耐温性好，附着力强，颜色浅，而且不应与颜料组分起化学反应。连结料所选用的树脂有天然树脂或合成树脂。例如，虫胶清漆、醇酸树脂、脲醛树脂、氨基树脂、丙烯酸树脂以及乙烯类树脂作低温度变色示温变色油墨的连结料；而选用环氧树脂、有机硅树脂、酚醛树脂作高温变色油墨的连结料。

（2）溶剂　变色油墨选用适当的溶剂目的在于调节油墨理想的黏度，以利于印刷。选择溶剂必须考虑它对树脂的溶解性、安全性、挥发速度及价格等。如果溶剂挥发太快，油墨很快变稠，这样流平性就差，容易干版，无法印刷；反之如果溶剂挥发太慢，墨膜干燥时间延长，从而导致墨层内的颜料和填料组分之间分层沉淀，同样影响显色，所以对溶剂的选择不可忽视。

二、温致变色油墨印刷工艺

温致变色油墨印刷以前多采用丝网印刷，现又多采用凹版印刷和柔印工艺。

1. 丝网印刷

宜用尼龙（锦纶）丝网、涤纶（聚酯）丝网或不锈钢丝等，网线目数小于 250 目。在进行丝网印刷时，应注意墨层的厚度与感温变色的效果的关系。因此建议在大量丝印前，要确定相应的网目线数，网版与承印物相隔的高度距离，感光胶涂层的厚度以及承印物的表面特性等。同时，还要考虑油墨的黏度、挥发度等，因为这些特性，既影响印刷工艺过程，同样也影响显色效果。印刷后干燥要小心，不可加热过度，最好采用不加热的方法。

2. 凹版印刷

宜用 175 线/in，版深同一般凹印版，不宜用铜版印刷，同时，应镀铬以防墨色变暗，可用聚乙烯为内衬或不锈钢墨槽。长期使用的刮墨刀的刀锋应镀镍、铬。印刷面触及的导辊也宜镀铬。不宜在铝箔上直接印刷，可在纸及塑料上印刷。调墨用的溶剂及稀释剂均应专用，印墨充分搅拌后放入墨槽内，试印观察色相后方可正式印刷。需冷风干燥，加热应适度以免变色性能破坏而不能恢复。

3. 柔性版印刷

在进行柔性版印刷时，要解决好溶剂含量过高而影响干燥速度及印刷适性与柔性版印刷干燥快、速度高之间的矛盾。同时，要考虑温度的要求，如因高温易引起承印物变形或温致变色油墨的呈色效果。对于批量大、不因高温而引起本身变形等反应的承印物（如纸、塑料等），以及导致感温变色效果要求不很严格的承印物，宜采用柔性版印刷。

第六节　光致色变与荧光油墨的印刷工艺

一、光致色变与光变油墨印刷

1. 光致色变颜料的反应机理

物质在一定波长光的照射下，其化学结构发生变化，使可见部分的吸收光谱发生改变，从而发生颜色变化；然后又会在另一波长光的照射或热的作用下，恢复或不恢复原来的颜色，把这种可逆的或不可逆的呈色、消色现象，称之为"光致色变"现象。

物质的可逆光致变色过程可分为两步：呈色和消色。所谓呈色即物质在一定波长光照下发生颜色变化；消色则指已变色的物质经加热或用另一波长光照射，恢复原来的颜色。

2. 光致色变油墨

当光致色变材料应用到油墨中，会引起油墨光致色变反应，即为光致色变油墨，有光致色丝印油墨（水基油墨、油基油墨、塑料油墨等）、凹印油墨（水基油墨、油基油墨）、胶印油墨、紫外线硬化型油墨、热转印油墨、转印印染油墨、发泡油墨和喷射油墨。

把光致色变材料应用到丝印油墨中，一般是将光致色变色素用溶剂溶解，制成缩微颜料胶囊，在溶解的色素中根据不同用途加入黏合剂。较好的制造方法是把光致色变色素溶解为重合单体，把这类聚合物超微粒子粉碎，制成粉末作为颜料使用，用这种方法制成的油墨与缩微胶囊油墨相比，耐光性提高 10 倍。

二、荧光油墨印刷

荧光油墨通常是指紫外线激发荧光油墨，即在紫外线（200～400nm）照射下，能发出可见光（400～800nm）的特种油墨。不同的配方可以得到不同的荧光油墨。如在油墨中加入具有紫外线激发的可见荧光化合物（如三苯乙烯衍生物、二苯乙烯衍生物、四苯乙烯衍生物）得到紫外荧光油墨，在紫外光线的照射下可发出红、黄、蓝的可见光。除了紫外线激发荧光油墨之外，还有红外线荧光油墨，也称为红外线油墨，即在油墨中加入具有红外线激发的可见荧光化合物可得到红外荧光油墨，在红外灯照射下可发出绿色的可见光。

荧光油墨是现代包装防伪印刷中应用比较广泛的油墨之一，适用于公文、有价证券、证件和高级烟、酒、药品、化妆品等名牌商品包装印刷。在我国、韩国的某些纸币上也应用了荧光防伪技术。

荧光油墨中主要成分是荧光颜料，荧光颜料属功能性发光颜料，这类颜料与一般颜料的区别在于，当外来光（含紫外光）照射时，能吸收一定形态的能，不转化成热能，而是激发光子，以低可见光形式将吸收的能量释放出来，从而产生不同色相的荧光现象。不同色光结合形成异常鲜艳的色彩，而当光停止照射后，发光现象即消失，为此称为荧光颜料。荧光颜料与高分子树脂连结料、溶剂和助剂复配经研磨可制得荧光油墨，并可用网印版、凹版或胶版等印刷方式。

1. 荧光颜料的分类

荧光颜料通常根据分子结构可分为无机荧光颜料和有机荧光颜料。

有机荧光颜料又称日光型荧光颜料。这种荧光颜料是由荧光染料充分分散于透明、脆性树脂（载体）中而制得，颜色由荧光染料分子决定。当日光照射时，发射一种除普通颜色以外的高亮度可见光，这是由于其反射光数量增加，吸收日光中肉眼不能看见的紫外光线，把紫外短波变成肉眼可见的长波。紫外光含量愈多，它放出的荧光愈强，并通过适当掺合使用或配以适量非荧光颜料，可得多种不同色调的荧光颜料。若无紫外光辐射，该颜料就为不呈荧光的普通色光颜料。

无机荧光颜料又称紫外光致荧光颜料。这种荧光颜料是由金属（锌、铬）硫化物或稀土氧化物与微量活性剂配合，经煅烧而成。无色或浅白色，只是在紫外光照射下，依颜料中金属和活化剂种类、含量的不同，而呈现出各种颜色的光谱。

2. 荧光油墨印刷

荧光油墨适于纸张类和乙烯类薄膜等的印刷。纸张类荧光油墨有氧化干燥型和蒸发干燥型两种。乙烯类薄膜用荧光油墨为蒸发干燥型。

对于荧光油墨，宜采用胶印、凹印、柔性版印刷以及丝网印刷等。大多数荧光油墨的流变特性呈仿塑性流动，黏度小，这些特性决定了其印刷工艺与普通油墨的印刷工艺有所不同。在进行丝网印刷时，要注意以下几点：

① 荧光油墨适合于200目以下的丝网；

② 印刷品的着墨量在$50\sim60g/m^2$时，其发色和耐光性比较理想；

③ 在承印物是透明物体时，应先印一次白色油墨，这样可提高荧光效果。

在进行平印时应注意到荧光油墨黏度小，极易在印刷中引起乳化而产生浮脏或墨辊脱墨现象，特别是无色透明墨，需常检查以防脱墨后产生的漏印现象。此外，由于荧光油墨的流动度大，干燥较为缓慢，如果墨层较厚，印速快时墨未干燥而产生铺展造成糊版，所以印速不宜太快，墨斗给墨量宜相对少些。

另外，像无机荧光物等是晶体发光的，若压力过大，则会使晶体破裂从而使发光亮度降低。所以，在进行荧光油墨印刷时，一般不采用凸版印刷；而在进行凹印、柔性版印刷时，除注意其黏性、连结料、干燥性等的特性外，还要注意其印刷压力的调节，不宜使印刷压力过大，从而影响印刷效果。

思 考 题

1. 什么是珠光印刷？其特点是什么？

2. 珠光油墨调配时应掌握好哪三个关系？

3. 珠光印刷对承印物及油墨的要求各是什么？

4. 珠光印刷操作时，通常采取哪三种方法？

5. 珠光印刷要注意哪些问题？

6. 什么是金属光泽印刷？

7. 金银墨印刷的特点是什么？其印刷材料有哪些？

8. 金银墨印刷与设计、制版的关系是什么？与底色的关系是什么？

9. 金银墨印刷分为哪几种方式？其印刷时各应注意什么问题？

10. 电化铝箔的结构是什么？其应用范围有哪些？

11. 电化铝烫印机理是什么？

12. 常用的电化铝箔有哪些？质量应符合哪些要求？

13. 电化铝箔的性能如何鉴别？

14. 简述电化铝烫印工艺的主要步骤。

15. 电化铝烫印设备分为哪几类？各有什么特点？

16. 什么是折光印刷？折光印刷的产品可以分为哪两大类？其应用范围是什么？

17. 简述折光印刷的原理。

18. 简述折光印刷的印版制作过程。

19. 如何选择折光印刷承印材料？怎样进行折光印刷？

20. 简述仿金属蚀刻印刷原理及印刷工艺过程中应注意的问题。

21. 什么是温致变色油墨？其常用的颜料包括哪两大类？颜料应具备哪些条件？

22. 简述不可逆变色颜料和可逆变色颜料的变色机理。

23. 简述温致变色油墨印刷时应注意的事项。

24. 什么是"光致色变"现象？简述光致色变颜料的反应机理。

25. 什么是光致色变油墨？包括哪些类型？

26. 荧光油墨的应用范围是什么？其主要成分是什么？

27. 什么是荧光油墨？

28. 简述荧光颜料的分类。

29. 荧光油墨用丝网印刷时应注意哪几点？用平版印刷时应注意什么？

第八章　特种承印材料印刷

第一节　金属印刷

一、概述

1. 金属印刷的种类

金属印刷是以金属板、金属成型制品和箔类硬质材料为承印物的一种印刷方式。印铁是金属薄板印刷的简称，印铁的承印材料主要有马口铁（镀锡钢板）、无锡薄钢板（化学处理钢板）、锌铁板、黑钢板、铝板、金属软管、铝冲压容器以及铝箔器皿等。

金属印刷的方式一般因承印物形态的不同而不同，但是，无论采用什么样的材料，都属于硬质材料，所以，金属印刷大多以胶印为主。表8-1列出了金属印刷中承印物的种类、印刷方式、主要制品。

表 8-1　金属印刷中承印物的种类、印刷方式、主要制品

承印物		印刷方式	主要制品
形态	主要材料		
卷材	锌铁板	凹版印刷	建材（内装、外装等）、装饰板（电器制品、家具等）
片材	马口铁 TFS 铝板 黑铜板	平版印刷 干胶版 凹版胶印 丝网印刷	罐装容器、点心、药品、装饰品、油、涂料等容器、干电池、盖类、玩具、标牌、显示器、装饰板（家用电器、厨房用器等）
箔	铝	照相凹版印刷	铝箔容器
成型品	铝冲压罐 铝、白铁皮复合罐 软管	干胶版 丝网印刷 热转印	装饰品 饮料容器 牙膏、药品、食品等容器

2. 金属印刷的特点

由于金属印件的特殊性，金属印刷的工艺过程具有它特有的特点，金属印刷的设备结构也相应地具有特殊的结构，以适应金属印件印色的需求。目前国内外的印铁机，主要以单色机和双色机为主，这主要与投资成本、色序特点、设备的实用价值等诸多因素有关。

（1）金属印刷品的特点　金属印刷很少是最终制品的印刷，而往往是各种容器、盖类、建材、家用电器制品、家具、铭牌以及各种杂用品等加工工艺过程的组成部分，这些制品大都以丰富人们的生活为主要目的，因此，金属印刷就显得更加重要了。金属印刷的产品一般应具有如下特点。

① 色彩鲜艳，层次丰富，视觉效果良好。承印材料若是镀锡钢板，其表面的镀锡层具有闪光的色彩效果，再经过底色印刷，印刷图文更加鲜艳。若是无锡钢板或其他金属材料，经表面处理和涂装，印刷后也可显现出特殊的闪光效果。

② 承印材料良好的加工性和造型设计的多样性。金属材料具有良好的力学性能和加工、成型性能，包装容器可实现新颖、独特的造型设计，制造出各种异形筒、罐、盒等包装容器，达到美化商品、提高商品竞争能力的目的。

③ 有利于实现商品的使用价值和艺术性的统一。金属材料的良好性能和印刷油墨良好的耐磨性、耐久性，不仅为实现独特的造型设计和精美印刷创造了条件，而且提高了商品的耐久性和可保持性，可更好地体现商品的使用价值与艺术性的统一。

（2）金属印刷工艺的特点　金属印刷类似印张，但又不同于印张，这是由它的工艺特性决定的。

① 常用的金属材料，按其表面的硬度不同，可分硬性、中性和软性三种。铝合金薄板属于软性金属板，普通薄钢板属于中性金属板，镀铬薄钢板则属于硬性金属板。金属印刷应视不同硬度的材料，进行滚筒压力的调节和选用合适的包衬材料。一般硬性金属板以软性包衬为主，软性和中性金属板以中性包衬为宜。

② 金属表面印前需涂装。油墨同金属之间的附着力、耐磨性能和牢固度都非常差。印刷时在金属板上先印一层打底涂料，然后再印油墨，油墨膜的耐磨性能和牢固度均明显提高。同时，印后再在表面罩一层涂料，对油墨膜层起保护作用，增加图案的光亮度，又防止包装物与油墨直接接触。

③ 金属印刷用特殊性能的专用油墨。由于金属表面无吸收性，金属油墨的干燥主要依靠油墨自身的氧化结膜或油墨溶剂的挥发。此外油墨的配制，还要考虑金属板印刷后成型的要求。例如，食品罐头，封罐后需要在高压容器内蒸煮杀菌，这就要求油墨在蒸煮过程中不掉漆、不退色、光亮如初。又如护肤脂盒，由于护肤脂由油水混合物组成，所以金属印刷油墨必须具有良好的抗水性能。其他如制造金属印刷玩具的油墨，既要耐摩擦性能良好，又要无毒性。

④ 金属印刷要始终考虑成品效果。由于金属印刷很少是最终制品的印刷，因此印刷时不仅要考虑本身的印刷质量，而且要考虑罐盒容器的形状、规格尺寸和印刷图案相适应。在制版过程中，要把罐盒容器的形状、规格尺寸和印刷效果放在首位加以考虑；规划图案怎样围绕罐盒容器成型的要求分别进行分色、排版等；尤其在拷贝和晒版时，要考虑如何拷晒对罐盒容器成型生产有利。

二、金属板的印刷

金属板印刷大多采用胶印方式。根据承印物的特性及使用目的不同，为了使其具有相适应的耐蚀性及印刷、加工性能，在印刷之前要进行底层涂布，印后进行罩光，以及后加工。一般金属板印刷工艺过程如下：

```
内面涂清漆 → 表面涂清漆或涂白色底漆 → 印刷 → 上光 → 加工
```

（一）涂装

为了与使用目的和加工方法相适应，在印刷前后要进行涂装。与印刷有关的涂装工艺主要有底色涂装、表面白色涂装和上光三种涂装形式。根据涂装要求合理选用涂料和上光油是保证金属印刷产品具有良好的牢固度、色彩、白度、光泽度以及加工适性的前提。

（1）底色涂装　利用打底涂料进行涂布，其作用是提高金属表面与油墨层的附着力。因此，要求打底涂料对金属表面具有牢固的结合力，并对油墨层也有良好的亲和力，这就要求涂料本身应具有良好的流动性、抗水性和呈色性等特点。底色涂料一般有低温底漆（醇酸型）和高温底漆（环氧氨基型）。

（2）白色涂装　利用白色涂料或无色透明涂料对金属表面进行涂装。白色涂料主要由颜料、氨基醇酸树脂和醇类溶剂组成，一般作为印刷满版图文的底色使用。白色涂料应具有良好的附着性和白度，并在高温烘烤的条件下不泛黄、不退色，在冲制筒、罐的过程中不掉层、不剥离。常用白色涂料有醇酸型、聚酯型和丙烯酸型。

（3）上光涂装　在已完成所有图文印刷的表面上覆盖一层上光涂料，其目的是增加图文表面的光泽，保护印刷表面，提高金属表面的耐光性和耐化学腐蚀性。因此，上光涂料应具有一定的光亮度和必要的硬度与牢固度。上光油有低温光油和高温光油。

金属板的涂装一般由涂布机进行，大多采用辊式涂布方式，图 8-1 为涂布机工作原理。

出料辊与传料辊的间隙大小决定涂层厚度。一定量的涂料由传料辊传给涂布辊，然后由涂布辊将涂料涂布在金属板上，完成表面涂装。调节时要求是各辊中心线平行、接触压力（即间隙）一致。上下传料辊的间隙大小需要根据不同产品涂料厚度的要求予以调节。由于金属板是按一定间隔进行传送的，因此，金属板之间有一定间距，在此期间内，涂布辊与刮料辊接触，将涂料转移到刮料辊上。刮料辊上装有刮料刀，将辊上的涂料刮下，以防止在金属板的间隔内将涂料转移到下一块金属板的背面，引起背面带脏故障。

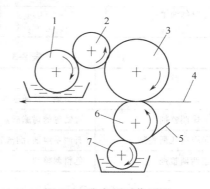

图 8-1　涂布机工作原理
1—出料辊；2—传料辊；3—涂布辊；4—金属板；5—刮料刀；6—刮料辊；7—增湿辊

若在金属板上全面进行涂装，板材的传送与涂布辊的位置没有时间配合关系。如果制品有特殊要求采取局部涂布形式时，则必须保证板材的传送与涂布辊的回转之间有正确的时间调节。此外，为保证板材与涂装面的位置相一致，在板料的后端与侧面设置规矩。

为了得到一定的涂层厚度和涂膜的均匀性，除了将涂料保持一定的黏度及不挥发性外，涂布辊的表面硬度也应符合一定的要求。在金属印刷中，涂布辊一般为合成橡胶辊，其材质主要有腈基橡胶系、异丁橡胶系、聚氨酯橡胶系等材料。根据涂料的溶剂组成，选择具有一定膨润性、抗拉强度、撕裂强度、耐磨性等物理性能的涂布辊材料。常用的橡胶辊有三种：一种是采用厚橡皮布，即把 5mm 左右厚度的耐溶剂橡皮布包在空心铁辊上。这类胶辊涂布质量好，适用于满版印刷。第二种是由橡皮衬垫毡呢包在铁辊上，适用于一般产品的满版涂布。第三种是按照图文面积开槽的橡胶辊，主要用于食品罐、气雾罐等电阻焊类产品。

板料经涂装后，随即由输送器送往干燥箱内进行加热干燥。

（二）印刷

1. 制版

单张金属板印刷主要采用平版胶印和干胶印两种印刷方式。制版工艺与普通的纸张印刷基本相同，主要使用重氮型 PS 版来制作平版胶印版。对于罐、盖类印刷，制作平版时大多将相同的画面成组制作成阴图或阳图，利用连晒机进行曝光制版，这样可在一张板料上同时印刷数十个相同的图像。

如采用干胶印方式，可采用感光性树脂凸版进行印刷，一般将拼排好的大幅面的阴图采用专用曝光机进行曝光制版。

2. 印刷油墨

由于承印物为非吸收性的金属表面或涂装面，印刷后还要进行机械加工处理，因此，金属印刷油墨与一般平版胶印油墨相比，应具有特殊的性质。

（1）金属印刷平版胶印油墨的组成（表8-2）及主要原料（表8-3）　颜料要求具有耐热性和耐溶剂性，连结料应具有良好的耐热性、耐光性、耐蒸气性及加工性能。作为食品用印刷油墨的原料，还应从卫生、安全方面考虑，印刷油墨还必须符合有关食品卫生法的规定。

表8-2　金属印刷平版胶印油墨的组成示例

种类 \ 成分	颜　料	合成树脂连结料	溶　剂	添　加　剂
白色油墨	50%～60%	36%～47.5%	2%～3%	0.5%～1%
彩色油墨	20%～30%	62%～76%	3%～5%	1%～2%

表8-3　金属印刷平版胶印油墨的原料

颜　料	钛白粉，碳墨，联苯胺黄，二氧化硅，铝粉
连结料	脂肪酸变性醇酸树脂，脂肪酸变性苯酚树脂，苯酚树脂，环氧树脂，聚合油等
干燥调整剂	锰钴等的树脂酸盐，脂肪酸盐等
印刷适性调整剂	石油系溶剂，润滑脂，石蜡，界面活性剂等
色调调整剂	色料调整剂

（2）金属印刷平版胶印油墨的性质

① 油墨的流动性　金属承印物表面无渗透能力，容易产生网点扩大现象，因此，在印刷时一般使用大的干燥设备，如干燥箱等，这必然会导致印刷环境温度升高。如果没有必要的温度调节系统，油墨的流动性就会增加，失去合理的物理状态，这时油墨会产生乳化及印刷图文变粗。因此，金属印刷平版胶印油墨与纸张印刷油墨相比，应使用高黏度的油墨。

② 润湿水的适性　由于金属表面属于非吸收性表面，如果版面上的润湿水过多，加之印刷过程中随着版面温度的上升，油墨的黏度降低，易产生油墨的乳化，为此，应控制版面上的水膜厚度和着墨量来达到版面上的水、墨平衡，以保证润湿水的适性和印刷质量。

③ 油墨的干燥性及耐热性　金属印刷一般采用大型的干燥箱进行加热干燥。如果承印物表面上的油墨没有凝固，印刷后进行成型加工或加热杀菌处理时，只能通过干燥早的底色进行黏着，所以，需要有充足的硬度和良好加工性能的油墨皮膜。因此，用干燥箱进行加热时要得到适当的油墨层的硬化，金属印刷油墨属于热固化油墨，要求高温烘烤后颜色不变。在实际生产中，有些色相的油墨经烘烤后还是或多或少有些变色，例如白墨、冲淡墨以及用大量白墨、冲淡墨调配而成的墨等，这些油墨经多次烘烤会发生黄变，尤其是用大量冲淡剂调配出的专色墨，多次烘烤后颜色变化会很大。避免产生退色或变色现象，这就要求从连结料和颜料两方面来加以保证。

④ 耐溶剂性及湿压湿涂布性　在金属印刷中，为提高后工序加工及处理的适应性，并使印刷面具有一定的光泽，特在印刷的最后工序油墨未完全干燥之前进行上光涂装，即湿压湿涂布，以形成均匀、平滑的涂膜，不能产生渗色现象，即油墨溶解在上光清漆中，以保证在加热干燥过程中保持涂装时的正常状态。同时，还应注意不产生起皱和裂纹。为此，应选择不溶于溶剂的颜料，并使油墨保持与上光清漆相适应的相溶性及界面张力。

⑤ 耐光性　对于长期陈列与使用的商品，在自然光与照明光的照射下油墨膜不应产生退色现象而影响商品的使用价值，因此，要求金属印刷油墨具有一定的耐光性能。油墨的耐光性能主要与颜料有关，应根据使用目的不同，正确选择具有耐光性能的颜料，以提高商品包装容器的可保持性。

⑥ 加工性　金属板印刷后，根据其用途不同还要进行诸如接缝、冲孔、卷边成型、深拉伸加工等工序的操作与处理，因此，油墨中的连结料在加热干燥情况下应具有一定的硬度和韧性，在反复加热时不能改变其性质，并对底色涂层和上光漆也应具有良好的附着性，为此，通过合理选择连结料的树脂来满足对油墨加工性能的要求。

⑦ 耐蒸馏性　对于罐装用金属包装容器，当完成填充后一般还要用加压蒸气或热水进行杀菌处理，这时，如果水分进入油墨层中，或者在颜料中含有溶于水的盐类等物质，都会产生水泡。若在油墨中干燥剂添加过多，就会降低油墨的耐水性能。如果颜料选择不当，会引起变色和退色现象。因此，应合理选择油墨中的颜料，使其具有良好的耐蒸馏性能。

总之，由于金属承印材料表面属于非吸收性表面，容易产生网点增大现象。与纸张印刷油墨相比，金属印刷平版胶印应使用高黏度的油墨；版面上的润湿水过多容易产生油墨的乳化，因此，应严格控制版面上的水膜厚度和着墨量来达到版面上的水、墨平衡。同时，金属印刷油墨应具有一定的硬度和韧性，在反复加热时不能改变其性质，底色涂层和上光油应具有良好的附着性。

（3）金属印刷用 UV 型平版胶印油墨　上述金属印刷油墨为树脂型油墨，用热能进行干燥。为加速油墨的干燥，可采用紫外线照射进行瞬时干燥，使油墨在印刷机上不干，而印到承印物上要能迅速干燥，以满足连续印刷的需要。为此，必须使用紫外线光固化型油墨，即 UV 油墨。

UV 油墨的配方示例如表 8-4 所示，油墨中的颜料与其他普通油墨相同。

表 8-4　金属印刷 UV 型平版胶印油墨配方示例

成　　分	比　　例	成　　分	比　　例
颜料	20%～25%	光聚合引发剂	5%～10%
丙烯系预聚物及单基物	60%～70%	添加剂	5%～10%

油墨中连结料与普通油墨不同，主要作用除了润湿颜料外，还给予油墨一定的黏度和流动性，并影响硬化的油墨皮膜的各项物理性能。因此，金属印刷用 UV 油墨所用的连结料要求色泽浅，透明度高，成膜后光泽好，附着力高，韧性、冲击性优良，抗水性能良好，能瞬间干燥。一般采用两种或多种光固化树脂或预聚物、胶联剂拼合。预聚物是 UV 油墨的主要成分，金属印刷用 UV 油墨，可选择与后加工及处理相适应的丙烯系树脂。单基物是为了调整油墨的黏度。

光聚合引发剂的作用是，当油墨吸收紫外线后，使预聚物和单基物开始产生聚合反应，它是决定油墨的硬化速度、油墨储存的稳定性以及预聚物和单基物的相溶性，使用中应严格加以控制。

添加剂主要有聚合防止剂、黏度调整剂和石蜡等，用来改善油墨的耐摩擦性能，降低黏性，使油墨获得所要求的印刷适性。

UV 油墨固化具有快速固化和低温固化的特点；膜层光亮、平滑，折光效果使图文产生

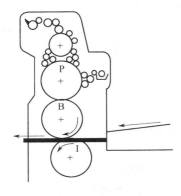

图 8-2　金属板平版胶印机印刷机组的构成示例

强烈的主体感，色彩更加鲜艳；有助于保持颜色一致，解决了溶剂型因温度、湿度变化造成的粘连现象；干燥后膜面坚固、具有良好的耐热、耐寒、耐水、耐磨损性能和保护作用；印刷时间短、生产效率高、占用场地小；有利于环保、改善作业环境。但 UV 油墨自身聚合度高，形成表面分子极性差，且无毛细孔，因此 UV 墨与金属表面的亲合力较差。需要对金属板表面进行预涂底料处理。采用 UV 干燥方式是金属印刷的发展趋势，开发 UV 低温干燥型印刷油墨和上光（涂布）油，可以达到节省能源、提高生产率的目的。

3. 金属板印刷机

金属板印刷机主要有平台式平版胶印机和轮转式平版胶印机两种机型。前者采用手工续料，生产率很低，印刷板料的尺寸较小、印刷批量不大的情况下使用，如瓶盖、玩具等的印刷。后者主要以双色机为主，由于其承印物表面没有吸收性能，故湿压湿多色印刷不适用，只适用于印刷画面为双色的产品。本机型的基本构成如图 8-2 所示。

印刷部由印版滚筒（P）、橡皮滚筒（B）、压印滚筒（I）及输墨装置、润湿装置组成。三滚筒的排列方式一般接近垂直配置。因金属板进入印刷滚筒时不能像纸张那样卷绕在压印滚筒上，因此，在进料时应将金属板的后端压住，使板料平整地进入印刷区域。另外，给料部的结构形式与一般的给纸机基本相同，只是应采用大型的吸料嘴，以强力将板料吸起，并利用磁铁的磁力将板料分离。输墨与润湿装置一般采用平版胶印机的标准形式。印刷速度可为 3600～6000 张/h。

在金属板平版胶印中，应采用硬型橡皮布和硬式衬垫，否则，在印品的实地会产生网点变粗以及网点的再现性不良等故障。因此，金属板印刷机的印刷部件应有足够的刚度和精度，并要严格控制滚筒的包衬尺寸。

图 8-3 为四色金属板平版胶印机，在印刷滚筒之间设置了 UV 干燥装置，为提高印刷速度创造了有利条件，以实现高速、多色印刷，但要使用 UV 型油墨。由于 UV 型油墨中的单基物和清洗剂会对橡胶辊和橡皮布产生膨润作用，故一般的腈系胶辊和橡皮布不能进行印刷。为此，应选用 UV 型油墨专用的橡胶辊和橡皮布。若使用重氮型 PS 版，应防止被油墨的洗净剂所浸蚀，最好采用光聚合型 PS 版、平凹版或多层金属版。

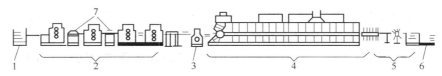

图 8-3　四色金属板平版胶印机

1—给料部；2—印刷部；3—涂装部；4—干燥部；5—翻转部；

6—收料部；7—照射部

4. 干燥机

金属板印刷所用的干燥机主要有两种类型，即板料干燥机和 UV 照射装置。

（1）板料干燥机　金属板经印刷或涂装后，应进行加热干燥。树脂型印刷油墨，采用热聚合或氧化聚合干燥方式；涂料一般利用重缩合和溶剂的蒸发以形成干燥的涂料皮膜。干燥条件主要包括加热温度和干燥时间。对印刷油墨而言，其平均干燥温度为130～150℃，干燥时间为8～10min；对于涂料，其干燥温度为180～210℃，干燥时间8～10min。

根据燃烧室的安装位置不同，有两种加热方式，即直火式和热风循环式。热风循环式加热方式因炉内温度分布良好，能对板料印刷面进行均匀加热，所以，这种干燥方式可用于高速化的大型印刷机。为使油墨皮膜或涂层得到必要的物理性能，对加热温度应进行严格控制和调整。

（2）UV照射装置　目前采用的UV照射光源大多为高压水银灯，所用的放电灯电弧单位长度的输入电功率主要有如下几种，即80W/cm、120W/cm、160W/cm。根据印刷速度确定放电灯的数目，如印刷速度为100/min时，则需要80W/cm放电灯5～6根，或120W/cm或160W/cm的放电灯2～3根。

三、卷料金属板印刷

卷料金属板印刷也称装饰板印刷，是在卷筒状的金属板上印刷出连续的图案，主要用于大批量的建材印刷。为了提高印品的耐久性和可保持性，一般采用照相凹版胶印的印刷方式，以实现木纹印刷。这种印刷方式印品墨层较厚，色彩鲜艳，印刷质量较好。

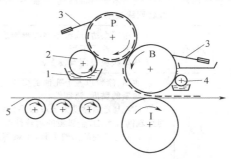

图8-4　凹版胶印原理

1—墨斗；2—出墨辊；3—刮墨刀；4—洗净辊；

5—金属板承印物

卷料金属板大多以锌铁板为主，印刷时金属表面先进行脱脂去除氧化膜，在经过化学处理的表面上进行底色涂装和背面涂装，由干燥炉加热干燥和冷却后进行木纹底色涂装和背面二次涂装，然后经加热干燥和冷却，用照相凹版胶印机完成无接缝多色印刷。最后，通过上光机完成上光涂装，再经干燥、冷却后便可进行复卷。

印刷机组采用凹版胶印方式，其工作原理如图8-4所示。印版滚筒采用凹版，若实现无接缝印刷，可通过电子雕刻机制作凹版，即无接缝制版。印刷油墨经橡皮滚筒的转印后，将图文印在承印物表面上。橡皮滚筒上残留的油墨经洗净辊与刮刀清除后还可循环使用。因此，要求印刷油墨的干燥速度比一般凹印油墨要慢一些，以保证良好的油墨转移。

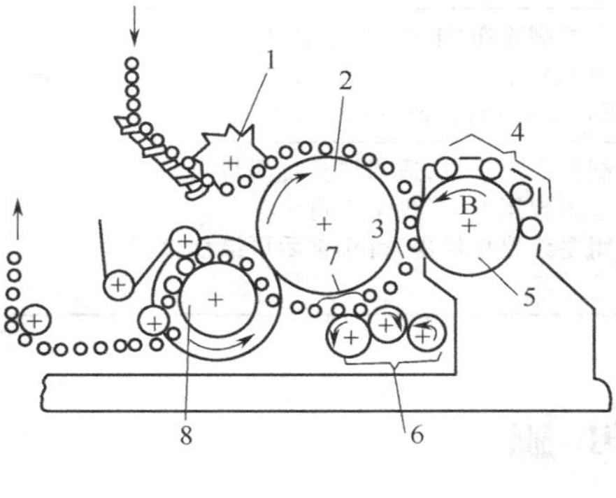

图8-5　金属罐四色凸版胶印机

1—进料星形轮；2—心轴转盘；3—印刷区；

4—印版滚筒；5—橡皮滚筒；6—上光机组；

7—上光区；8—输出装置

四、成型品印刷

主要是指圆柱形的金属罐印刷。金属罐往往是从罐体的成型到成品的制成由自动生产线来完成，其中涂装和印刷则是生产线的组成部分。现在应用较普遍的金属罐主要是马口铁罐或铝罐，成型后都要经过洗净、表面处理后再进行涂装和印刷。涂装机和印刷机的涂装、印刷速度一般为400～1200个/min。

金属罐印刷机的印刷速度较高，一般不采用平版胶印方式而选用干胶印方式，即采用感光性树脂凸版或金属凸版，通过橡皮滚筒转印的印刷方式，印刷色数以四色机为标准机型，其工作原理如图8-5

所示，适用于金属罐高速印刷。进行多色印刷时，印刷图案以相同的图文不重合为原则，但不能采用彩色软片为原稿制版印刷。为了在印刷表面产生一定光泽，可先涂布白色漆为底色，然后再用印刷机进行直接印刷。上光机组一般采用湿式涂布方式。

印刷油墨与单张金属板印刷基本相同。由于金属罐的印刷速度较高，应保证有足够的印刷压力，并选用低黏度的油墨和干燥性能良好的连结料。

金属罐经印刷、上光后，还应送入干燥机进行加热干燥。对于铝冲压金属罐的印刷与一般的软管印刷相同，可参照软管类印刷。

五、金属印刷质量缺陷及解决方法

金属印刷的常见质量缺陷及解决方法列于表8-5。

表 8-5　金属印刷的常见质量缺陷及解决方法

故障现象	产生原因	解决方法
光泽度差	① 上光油黏度太小、涂层太薄 ② 涂布不均，马口铁板表面不平滑，涂布网纹辊网线过细	① 提高上光油的黏度，尽可能少加稀释剂 ② 调整涂布机构，使涂布均匀，或在马口铁上预涂层底胶，以加大涂布量
白点与针孔	① 涂布层太薄，或涂布网纹辊网线过细 ② 稀释剂选用不当 ③ 马口铁板表面有较多粉尘	① 选用合适网线的涂布网纹辊，以增加涂层厚度 ② 加入少量平滑助剂，或使用参与反应的活性稀释剂 ③ 承印材料表面保持清洁
膜层硬度差、附着力差	① 油墨、涂料以及上光油的层膜硬度不够 ② 油墨的黏度、流动性、耐热性不好 ③ UV上光油黏度太低或涂层太薄、或涂布网纹辊网线太细，金属板的附着性差 ④ UV上光油的附着力差，干燥不足或过度	① 严格控制油墨、涂料及上光油的干燥程度 ② 提高上光油的黏度、加大涂布量 ③ 严格控制油墨和涂料中添加剂的用量；对于涂布过表面，必须先进行高温除油或溶剂除油，然后再进行正常印刷 ④ 对于UV上光，应更换与光油相匹配的涂布网纹辊、选择合适的光固化条件、并检查紫外光灯管是否老化或机速不符
粘连	① 金属印件成品之间粘连 ② 印件与橡皮滚筒发生粘连 ③ 紫外光强度不足或机速过快	① 在油墨中加入适量的干燥剂；若上光油烘干后发粘，应提高上光油的烘干温度或在上光油中加适量石蜡，减轻粘沾现象 ② 降低油墨的黏度，适当增加调墨油；检查印刷压力是否合理；调整合适的金属印刷运转速度，控制墨量 ③ 降低固化速度，增大紫外光功率
条痕、起皱、结皮	① UV上光油黏度高、流平性差 ② 涂布量过大、压力不均匀	① 加入适量的酒精溶剂稀释，以降低黏度 ② 减少涂布量、调整压力
残留气味大	① 烘干温度低 ② 光固化强度不足，使光油干燥不彻底、残留气味	① 适当提高涂布（上光）烘干温度 ② 对于UV上光，应选择合适的光源功率与机速、减少使用非反应型稀释剂、改善通气排气条件
水墨平衡失调	① 水辊、墨辊的调整不合理 ② 版面水分大，油墨产生乳化现象 ③ 版面水分过小，空白部分起脏，图文部分糊版，墨色变得很深	① 控制版面用水量；适当调整传墨量 ② 调节水辊压力，减少供水量 ③ 关闭墨斗停止供墨，待正常后可继续供墨

第二节　软　管　印　刷

一、概述

日常生活中，采用软包装的容器，如盛装药品、黏合剂、化妆品等液状或膏状物质的各种金属或塑料的软管随处可见，它们与普通罐装容器不同的是其外形一般是可被挤压，以其自身的收存性、保质性、质量轻、无污染以及适合高速自动化生产等特点，而被广泛应用。

软管印刷由其表面的特殊性，对金属软管、塑料挤压软管，一般是利用胶印原理对软管进行印刷的。近年来，随着新技术的不断出现，凹印与层压复合相结合的技术应用于层压软管的印刷，使软管原来难以达到的精美彩色印刷得以实现。

二、软管容器的种类

按软管所用材料的制造方法不同，可将软管容器分为四种，即金属挤压软管、塑料挤压软管、层压复合软管和吹塑软管等。

1. 金属挤压软管

金属挤压软管包括铝软管、锡铝合金软管、铅上铸合锡软管和铅软管等，它们是利用金属可塑性加工制成的金属软管，如牙膏、药品、化妆品和其他食用软管等。对被包装物完全密封，可隔绝外界光源、空气、潮湿等特点，有极好的保鲜储香性，材料加工容易，效率高及充填产品迅速而准确，成本低廉，便于定量使用内装用品。

2. 塑料挤压软管

塑料挤压软管早期采用的是单层 PE、PVC 材料制造的，近年来随着多层化成型技术的提高，装饰的塑料化逐渐被包装性能更好的尼龙、聚偏氯乙烯功能性树脂等取代，其阻隔性、保香性得以提高，且具有变形小、轻型化、无缝和易于印刷等特点，广泛用于装饰品、清洁剂、硬化剂等的包装。

3. 层压复合软管

层压复合软管具有金属挤压软管和塑料挤压软管的双重性能，它是根据材料的特性，依靠多层化技术复合而成。目前除了广泛用于牙膏类制品外，在装饰品、食品、医药等领域也相继采用层压复合软管，从而极大地促进了层压复合技术的进一步发展。

4. 吹塑软管

吹塑软管主要是指采用 PE、PVC 系列塑料吹塑而成的单层吹塑软管，如一种具有挤压性的吹塑瓶。随着多层材料的成型技术和无公害的树脂材料的研究和应用，如阻气性良好的尼龙、聚偏氯乙烯等，在 20 世纪 70 年代开始应用于调味品、果酱、化妆品和医药等的挤压性吹塑管生产。

三、软管容器的印刷

软管的种类繁多，材料性质各异，因此各种软管的加工方法也不尽相同，不同种类的软管必须采用不同的印刷方法。

（一）金属软管容器的印刷

目前金属软管约占全部软管产品的 70%，其基本加工方法是把软管成型用的金属型芯，在自动模型冲压机中制成空芯的软管体，然后进行印刷及印后加工等。

铝制软管质轻、美观、无毒、无味、成本低，广泛用于化妆品、医药品、食品、家庭用品、颜料等的包装，是金属软管中使用最为广泛的一种。锡制软管由于其价格较高，只有某些特殊的药品因产品的性质要求而使用。铅制软管由于铅有一定的毒性，几乎被禁止使用，只有含有氟化物的产品才采用。

由于金属软管中主要以铝制软管为多，现以铝制软管为例加以说明。

1. 铝软管的制造过程

在印刷之前，首先必须将纯度在 99.7% 的铝锭加工成铝型芯，然后再由铝型芯通过冲压成软管和退火等处理。具体的制造工序如下：

2. 铝软管容器的印刷及印后加工工艺

铝软管在印刷图像之前要进行涂装处理，再在表面印上白墨或其他底色油墨进行打底，然后才能开始进行正式图像印刷，具体印刷工艺为：

现将主要工序分别介绍如下。

（1）内侧面涂漆　其主要作用是防止内装物因与铝材直接接触而变质，提高铝软管内装物的保存性，同时也可以避免铝材本身的腐蚀，故对内侧表面进行涂装处理。因此，要求铝管的内侧表面应具有耐药品性和柔软性，并且所用的涂料也应具有附着性、涂装性和耐磨性。目前，一般内面涂料主要有环氧、环氧酚、环氧氨基等。作为涂装的条件，应满足一次涂装或双次涂装以及有关涂膜适性的检测，如膜厚测定、砂眼测定、耐溶剂性测定、蒸煮试验和粗度测定等，同时涂装后不能有超过规定数量的砂眼。

（2）底色涂装　主要是为了形成软管底色而采用的涂装方法，所用的涂料一般为白色或彩色涂料。底色涂料应有柔软性、耐光性、附着性以及遮盖力等，为此，所用的涂料必须满足硬度、光泽度、平整性、耐药品性、耐热性以及对油墨的附着性等的基本要求。所用的涂料主要有变性醇酸、变性环氧和环氧树脂等。涂装设

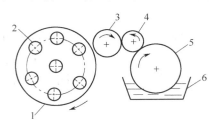

图 8-6　辊式涂装机工作原理

1—回转圆板；2—心轴；3—涂布辊；
4—传料辊；5—出料辊；6—涂料斗

备一般采用辊式涂装机，其工作原理如图 8-6 所示。将软管装于回转圆板的心轴上，软管可在心轴上转动。当回转圆板转动时，因软管表面与涂布辊直接接触，靠接触摩擦力带动软管转动，即可完成涂装过程。

（3）印刷

① 印版的制作　软管的印刷方式主要采用凸版胶印，所以一般采用由照相凸版制版方法制作的凸版胶印印版，如铜锌版或感光树脂版。

② 油墨　因承印材料为金属铝，所以应采用与其相匹配的金属印刷油墨，同时对油墨的印刷适性，如黏度、光泽度、硬度、耐热性、耐磨性、耐光性、耐药品性和附着性等方面均应有一定的要求。

③ 印刷机　由于软管印刷物多呈圆柱状，且不同的软管直径各异，所以软管的印刷一般有专用的软管印刷机。印刷部分多是采用卫星式结构，配有打底色及烘干装置，并有自动退坏壳及故障停机等装置，底色印刷机构应与其他机构分开，并在中间加装红外线装置。图 8-7 为四色软管印刷机的工作原理图。印刷时，将软管插入回转圆板的心轴 2 上，因橡皮滚筒 6 上的橡皮布 4 与软管表面接触施以印刷压力，印版滚筒 5 上的图文则可以按顺序经橡皮布 4 的转印而完成多色印刷。印刷后，将软管从心轴 2 上拔出送入干燥装置进行干燥。因此，软管的内径与心轴

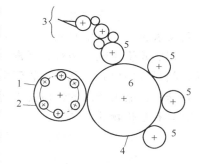

图 8-7　四色软管印刷机工作原理

1—回转圆板；2—心轴；3—输传墨装置；
4—橡皮布；5—印版滚筒；6—橡皮滚筒

2应相互配合，并满足软管内径变化的要求。如果软管印刷机采用自动传送系统，印刷速度可达 150 个/min。若再与自动装箱机联机，即可将从铝软管承印材料的供给到制品的发送，均实现软管自动生产线，以适应大批量生产的需要。

（二）塑料挤压软管容器的印刷

塑料挤压软管是一种较为常见的密封包装窗口容器，具有轻便、无焊缝、形状可保持不变、可选择透明或上色的特点，但防气性、遮光性稍差，多用于化妆品、医药品、清洗剂、硬化剂的包装。

塑料挤压软管是利用单层或多层塑料的热塑性而成型的软管容器，是新型的软管材料之一。其成型的基本方法是，采用筒压成型机或压缩成型机在冲压软管身部的同时，对预先成型的头部，即软管的嘴管和肩部进行同步热成型；或者与之相反，也可以是在头部成型的同时，与先成型的管身进行同步热熔粘接制成软管。

这种软管的涂装、印刷及其他加工，基本上与铝软管相同，外表面通常也必须涂装打底，同样用辊式涂装机进行。印刷方式除采用凸版胶印外，还有其他表面的加工，如盖、封底的外观装饰、热压金属箔的加工等，可以使软管的表面富有光泽。

UV 油墨已引入塑料软管的印刷和涂装，油墨干燥迅速，软管印刷的生产率高。

（三）层压复合软管容器的印刷

层压复合软管是采用铝、纸、尼龙、聚酯、聚烯烃类树脂等中的两种或多种材料通过复合技术完成材料的多样化，使之具有纸张、铝材与热塑性塑料的双重特性。由于它具有无毒、防气性好（优于挤压塑料软管）、漏气少、表面可进行多色印刷等特性，因而广泛应用于牙膏、化妆品和食品的包装。

1. 层压复合软管成型方法

层压复合软管首先应对所使用的材料进行基本成型加工，包括层压、软管成型和管身与头部的黏合等，其制作技术主要有以下几方面：

① 对制作软管用的素材进行层压复合加工；

② 对软管的管身进行筒型成型加工；

③ 用高频感应加热方法（以铝材为热媒介），或用热封法将管身的接缝黏合；

④ 用喷射法或压缩成型法将管身和头部黏合。

以上为基本加工方法，还有各种复合材料的成型，如肩部、头部的成型以及肩部与管身的熔合等。

2. 层压复合软管的印刷方法

层压复合软管的印刷方法，一般多为照相凹版印刷，即先以凹印预印管身，然后再与头部结合。这种方法因为印刷工序安排在层压复合之前，制版周期较长、成本较高，主要用于大批量生产。

对多品种、小批量的生产可采用后期印刷方法的，即层压后再印刷，又称为 LTP 系统印刷复合软管制造工艺。该系统是在无底色的层压复合材料上采用后印刷的方式，在软管成型前，只对必要部位进行连续卷筒印刷，采用感光树脂凸版和 UV 油墨印刷，印刷效果良好，可以进行原有软管难以达到的精美彩色印刷。

（四）吹塑软管容器

吹塑软管是采用单层塑料或挤压性多层塑料通过吹塑而成，具有保持外观形状、轻便、可自由选择透明或上色的特点，尤其是多层制品防气性更强，可用于调味品、果酱、化妆品、医药品和牙膏等的包装。

吹塑软管是将塑料采用一次吹压成型机通过挤压吹塑成型方法而成，具体方法是，使用模具前端将规定好半径和厚度的热坯料（软管状半成品）推到鼓风合并模内，通过压缩空气的挤压而成型，因为吹塑时坯料移动，又称为坯料移动法。另外，也可以使用逐次喷射吹压成型机依次喷射并按吹塑法的原理成型。

吹塑软管的印刷方法可采用凸版胶印、柔性版印刷、丝网印刷等。

第三节　玻　璃　印　刷

一、概述

玻璃印刷是指以玻璃板或玻璃容器为主要产品的印刷方式。玻璃板和各种玻璃制品已渗透到社会生活的各个方面。玻璃不仅透明、无色，并可实现多色印刷和低价生产。

玻璃制品的印刷主要采用丝网印刷方式，其主要理由如下。

① 玻璃表面平滑、坚硬、受压易碎，其制品大多为透明的，印刷压力不能太大，且表面不允许留有印墨的斑点，所以适于采用软接触的丝网印刷方式完成彩色印刷。

② 玻璃是化学性能稳定的无机材料，它与油墨中连结料的有机物合成树脂的结合力很小，不符合附着性和耐久性的基本要求，因此，印刷后往往要进行烧结处理，这就需要油墨层应有一定厚度和耐热性，而丝网印刷方式可满足这一要求。

由此可见，玻璃印刷的根本问题是为了提高玻璃表面对油墨的附着力，如何正确选用特殊的玻璃印刷油墨和进行必要的后处理，同时采用合理的丝网印刷方式以实现玻璃制品的精美印刷。

二、玻璃油墨

（一）成分

玻璃印刷最重要的是强化油墨与玻璃表面的结合力，使玻璃制品在使用过程中油墨不出现脱落或溶出现象，所以，油墨本身应具有良好的化学、物理耐久性。玻璃颜料能满足这种基本要求。这种玻璃颜料（釉料）是由着色剂和低熔点玻璃粉末状的助熔剂混合后，与刮板油搅拌成糊状而制成的。不过这种釉料没有中间色。这种釉料印刷后，要经加热炉烧结处理，使油墨中的连结料蒸发、燃烧后玻璃粉软化固着在玻璃表面上。

1. 着色剂

着色剂至少要在500℃的温度下，在助熔剂的参加下被烧制，所以，着色剂不应是低温分解物，并应是与助熔剂不易发生化学反应的物质。现在一般通用的着色剂大致有以下几种。

绿色：氧化铬，或在助熔剂中溶入氧化铜，得到绿色助熔剂。

蓝色：钴蓝或者在助熔剂中溶入氧化钴，得到钴蓝色助熔剂。

黄色：硫化镉、铬酸铅、铀盐等。

褐色：氧化铁、锰盐等。

红色、银红：固体硒硫化镉6%～7%，铬酸铅、氧化铁。

黑色：混合铬酸铁或钴盐和锰盐，或者用氧化铱。

白色：氧化锡、氧化钙、氧化锆、高岭土等。

2. 助熔剂

助熔剂的作用是降低色釉的熔点，即在玻璃呈软化状态时色釉可潜入其中使之牢固附着。助熔剂一般是低温下耐水性良好的氧化铅和硼酸系的玻璃。如果助熔剂的膨胀系数与被印玻璃差距不大时还可以，与被印玻璃差距很大的话，烧制后就会发生剥离。

玻璃彩釉的助熔剂的组成，实际上并不只是两种成分，为了提高性能，还放入了二氧化硅、氧化锌、氧化铝、氧化锂，加入这些物质后，会提高膨胀系数。普通玻璃（钠玻璃）的膨胀系数大约为 $(95\sim105)\times10^7$。

3. 刮板油（连结料）

油墨的连结料主要是合成树脂和有机溶剂，对连结料的基本要求是，能在低温下完成蒸发、升华和燃烧过程，避免在玻璃粉熔化时产生连结料的残留物，否则，印刷表面就会发泡而失去平滑性。

连结料主要是乙基纤维素、丙烯系合成树脂、硝化纤维素等。

溶剂为丁基二甘醇一乙醚、二甘醇一乙醚、醋酸酯和松节油等。

将树脂溶解于有机溶剂中即配制成刮板油。

先将助熔剂与色料混合拌匀，助熔剂约占 85%～94%，色料占 6%～15%，再把适量刮板油缓慢加入混合物中搅拌成糊状，达适当黏度便于印刷即可。

（二）分类

（1）两液反应型玻璃油墨　此类型油墨由甲料与乙料组成，制好的甲料和乙料分开储存，使用前将甲料与乙料等比例混合。此类油墨适用于化妆瓶一类承印物在曲面丝网印刷机和转印机上印刷。

（2）玻璃彩釉　彩釉依烧制温度可分为高温、中温、低温三种，进口的玻璃彩釉，高温为 600℃，中温为 560℃，低温为 520℃。

低温彩釉用于薄质玻璃器皿和必须在低温下烧制的玻璃。中温彩釉广泛地应用在大玻璃杯、餐具、化妆瓶及其他一般玻璃印刷上，它比低温彩釉的耐药品性强。高温彩釉具有更强的耐酸、耐碱、耐硫化氢的性能，所以最适合于印刷饮料用瓶。从常识上说，越是高温彩釉它的含铅成分就应越少，但实际上有些中温彩釉比高温彩釉含铅成分还要少。在公害问题日益严重的今天，印刷时必须选用质量优良的彩釉。

其他的玻璃釉料还有粉状釉料、糊状釉料、热化釉料、金（白金）光泽釉料、磁漆光泽釉料、透明釉料、消光釉料等多种。使用粉状釉料时可以将其变成糊状，用于吹喷印刷。糊状釉料若长期保存就会沉淀、固化而不能使用，粉状釉料可以克服这一缺点。由于粉状釉料的用量和色调能自由地调节，可避免浪费，对于用量少的彩釉和中间色也能非常方便地调制出来。

热化釉料在常温下是蜡状的固体，加热到 75～80℃ 后就成为糊状，并能在印刷的同时立即固化，即使进行两色、三色的套印也不需要干燥时间，印刷效率高，印刷面也很漂亮，能印出精美的细线，因为，热化釉料是一边加热熔化一边进行印刷的。热化釉料的加热，一般是使用低电压，将电流通到不锈钢的丝网上进行加热，这就需要丝网印版具有好的绝缘性能。除此之外，还有红外线加热法和热风吹送加热法，这些方法操作简单，也可以用于合成纤维丝网，特别是印刷量小的时候，更具优点。

磁漆光泽釉料又称结冰磁漆，它在画面上能产生像冰块一样的效果。这种彩釉是细小的颗粒，烧制温度分为 540℃ 和 560℃ 两种。用这种彩釉在玻璃上印刷图案时，经过 10min 左右后在彩釉还未完全干燥的情况下摇动彩釉，使其震动，使多余的颜料完全落下，只留下图案部分的颜料。然后放火炉中烧制，应注意在放入火炉中烧制之前，绝对不要触摸印刷部分，防止造成伤痕。

三、印刷

1. 玻璃制品印刷

主要是指圆柱形和圆锥形成型物印刷，大多采用曲面丝网印刷机进行印刷。

大批量印刷玻璃制品，制版方法一般采用感光制版法，其中以直接制版法和间接制版法为主，所用的丝网多为金属丝网。中、高档多色印刷的玻璃制品，以选用间接制版法为宜。玻璃印刷通常使用厚膜印版，只是在印金色时尽量使用薄印版。

玻璃丝印版一般选用不锈钢、天然或合成纤维丝网制作，具体使用哪一种材料要根据印刷目的来决定。当玻璃面要印金、银色时，应使用合成纤维丝网，并且要尽量薄一些，这样印刷质量才会提高。如果印刷高级品及高精度的玻璃制品，一般使用300～360目的尼龙丝网。这种合成纤维丝网可用于红外线热印色釉印刷。这种印刷对数量少、品种多的承印物是非常经济的，所以被广泛使用。不锈钢丝网对热印色釉有良好的适性，它适用于单一品种、大批量的印刷，一般所使用的不锈钢丝网为160～200目。

玻璃印刷前要进行表面处理。其目的：第一是为了清除表面的覆盖层和污物；第二，改变其表面活性使之有利于润湿和粘接。所谓表面活性就是促进化学反应、物理反应（润湿与附着）的能力。表面处理的方法很多，包括化学处理、涂层、机械处理等。

2. 平板玻璃的丝印

平板玻璃的装饰性丝印产品线条精细，图案美观。

平板玻璃的丝印工艺流程大致如下：

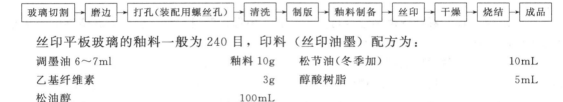

丝印平板玻璃的釉料一般为240目，印料（丝印油墨）配方为：

调墨油6～7ml		釉料10g	松节油（冬季加）	10mL
乙基纤维素	3g	醇酸树脂	5mL
松油醇	100mL		

丝印平板玻璃的丝网印版，一般采用220目尼龙丝网。

3. 玻璃的丝网热印

玻璃丝网热印釉料种类有：不透明釉料、蚀刻釉料、透明釉料等。

玻璃丝网热印油墨所用的连结料，在室温中是固体状的，温度升高时成流体状。印刷时，通过加热丝网，使釉料色粉均匀地分散在连结料中，呈流体状。油墨一旦转印到玻璃上，立即固化成膜，所以在多色套印中，可立即套印下一个颜色。连结料的特性，直接影响热印油墨的印刷性能。连结料应能迅速地结膜，并牢固地黏附在玻璃印件上，以便接受下一印套色。另外，固着于玻璃印件上的釉料膜层还应光滑、平整。连结料还应符合各种玻璃釉料的呈色烧结温度的要求。

进行丝网热印时，丝印印版可通过电流加热、红外线加热。

玻璃热印所用的不锈钢丝网，要比玻璃冷印用的丝网更精细，一般选用200～250目的丝网。使用高目数丝网，能够获得足够厚度、结构平整光滑、图纹清晰的墨膜，使用低目数的丝网，墨膜厚度增加有限，但墨膜的平整度、清晰度却降低了。

采用热印温度范围的低端温度印刷时，可以使用明胶版膜的印版；采用高端温度印刷或丝网被直接加热时，聚乙烯醇版膜的印版更为适用。

热印丝网填网剂应以醋酸纤维素或水溶性树脂为基料，而虫胶漆和聚醋酸乙烯酯为基料的填网剂不能使用。

热印开始前，油墨应放在有恒温控制的电炉中熔融，熔融的油墨搅拌均匀后，才可放到丝网上。为确保最好的热印效果，工作间的温度不能低于10℃，玻璃也应在同样的温度下待印，玻璃待印件应清洁干燥。

热印的温度要根据丝印机的类型、热印连结料的类别以及丝网加热方法等因素而定。

4. 异形玻璃器皿网印贴花纸印刷

诸如餐具、茶具、咖啡具、水杯、烟缸、果盘、花瓶等日用玻璃器皿，属于异形器皿，不能采用常见的印刷设备及工艺。该类装饰印刷方法常有气枪喷花、丝网直接印花、手工描绘、网印花纸转移贴花等。其中网印贴花纸方式，因其具有印刷幅面大、生产效率高、图纹精细、装饰效果好、对异形器皿造型适应性广等优势，被许多厂家应用。

（1）普通日用玻璃器皿贴花纸　普通日用玻璃器皿贴花纸一般用于成型的玻璃器皿装饰。对该器皿来说，需经过成型工艺和贴花彩烧工艺两个阶段。只有经彩烧后，才能达到图案纹样的装饰效果。

由于花纸是贴附在已成型的玻璃器皿表面上，为防止彩烧烤花时器皿变形，印刷花纸所用颜料的彩烧温度不能高于玻璃器皿的软化温度，一般为 550～600℃。不同品种的玻璃对这一温度范围的要求也不同，在印刷贴花纸时，应选择符合这一温度范围要求的专用玻璃颜料或低温系列陶瓷颜料印制。

玻璃器皿质地透明，当贴花纸印刷墨膜较薄时，色彩效果差；墨层厚实时，色彩鲜艳、醒目、光亮。用丝网印刷工艺生产的玻璃贴花纸具有这一特点。丝网印刷墨层厚，起呈色作用的颜料成分相应多；在网印油墨调制中，调墨油比例小，颜料比例大，网印颜料黏结性好，彩烧后形成的玻璃体结构紧密，因此网印贴花纸发色鲜艳、光亮。

丝网的选择视图案纹样的装饰要求和所用颜料品种而定。一般情况下，实地印刷，丝网网目为 180～270 目左右；半色调网点印刷为 270～350 目左右的丝网；粗网线半色调可用 270 目丝网；细网线半色调宜用 350 目以上。颗粒偏粗的颜料选择的丝网目数可低些。

普通日用玻璃器皿贴花纸的彩烧工艺为先贴花再进炉烤烧。日用玻璃器皿贴花晾干后，即可装箱进炉，按要求的温度烤烧。烤烧的预热炭化阶段，升温不能过快。

（2）特殊日用玻璃器皿贴花纸　特殊日用玻璃器皿贴花纸用于未成型的平板玻璃片，花纸图案纹样的彩烧过程与玻璃器皿的成型过程同步进行，成型与彩烧一次完成。当玻璃从平板状经高温软化凹陷进模具中成型为某种造型的器皿时，该器皿的装饰纹样的彩烧工作也已完成。与普通玻璃器皿贴花纸不同的是颜料的彩烧温度应与玻璃的软化温度一致。一些餐具、果盘、烟缸等采用这种方式装饰，温度为 650～700℃。

特殊玻璃器皿贴花纸也采用丝网印刷工艺生产。其生产工艺流程与普通日用玻璃器皿贴花纸生产工艺流程相同。

四、烧结

凡是采用玻璃颜料油墨或其他烧结用油墨印刷玻璃制品的场合，印刷后都要进行后加工——烧结。对于自动曲面丝网印刷机印刷后应设自动输出装置，将印刷制品转入烧结炉进行烧结，形成印刷—烧结自动生产线。

烧结炉所用热源主要是煤气或液化石油气，在某些特殊场合才用电热源。

实践说明，如果烧结温度按图示 8-8 曲线①进行控制，在 10min 内达 550℃左右（玻璃软化温度以

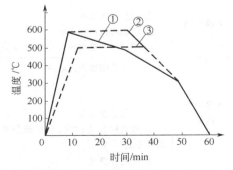

图 8-8　温度-时间关系曲线

上），然后迅速冷却，则可得到理想的效果，这时，经初期烧结使玻璃表面层很快软化，结果在玻璃与油墨层接触面附近，由玻璃与玻璃粉形成一层很薄的中间玻璃层，使油墨牢固地附着在玻璃表面上，如图8-9所示。

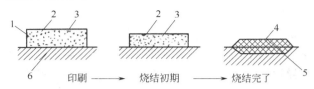

图 8-9　玻璃颜料油墨印刷烧结工艺过程

1—印刷后的油墨层；2—玻璃粉；3—连结料；4—附着后的墨层；

5—中间玻璃层；6—玻璃承印物

如果烧结温度按图8-8曲线②进行控制，即在10min内烧结温度达550℃左右，然后进行常温缓冷，这样增加了高温烧结时间，使玻璃承印物的表面软化层加厚，不仅会引起玻璃制品的变形，降低商品价值，而且还会因中间玻璃层构成成分的线膨胀系数差异过大，造成应力集中，这就是所谓烧结过度而导致的墨层脱落现象的主要原因。

如果烧结温度按图8-8曲线③进行控制，即烧结温度偏低，未达到玻璃的软化温度，加热速度过慢，结果在玻璃与油墨层接触面附近未形成中间玻璃层，导致墨层表面光泽度下降，油墨的附着性大幅度降低。若用小刀轻轻一刮，或轻轻摩擦印刷表面，油墨层便成为粉状从玻璃表面脱落下来。

五、玻璃印刷常见质量缺陷及解决办法

表8-6 对玻璃印刷常见的质量缺陷及其产生原因进行有关分析，并给出解决办法。

表 8-6　玻璃印刷常见的质量缺陷及其解决办法

质量缺陷	产生原因	解决办法
油墨透明	① 网版显影后图案部分的网孔不全部通透 ② 印前玻璃表面的清洁性差 ③ 油墨中混入杂质 ④ 印刷工具、烘干机清洁度差 ⑤ 印后操作不当 ⑥ 油墨的浓度过低,图案的墨层过薄 ⑦ 印刷台面的平整度	① 检查菲林底片的质量,控制网版感光胶烘干温度,确保冲洗后图案网孔部分通透 ② 对玻璃用软化水清洗 ③ 用300目的网布对油墨进行过滤处理 ④ 用酒精擦拭工具、清理烘干机通道内及进风口的灰尘 ⑤ 对印后玻璃进行隔离,防止划痕 ⑥ 降低调墨油的加入量,更换油墨;制作网版时增加感光胶版膜的厚度;或适当增加印刷压力、减小刮墨板的刮印速度 ⑦ 调整印刷台面的平整度
墨膜粗糙	① 油墨的黏度过大 ② 网版的张力不足 ③ 印刷时的网距太小 ④ 印刷后墨迹出现气泡现象	① 调节油墨的黏度 ② 重新制版 ③ 调节网距 ④ 降低油墨的黏度
图案清晰性差	① 网版上图案的清晰性 ② 油墨黏度太低 ③ 印刷时压力过大,刮板胶条的硬度不足 ④ 印刷有静电	① 在制作网版时要保证网版上图案的清晰性。曝光前感光胶要彻底干燥,网版与菲林胶片在曝光时要充分贴合,控制网版显影时浸水时间和冲洗时的水压等 ② 调节油墨的黏度 ③ 保证合适的印刷压力;更换硬度较高的刮板 ④ 增加环境的湿度消除静电

质量缺陷	产生原因	解决办法
墨色色差	① 黑墨烧制后发白,是烧制时温度过低 ② 黑墨烧制后发红,是油墨印刷到玻璃的粘锡面	① 选择烧结温度相对较低的油墨 ② 印刷时将油墨印在玻璃的非粘锡面
油墨污染	① 网版的非图案区域有通孔 ② 印刷的台面被油墨污染 ③ 印刷时玻璃表面或者油墨当中混入灰尘	① 用封网胶或感光胶对网版的非图案区域进行二次涂布,涂布完烘干后,再用胶带对网版的非图案区域再次封网 ② 对印刷台面进行擦拭,印刷时玻璃的周边要留 1～2mm 的空白区域,用于防止玻璃边部渗墨污染印刷台面 ③ 保证玻璃表面及油墨清洁

第四节 陶 瓷 印 刷

一、概述

陶瓷器上的图案装饰,长期以来一直使用的方法是吹喷、手绘、橡皮印,以及采用铜版和平版印刷贴花纸的转印等方法。

随着 20 世纪 50 年代开始的丝网印刷机械自动化改进和工艺技术、丝印材料等的发展,特别是 20 世纪 70 年代以后,各种专用丝网印刷机的使用,直接在器皿上印花装饰技术的发展,丝印陶瓷贴花纸技术已基本上取代了胶印陶瓷贴花纸工艺,成为产量大、效率高、成本低、艺术感染力强的陶瓷器皿的主要装饰手段。

瓷器的装饰分为釉上彩和釉下彩。瓷器上釉后进行绘画装饰的方法称为釉上彩(700～800℃),上釉前进行绘画装饰的方法称为釉下彩(1000～1300℃)

二、陶瓷彩釉

陶瓷彩釉是陶瓷坯体表面很薄的覆盖层,虽然厚度不过零点几毫米,但对提高陶瓷制品的艺术价值,改善陶瓷制品的使用性能均起着重要作用。

釉是熔融在黏土坯体表面的一层均匀的玻璃质薄层。它具有玻璃所固有的一切物理化学性质:平滑光亮,硬度大,能抵抗酸和碱的侵蚀(氢氟酸和热强碱除外);由于质地致密,对液体和气体均呈不渗透性;由固态到液态或相反的变化是一种渐变的过程,没有明显的熔点。釉和玻璃的不同之点在于它不单纯是硅酸盐,有时还含硼酸盐或磷酸盐。釉的化学成分与玻璃相似,是硅石、硼酸等酸性氧化物与氧化铅、石灰(钠)等碱性物质生成的硅酸盐溶液。各种不同釉的成分如表 8-7 所示。

表 8-7　各种不同釉的成分

种类	软　　质	硬　　质	珐　琅　釉
成分	硅酸铅、矾土、石灰、钾盐	硅酸钾、石灰、矾土等	在硬质釉中加入 10% 失透剂(氧化锡、氧化锑、萤石、磷酸钙等)

软质釉色透明、熔点低,主要用于陶器;硬质釉色透明、熔点高,主要用于陶瓷器;珐琅釉则使硬质釉变为胶状而不透明(失透),主要用于珐琅器皿。

1. 陶瓷釉着色剂

釉着色剂有三种,分子着色剂、分散着色剂和尖晶石着色剂。分子着色剂在釉中处于真溶液状态，着色剂与熔融的二氧化硅相互作用，形成硅酸盐，使釉着色。分散着色剂也溶于釉中，但不与釉化合，而是完全分散在釉熔体中，着色剂处于微粒分散状态，此微粒对光具有一种选择性的吸收特性，对其补色光则选择性的反射。尖晶石着色剂是 R_2O_3 和 RO 类的各种氧化物混合煅烧生成的 ROR_2O_3 尖晶石型化合物，尖晶石着色剂的生成是一种固相反应，在制备过程中由于煅烧，固相相互反应逐渐变为另一种固体。

按釉着色的方式着色剂又可分为两种：釉下着色剂和釉上着色剂。釉下着色剂用于装饰干坯、素烧坯或烧成后的白瓷，在其上施生釉在进行釉烧。在釉烧温度下不得和釉发生反应，同时不能流动或使图文模糊。釉上着色剂用于装饰釉烧后产品，必须在相当低的釉烤温度（700～900℃）下坚固地附着在釉面上，为此要和熔剂混合使用，着色剂不能渗入釉中和流动。

2. 色料的辅助剂

（1）釉下的稀释剂和熔剂　稀释剂为稀释釉下着色剂，并可在坯料上施釉时不损伤画面使之固定在坯面而混合使用的无色原料。有代表性的釉下熔剂由以下原料组成：

① 釉烧瓷粉；

② 长石、石英、高岭土的混合物；

③ 硼砂和石英的混合物，如硼砂 54％、石英 46％；

④ 含玻璃的混合物，如燧石玻璃 53％、石英砂 47％；

⑤ 氧化铅、硼砂、石英的混合物，如铅丹 61％、硼砂 8％、石英 31％。

为避免釉面开裂故障，釉下着色剂的膨胀系数要尽可能和釉及坯体一致。

（2）釉上熔剂　釉上装饰用的着色剂混有低温熔融的玻璃或熔剂，此混合物有时也称之为熔剂。在烤花窑的 700～850℃ 温度下，熔剂熔入釉中以固定画面。

三、陶瓷印刷

陶瓷印刷是用不同的版材和工艺制成不同的印版，用特制的陶瓷颜料和不同的黏结料轧制成印刷油墨，直接印刷到陶瓷上，或印刷在特制纸上，然后转印到陶瓷上经高温焙烧成为陶瓷产品的工艺技术。

陶瓷印刷可以分为直接印刷和贴花印刷。

1. 贴花纸转印法

贴花纸转印法是由丝印印成花纸以后，再转贴到陶瓷器皿上面的一种陶瓷装饰方法。由于丝印贴花纸印制精细，装饰各种器型陶瓷器皿能恰到好处，所以在陶瓷装饰方面应用得较为广泛，有以下几种工艺。

（1）陶瓷釉上贴花纸丝印工艺　陶瓷贴花纸采用一般印刷方法（平、凸、凹），印花膜厚只有 5～10μm。在陶瓷上，要达到图案纹样有立体感、印泽鲜艳、经久耐用不脱色，采用丝网印刷方法是非常适宜的。在国内外市场上，采用丝网印花装饰的陶瓷产品正在逐渐代替普通印花纸装饰的产品。

① 釉上贴花纸丝网印刷　陶瓷釉上贴纸丝印就是将陶瓷器皿先上釉，后贴花纸，再烧结。PVB（聚乙烯醇缩丁醛）薄膜是在涂有过氯乙烯胶黏剂（180g/m²）的底纸上涂布两次PVB溶液得到的。使用时，首先将底纸与丝印有图案的 PVB 薄膜分离，然后将 PVB 薄膜浸润后转贴在陶瓷器皿釉的表面，再经过 780～830℃ 烧结，PVB 薄膜炭化分解，图案就附着在陶瓷器皿釉上，完成陶瓷器皿的色彩转移。丝网陶瓷釉上贴花纸有"全丝印"与"平丝结合"两种印刷方法。全丝印印刷一至三色能表现一幅完整的花纸画面图像。有的画面，平

印需要多套色印刷，而丝印一套色则能达到理想的效果。

平丝结合是平印与丝印相结合的一种印刷方法。平印色彩淡而薄，色层欠均，但精细度较好；而丝印色层厚实，线条挺括，两者在装饰某些画面时能起相互衬托的作用。

网框的选择及制版等工序与普通丝网相同，丝网的选择采用黄色和其他色的尼龙丝网。普通产品用 270～320 目/in 丝网；花面用 220～250 目/in 丝网产生浮雕效果；细小文字产品用 340～400 目/in 丝网。

② 釉上贴花纸印　丝印陶瓷釉上贴花纸的印料，是一种专用高温溶剂印料，习惯称之为"丝印瓷墨"，是由发色剂（金属氧化物）和助熔剂（低熔点硼、铅玻璃体）的混合物，加入适量连结料，经轧墨机反复轧研而制成的间接印料。它必须经过 780～830℃ 的高温烤烧，才能呈现出其特定的色彩，并与陶瓷釉面紧密融合。

丝印瓷墨的互混性远不如普通彩印油墨，往往由于混合不当，结果在烤烧的过程中，相互间发生化学反应，呈现出极不理想的色彩，甚至引起爆花、冲金等现象，而使陶瓷失去艺术价值。有些丝印瓷墨虽然可以混合，但也受到某些条件的限制。通常是事先将它们按比例均匀混合成一个专用色，再进行印刷，呈色效果才比较好。例如，像彩印那样运用三原色原理进行印刷，很难达到原稿要求的色彩效果，这也是丝印陶瓷釉上贴花纸目前还不能运用三原色原理进行印刷的原因之一。

在进行原稿设计、照相分色、配制专用色印料时，要尽量避免色彩重置（叠色），即使非叠色不可，除考虑到在烤烧时相互间的化学反应外，还应考虑到尽量平衡丝印瓷墨间的呈色温度。进行叠色时要将彩烧呈色温度偏低的印在下面，温度偏高的叠压在上面。这是因为在烤烧过程中，当温度偏低的丝印瓷墨层开始熔融蒸发气体时，叠压在上面的高温丝印瓷墨层尚有未熔融的颗粒间隙，可让下面丝印瓷墨层熔融气体通过，避免爆花。

③ 热转移贴花技术　20 世纪 70 年代初研究成功的热转移贴花纸，其结构是，在纸基与画面之间不用水溶性胶，而使用蜡或热熔树脂。贴花时，先将器皿预热到 120～150℃，再用贴花机将热转移陶瓷贴花纸上的画面固定到贴花位置，器皿表面的温度使载花薄膜软化，并将画面牢固地贴附于瓷面，同时，又能使纸基上的蜡质熔化，使纸基与画面分离。利用热贴花技术，可以直接装饰素瓷、白瓷（烧釉后的瓷器），贴花后可直接进入窑内彩烧，瓷面洁净。热贴花纸的研究成功是由手工贴花过渡到机械贴花的一项重大突破。

④ 丝网印刷花纸陶瓷印金装饰工艺　瓷器上贴上色彩丰富的花纹图案，镶上几线亮金，再焙烧而呈光亮色彩陶瓷装饰工艺，称为陶瓷印金装饰工艺。技术人员研制出的金胶有良好的漏印性能，而印刷在承印薄膜 PVB 上又有着较好的附着力，干燥后可任意折叠，转贴后经烤烧色泽异常明亮。丝网印金贴花纸有色地金花、金地色花、白地金花三种。色地金花的装饰方法是先在陶瓷器皿上贴上丝印花纸色层，烤烧后再在色层上面贴上印金花卉图纹，再次烤烧，则呈现包层与亮金图纹相衬的色地金花；金地色花则是在亮金上面加上色彩图纹；白地金花则是将印金花纸直接装饰在白瓷面上。

(2) 陶瓷釉下贴花纸丝印工艺　陶瓷釉下贴花装饰工艺，是先在陶瓷器皿坯胎下贴花纸，再涂上一层透明瓷釉在 1350℃ 下烧结成彩色陶瓷器皿，即将图案印刷在载花纸上。这种载花纸是用棉纸和木浆纸暂时用专用裱合液裱合在一起得到的，图纹的载体为棉纸，也称皮纸。使用时，将载体花纸转贴在陶瓷坯胎上，揭去衬纸后，涂上一层透明瓷釉，使釉层覆盖整个瓷坯，然后将瓷坯在 1350℃ 下烧结成彩色。釉下彩无毒，装饰在釉下面，又称为无铅陶瓷装饰。

（3）丝网印刷花纸陶瓷粉彩装饰工艺（综合装饰法）　粉彩颜料经过丝网印刷，在花纸承印膜上再现图像，然后转贴于陶瓷器皿上面，经烤烧后呈现光亮色彩，称为釉上粉彩贴花装饰工艺。粉彩颜料装饰的图纹厚实，色彩艳丽，遮盖力强，用于装饰山水与翎毛画面，有着独特的民族装饰风格。由于丝网印刷应用照相分色加网制版，制作的图案花纹精细，粉彩贴花纸可由全丝印套色完成，也可以采用印刷与手工相结合的方法来完成。有的山水翎毛写意画面，只有用手工渲染才能表现艺术风格。该工艺程序是：先印上淡薄轮廓虚线，转贴于陶瓷器皿上面，然后由绘画人员用料笔渲染点缀而成。

2. 陶瓷的直接丝印装饰法

直接丝印装饰法，是用丝网印版将图像直接印刷到陶瓷坯胎上，再经施釉、烧制成瓷的一种陶瓷器皿的装饰方法。

（1）陶瓷直接装饰法丝印的设备与材料　陶瓷直接装饰丝网印刷机综合了凹印机及丝印机的优点，具有适用性强、灵活性大、一机多用和印刷精度高、自动化程度高的特点，在一台机上，可同时完成多规格色边和满花图案的印刷。这种丝印机，还可和施釉线、焙烧炉、检验包装线等组合，有利于实现陶瓷装饰生产的自动化。使用这种丝印装饰的陶瓷产品，其装饰图案美观、无接口，这是间接装饰法所不能媲美的。

橡胶材料在直接装饰法工艺中，主要是用来制作印头和异形版的材料。它具有温、湿度稳定性能好，热变形系数较小，强度、耐磨性好和富有弹性等优点，是直接印刷的印头和异形版的理想材料。

印料一般由着色料（金属氧化物）和助熔剂（低熔点釉、铅玻璃体）的混合物与适量连结料，经轧研机轧研而成。一般情况下，釉上、釉中印刷选择溶剂型印料；釉下装饰印刷则要选择水溶型印料；纹样结构较细、套色少的印刷，选用冷印印料（溶剂型）为佳；结构较粗糙、套色较多、干燥速度要求快的，则应选用热印印料。

（2）热塑性印刷　热塑性印刷简称为热印，是直接装饰工艺中，应用较多的一种印刷法，其印刷材料称之为热印油墨或热印瓷墨。

热印油墨，以一定比例的热塑性树脂连结料与陶瓷颜料或贵金属制剂配制而成，主要原料为甲基丙烯酸酯类聚合物或蜡类物质，不含游离单体，软化温度低，一般在50℃左右油墨便具有很好的流动性，利用耐热丝网版便可印制贴花纸，但通常多用于直接法装饰陶瓷。这类油墨的印刷性能和转移性能均优于冷印油墨，由于不用溶剂，油墨中颜料比相对增加，墨层遮盖力强，很适于陶瓷装饰。

热印前，一定要将热印瓷墨加热到55～70℃，利用印料受热液化的作用，使热印瓷墨由糊状成为胶体状。印刷时，印刷版也要预热至55～70℃，并一定要进行恒温控制，使版面温度始终保持在该范围之内。当这种稠性胶体（瓷墨）印刷在只有常温的瓷器器皿表面后，立即会由于温度的下降而被冷却固化，再用同样的方法，印刷其他颜色时也不会互相影响。

热印印料的主要特点是：对人体无毒，对环境无污染，印刷色层固化速度快，是陶瓷直接装饰法生产多套色产品的理想印料。

（3）陶瓷装饰喷墨印刷　陶瓷喷墨印刷和普通喷墨印刷所用的墨水本质上是不同的，前者是无机色料，而后者则是有机色料。与有机四色色料相比，陶瓷四色色料的色度、明度及色彩效果要差一些，无法达到有机色料所能达到的色彩效果和图像逼真性。陶瓷四色印刷用色料与传统的陶瓷色料相比是一种全新的色料，在组成和性质上有很多不同之处，正有待于进一步的研究和开发，同时它对印刷用的印油和添加剂也有一些特殊的要求。

陶瓷用喷墨四色印刷的生产工艺如下：

① 选择所要印刷的图像并把这些图像进行扫描后输存入电脑硬盘；

② 选择合格的四色色料；

③ 陶瓷四色印刷的印刷程序及其管理是基于各色料和印刷釉的熔融特性，通常由高软化点到低软化点，且要求各种颜色熔融特性的差异越小越好。四色印刷的程序通常是第一道印黄色作为底层，第二道加上紫红色或水青色，最后印黑色。有时为增强呈色效果，第一道先喷印白色。此外，为增强表面的明度和光泽，要在色釉料印刷后再喷上一层助熔剂。

3. 胶丝结合印刷转印纸工艺

（1）胶丝结合印刷工艺的特点

① 胶印法画面再现性好。胶印由于网点相对精细，其半色调画面更接近连续调画面，表现画面细腻，细微层次再现好，对于画面上远景再现性好。

② 丝印法再现画面的特点。墨层厚、色彩鲜艳，表现画面近景质感强，通过印刷亮光油墨和消光墨的亮暗对比，使画面更富有立体感。

（2）胶丝结合工艺实施方法

① 区位不同。对画面先进行分析，以风景画为例，对于远景的山、天空、云、雾和细微层次变化丰富的区位都可用胶印来再现，对于大面积实地或层次的更深变化的部位，以及近景质感要求较高的树、草、石等都可用丝印版来表现。

② 画面层次。首先对平印、丝印再现画面阶调特点进行分析。根据感光材料的特性曲线及印刷油墨阶调再现的曲线绘制出印刷画面的阶调再现曲线，横坐标是原稿密度，纵坐标是印刷品密度，以等效中性灰或黑版为例，如图 8-10 所示。

标准原稿反差值为 2.0，有些可达 3.0，但胶印油墨一般只能达 1.6 左右，同时胶印网屏的宽容度、调性决定胶印画面浅而平。丝网油墨实地密度可达 2.6～3.0，甚至可达 3.5，但加网后由于网孔大小及油墨、印刷工艺特性决定丝网印刷色调一般为 15%～85%，画面层次并级，如图 8-11 所示。这就使得亮调部分层次和暗调层次丢失，相对平印，画面层次深而峻。

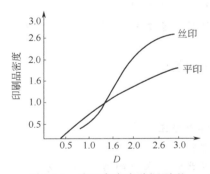

图 8-10　胶丝印密度阶调再现

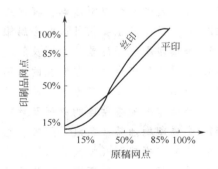

图 8-11　胶丝印网点阶调再现范围

根据以上特点，在胶丝结合制版中要结合各自特点，用平印再现画面亮调部分，保证亮调的层次，用丝印再现暗调，使画面有更深的密度，可以接近或超过透射原稿。两种工艺配合使用时，要注意使画面层次阶调连续，避免衔接不当。

③ 胶丝结合版式要求。根据印件规格尺寸要求预制有十字线（＋）、角线（⌐）、切线，

起定位作用。在规线上可标有叼口位置、走纸方向，印刷时，胶印、丝印的机器协调叼口、侧规位置。

④ 套印精度及其调整。由于胶印和丝印的印版材质不同，因此即使是同一个原稿制出的菲林，分别晒成 PS 版和丝印版后，也可能由于丝网材料在印刷时的弹性变形而造成胶丝印图文套印不准。另外，胶丝印图文的套印是由胶印套准系统和丝印套准系统共同控制完成的，所以套准精度低于单一的胶印产品或丝印产品。一般胶印和丝印的图文套准精度达到 0.2mm 即为套准。

要使丝印图文与胶印图文较为准确地套印，工艺中就必须进行适当的调整和控制，直到套印准确为止。调整和控制方法可参考以下几种做法。

a. 在制作丝网制版菲林时对其进行微调修正，以保证套印准确。

b. 保持丝印图文面积稍大于与其所套印的胶印图文面积，以防露出未经套印的胶印图文。

c. 采用铝合金网框而避免使用木制网框。

d. 绷网张力稍大于单一丝印工艺，以减少丝网在印刷时的伸长变形。

思 考 题

1. 什么是金属印刷、印铁？印铁的承印材料主要有哪些？

2. 金属印刷品的特点是什么？金属印刷工艺的特点是什么？

3. 简述金属板印刷工艺过程。

4. 与印刷有关的涂装工艺主要有哪三种形式？其各自应具有什么特点？

5. 简述金属印刷平版胶印油墨的性质。

6. 金属板印刷机有哪两种机型？其各自的特点是什么？

7. 金属印刷常用的橡胶辊有几种？适用哪些场合？

8. 金属印刷 UV 油墨有哪些特点？

9. 轮转式平版胶印机印刷部由哪些部分组成？

10. 金属板印刷机所用的干燥机有哪两种类型？

11. 什么是卷料金属板印刷？其适用范围是什么？它的印品有什么特点？

12. 成型品印刷主要指什么？金属罐印刷机一般选用什么方式印刷？

13. 金属印刷光泽度差的原因及解决办法有哪些？

14. 金属印刷产生白点与针孔的原因及解决办法有哪些？

15. 金属印刷油墨附着力差的原因及解决办法有哪些？

16. 金属印刷油墨粘连的原因及解决办法有哪些？

17. 金属印刷油墨产条痕、起皱、结皮的原因及解决办法有哪些？

18. 金属印刷残留气味大的原因及解决办法有哪些？

19. 按软管所用材料不同，可将软管容器分为哪几类？其各自的特点是什么？

20. 简述铝制软管的印刷工艺过程。

21. 简述塑料挤压软管、层压复合软管、吹塑软管的印刷方法及特点。

22. 什么是玻璃印刷？玻璃制品的主要印刷方式是什么？为什么选择这种印刷方式？

23. 玻璃制品的印刷通常采用哪种印刷机进行印刷？

24. 玻璃制品的制版通常选用什么方法？玻璃印前表面处理的目的是什么？

25. 简述平板玻璃的丝印工艺流程。

26. 玻璃丝网热印釉料的种类有哪些？

27. 异型玻璃器皿装饰印刷常用的方法有哪些？

28. 玻璃印刷油墨透明的原因及解决办法有哪些？

29. 玻璃印刷墨膜粗糙的原因及解决办法有哪些？

30. 玻璃印刷图案清晰性差的原因及解决办法有哪些？

31. 玻璃印刷墨色色差的原因及解决办法有哪些？

32. 陶瓷烧制的方法分为哪两种？什么是釉上彩、釉下彩？

33. 陶瓷釉着色剂包括哪几种？色料辅助剂包括哪几种？

34. 什么是陶瓷印刷？分为哪两种类型？

35. 什么是贴花纸转印法？它包括哪些工艺？

36. 什么是陶瓷釉上贴花纸丝印工艺？

37. 什么是釉上贴花纸丝网印刷？

38. 什么是丝印瓷墨？在进行原稿设计、照相分色、配制色料时应注意哪些问题？

39. 什么是热转移贴花技术？

40. 什么是陶瓷印金装饰工艺？丝网印金贴花纸包括哪三种？其各自的装饰方法是什么？

41. 什么是陶瓷釉下贴花纸丝印工艺？

42. 什么是陶瓷的直接丝印装饰法？

43. 什么是热塑性印刷、热塑性油墨？热印印料的主要特点是什么？

44. 陶瓷喷墨印刷和普通喷墨印刷所用的墨水有什么不同？

45. 简述陶瓷用喷墨四色印刷的生产工艺。

46. 丝印釉面砖多采用什么方法装饰？简述其工艺流程。

第九章　特种印刷应用举例

第一节　塑料薄膜软包装印刷

软包装的印刷实际上仅仅是包装制袋整个流水作业过程中的一部分，其印刷方法有多种印刷工艺可以选择，包括凸版印刷、平版印刷、凹版印刷、柔性版印刷以及丝网印刷等，但究竟选用哪一种工艺应根据承印材料、质量要求、图案式样、印刷色数、墨层厚度、成本预算等因素加以考虑。

目前，软包装印刷中最常用的印刷方法主要是凹版印刷和柔性版印刷。在欧洲市场凹印占 70%，柔印占 30%；而在美国市场恰恰相反，柔印占 70%，而凹印则占 30%。当然从印刷质量讲，凹版滚筒雕刻质量高、印刷产品精美，且印刷速度快，适合于批量大的印刷，但这些优点却是以凹印的高成本为代价的。近年来，随着柔性版技术的不断改进，感光树脂版材的开发以及计算机控制的柔印机的出现，柔性版印刷质量已经达到了很高的水平，几乎可以与凹印的产品相媲美，而且成本低廉，尤其适合印刷图文简单、短版且交货要求快速的印件。从发展趋势看，柔性版印刷应当成为软包装的主流。现以柔印为例，其工艺过程包括以下几个主要的工序：

现将印刷中应注意的几个问题说明如下。

原稿经扫描后，在图像处理过程中应根据柔印网点增大的特点，正确设定网点修正曲线，加网线数可以采用 175 线/in，输出阴片，其印版版材可使用精细型的感光树脂版，厚度约为 0.94mm。

软包装印刷承印材料主要是塑料薄膜，因此首先必须考虑油墨附着力差的问题，应根据各种不同塑料薄膜的性质，采取相应的措施对其表面进行处理。特别是薄膜的带静电问题，薄膜间处于缺氧状态，会阻碍塑料油墨层的固化过程，产生薄膜相互粘连。此外，带电的薄膜还容易影响印后加工，严重时，因机速快，摩擦带电不断累积却得不到释放而易引起火灾或爆炸事故，要注意塑料薄膜的静电消除处理。

印刷油墨应与不同的塑料薄膜承印材料相匹配，选择油墨时，应根据印刷机的稳定性、包装材料及其用途、印后加工工序的要求等不同条件考虑其印刷适性，一般而言，软包装印刷油墨与其他油墨相比，其黏度较低，并且大量使用挥发性的有机溶剂，印刷速度又比较快，应特别注意油墨的干燥性，以免因干燥不足而产生反面的蹭脏。

软包装印刷后视不同的包装用途和材料，印后还要进行上光、热熔涂布、冷封、复合加工等，除个别机器有联机流水线作业外，一般是单独另外进行的。

1. 复合加工

软包装材料一般不使用单一素材，因为这会对包装物品的保护性产生影响，所以将承印物与其他材料，如塑料、铝箔、纸张复合使用。它是将薄膜材料经层压成叠片，再涂上各种树脂，使之具备新的符合包装要求的性能，复合的方法有四种。

（1）湿法复合　主要用于金属铝箔与纸张的复合，用合成树脂乳胶做黏合剂，进行黏合复压。

（2）蜡复合　同样用于金属箔与纸的复合。将蜡熔化，经浸蜡辊涂于橡皮滚筒上的薄膜表面再与其他薄膜压合。

（3）挤出复合　用于金属箔与纸张、纸张与塑料薄膜、金属箔与塑料薄膜的复合。在纸张与薄膜（或其他材料）表面之间，以聚乙烯为黏合剂，通过挤出头将经过加热熔融的聚乙烯树脂等挤出，再经夹紧辊加压进行复合，或层合聚乙烯。

（4）干法复合　这是最常用的复合方法，包括溶剂型黏合剂和无溶剂型黏合剂进行复合两种。几乎可以用于任何材料的复合，其复合原理如图9-1所示。最新的溶剂型复合是采用水基丙烯酸或环氧丙烯酸类黏合剂用传统的设备进行复合。

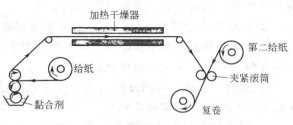

图9-1　干法复合机原理

2. 涂布

为了改善包装材料的性能，常在表面涂布树脂，如防热漆、蜡、偏氯乙烯等，多以辊式涂布或空气喷刮方式涂布。

3. 分切、复卷、制袋、裁切

完成软包装材料经印刷、复合、涂布等加工后，最后要根据商品的包装方式和用户的要求，按一定的尺寸进行分切、复卷、制袋、裁切等加工。

第二节　瓦楞纸板的彩色印刷

随着人们对包装产品的要求不断提高，很多设计精美、造型美观、色彩艳丽的瓦楞纸箱和各种彩色异型瓦楞纸盒，不仅能提高商品的附加值，增强商品的竞争力，而且还可为开拓国内、外市场发挥极其重要的作用。尤其是在即将加入WTO的我国，商品的包装如何与国际接轨，使我国的商品包装能在国际市场上占有一席之地就更有重要的意义。

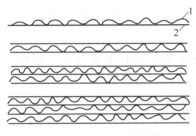

图9-2　瓦楞纸板的种类

1—瓦楞原纸；2—箱板纸

瓦楞纸是由瓦楞原纸与箱板纸组合而成，即先将瓦楞原纸制成波浪形的楞槽，再把箱板纸用黏合剂黏附在楞槽面上形成瓦楞纸板。有单瓦楞纸板和双瓦楞纸板之分，如图9-2所示。由于瓦楞纸内层波浪形的特殊结构，增强了撞击的能力，故主要用于商品的外包装，具有保护商品、便于运输和保管的功能。近年来，出现了防水型瓦楞纸板和强化型瓦楞纸板等。瓦楞纸的使用功能不断提高，不但可以做普通商品的包装，甚至还可制成特殊的液体包装容器，扩大了瓦楞纸的使用范围。

据有关资料统计，国外瓦楞纸箱采用柔性版印刷技术，美国占到98%，西欧占到85%。我国用于包装的瓦楞纸板印刷面积年产量已达100亿立方米，在如此巨大的包装市场上，有很大部分还是采用老式作业，要么是简单的线条、文字单色印刷，要么是在涂料纸上印刷图后再裱糊到瓦楞纸板上，工艺落后、效率低、成本高，而且其印刷质量与国外相比还有不少差距，因此，改进瓦楞纸印刷工艺、提高印刷质量是一项紧迫的任务。

1. 瓦楞纸板采用柔印的优点

瓦楞纸由多层波浪形瓦楞复合而成，表面平整度稍差，印刷压力不能过大，因此，长期以来多是采用平印加裱装的方式，或者用丝印方式印刷一些简单的图案、文字，印刷难度比较大。近年来，随着柔性版印刷技术的不断改进，在瓦楞纸板上采用柔印方式也愈来愈多，其具有的优点如下。

① 柔性版的弹性变形，在印刷过程中可以弥补瓦楞纸的厚薄误差与表面的不平，使印刷墨色均匀，从而提高了成品的质量。

② 瓦楞纸由于厚薄不匀，在一般方法的印刷过程中纸面各处受压不一致，厚的部分印迹发糊，薄的部分接触不良印迹空虚不实，而柔性版印刷属于轻印刷压力，其压力小，即使印版压缩变形后也能较好地接触瓦楞纸板。

③ 柔性版印刷采用网纹辊传墨，便于水性油墨传递，并且印版只需轻轻接触瓦楞纸，水性油墨就会几乎全部被吸收。

④ 柔性版印刷机结构简单，并易于与其他加工设备联机作业。一般瓦楞纸板面积大，长度可达2～3m，如果采用其他印刷设备显然设备庞大、操作维修也困难，而柔性版印刷机结构简单，还可与其他工序，如压痕、开槽模切、涂胶、制箱等相应机械组合在一起进行联机作业。

2. 瓦楞纸板彩画直接柔印工艺

瓦楞纸板彩画直接柔印的新工艺，包括以下几个工序：

图文设计 → 图像处理 → 制版 → 印刷 → 模切 → 制箱

现将柔印中应当注意的问题说明如下。

① 原稿图像处理时应考虑印刷设备和材料的特点。目前我国瓦楞纸板印刷彩画的网线数一般为60线/in左右，色数为3～4色，也有少数采用5～6色。柔性版印刷最多只能印出2%的网点，而且网点增大较大，瓦楞纸表面颜色又泛黄，因此，在图像处理中要注意正确设定制版网点修正曲线灰平衡，并输出阴片。

② 晒版时由于选用纸箱型的感光树脂版材比较厚，透光性与薄的版材有所差别，应注意背曝光、主曝光、冲洗和后曝光等处理过程。

③ 柔性版材应选择厚些的感光树脂版，其厚度约为4～7mm，印刷时通过印版的压缩量来减少对瓦楞纸板受压的变形。

④ 印刷时最好采用R/bak气垫式衬版技术。虽然感光树脂版具有柔软性和可压缩性，有补偿可塑性较低的厚型基材印刷缺陷的作用，但是压力过大，仍然会造成印版变形，增加印版疲劳，使印版寿命缩短。同时，为了减少印版与瓦楞纸板、网纹辊与印版之间的压力，美国开发了一种专门用于瓦楞纸板印刷的R/bak气垫式衬版技术，可以有效地防止印版变形和瓦楞纸板损坏，使墨层更均匀，印刷图案层次分明。使用时只需将含有微孔气泡的衬垫置于柔性版的背面一起贴在印版滚筒上即可，这样印刷时气垫衬层也具有缓冲压力的作用，

即使印刷压力过大或过小，对瓦楞纸板印刷网点的增大以及瓦楞纸板的变形也均可减少或消除，如图 9-3 中的右半部分所示。R/bak 的优点是可以减少印刷接触面的压力，有效控制网点的增大，避免印版的变形，对印版滚筒的跳动有独特的补偿作用，避免瓦楞纸的损坏。

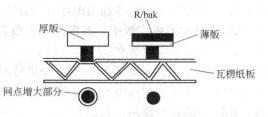

图 9-3　气衬垫与不带衬垫印刷网点的区别

⑤ 使用水性墨应根据印版的设计状况和所设定的印刷速度确定油墨的黏度，并注意印刷过程中黏度的变化。由于瓦楞纸表面泛黄且平整度差，所以油墨渗透快，油墨的着色力强，并能保持适当的渗透干燥性。

⑥ 瓦楞纸印刷后，可根据设计要求采用相应的模切方式和制箱设备等进行模切，最后制成各种包装箱、盒等制品。

3. 瓦楞纸包装箱的丝网印刷

对于一般印刷质量要求不是很高的产品包装，如图案简单、加网线数在 48 线/cm 以下，可直接在其上采用丝网印刷，其工艺简单、成本低廉，与其他印刷方法相比，具有较高的经济效益。其工艺流程如下：

原稿设计 → 阳图底片 → 丝网模版 → 瓦楞纸板印刷 → 模切 → 开槽 → 钉箱或粘箱

这类瓦楞纸板的印刷，采用平网丝印机印刷，油墨可用普通水性丝印油墨。

对于高档的瓦楞纸包装箱的印刷，就需要先采用胶版纸印刷，然后再通过裱版方法贴到瓦楞纸板上，再制成包装箱。不过一种瓦楞纸板的预印刷技术正在悄然兴起，它是在瓦楞纸板生产之前先对面纸进行印刷（卷筒纸），然后将印好的面纸送到瓦楞纸板机上进行裱贴，制成瓦楞纸板，其工艺流程如下：

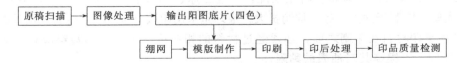

面纸(卷筒纸) → 印刷 → 纸板生产 → 模切 → 开槽 → 钉箱或粘箱

显然，这种预印工艺比瓦楞纸板生产后再进行印刷简单，而且可以提高印刷质量。

第三节　巨型彩色广告的丝网印刷

巨型彩色广告除了线条、文字外，多配有彩色图像，可印刷在合成纸、布、金属或塑料上，挂在户外适合于远距离观看。巨型彩色广告可以采用丝网印刷和喷绘完成。对于 30 张以下的采用大型喷绘，成本低且制作周期较短，而大批量印刷 30～1000 张，丝印的制作成本则随批量的上升而下降。

彩色广告丝印的关键在于彩色连续调图像的制版，其他工序与丝印工艺基本一样，即：

原稿扫描 → 图像处理 → 输出阳图底片(四色)

绷网 → 模版制作 → 印刷 → 印后处理 → 印品质量检测

1. 彩色半色调图像底片的制作

为了满足印刷要求，首先通过扫描仪将图像输入计算机，再经图像处理、组版、分色加网，根据设定的参数，如加网线数、角度及放大倍数等，最后输出黄、品红、青及黑四张阳片。这个过程与普通平印加网图像处理方法基本上是相同的，但还必须考虑以下问题。

① 在巨型彩色广告中，图像被放大很多倍，网点必然也增大，如果采用普通照相加网方法，一般加网线数多在 120 线/in 以上，而丝印只能印刷 100 线/in 以下（巨型彩画甚至可能只要用 30 线/in），这就不一定有现成的网屏可以使用，这时必须通过放大的方法来获得，即先用细网对原稿拍摄得到加网的阴片，再由该阴片借用投影放大机放大成粗网的阳片即可，丝印中称此为放网，其放大的百分比＝（阴片加网线数/阳片加网线数）×100％。此阳片的加网线数是最终的印刷线数，其尺寸的大小还必须根据原稿与印刷品的放大倍数来决定。目前放网也可以通过计算机图像处理得到。

② 一般用于丝网印刷的阳图底片是正像的，但是如果承印材料是透明薄膜通常是反印的，此时阳图底片应为反像。

③ 加网中，黄、品红、青、黑四张底片的网线角度虽按一定的原则分配，如弱色为 0°，强色为 15°、75°，主色为 45° 等，但受丝网的干扰仍有可能出现龟纹，即丝网龟纹，为消除或减少这种现象，可通过改变绷网角度，使丝网的经、纬网线与矩形网框边呈 ±（4°～9°）的夹角，或晒版时，在网版上将阳片转动 ±（4°～9°）进行晒版也可。当然，最好是采用调频加网技术，网点的分布是随机的，套印时便不会产生龟纹。

2. 印刷工艺

巨型彩色广告的丝印工艺与普通丝印基本相似，但也有差别，其工艺过程中应注意以下几点。

① 四色网框都要用金属框，并且规格应完全一致。

② 丝网宜用高精度、染色丝网，目数视放大的倍数而定。

③ 绷网时，四块版应在同样的设备和条件下进行，最好采用"一网四"的绷网法，即先拉紧一块大网，再同时固着四个网框，以保证四个网框精度一致。绷好的网版，置放一天以后待充分松弛再使用。

④ 采用直接法制作模版，涂布每块模版感光胶的厚度应均匀一致。晒版时，为使各块版的质量一致，应保证在同一条件下进行，如晒版机的抽气、光源、曝光时间和显影等。曝光时最好是采用晒版梯尺，使每一块色版的显影都显透在梯尺的同一梯级上。模版制好后，不应存放太久，以防各版变化不一，影响套印准确。

⑤ 印刷时采用大型丝网印刷机，作业室的温、湿度应分别控制在 18～21℃ 及 55％～65％范围。

⑥ 印刷时网距应尽量小些，以提高套印精度，减少龟纹。

⑦ 刮墨刀的长度应一致，压力应小。刮墨刀角度约 70°～80°，硬度宜稍大，肖氏硬度约为 70，刀刃应保持锋锐。

⑧ 匀墨要薄且均匀（约 20μm），避免油墨填满网孔。

⑨ 油墨的选择必须与承印材料相匹配，并且三原色油墨的分光特性要好，透明度应高；黏度可稍大些，以利于网点立起，抑制扩大；最好是采用印版上慢干、印迹快干的油墨印刷。

⑩ 各种承印材料在印刷之前，必须经过材料的相应适性处理，如塑料应进行去脂清洗和电晕等处理，以提高其对油墨的黏附性。

⑪ 印刷色序一般采用先印较深的非主色，后印主色，以便于套印，更好地再现原稿的阶调。若是塑料透明材料的印刷色序，应与非透明承印材料的印刷色序相反，并且需要首先加印白底色，然后再按色序套印。

第四节　电路板印刷

　　电路板通常是由许多导线和电气元器件布置在一块绝缘板上的电气线路图构成，这些器件占据一定的空间，使整个电路板体积增大，而且笨重。印刷电路利用印刷工艺的特点，将导线和某些电气元件根据预先设计好的线路图制成印版，采用专用油墨印刷在一块特殊的基板上，再经过钻孔、电镀、腐蚀、焊接等电气加工处理而成。印刷电路板使很多电子产品功效提高、质量减轻、体积缩小，生产成本降低。随着电子技术和印刷技术的不断发展，印刷技术还可以印刷集成电路、薄膜开关、液晶显示和太阳能电池等印刷电路。当然，印刷电路仅仅是电子和印刷工业相结合的产物，在整个产品的加工过程中必须与电子加工技术相互交错进行，同时，由于这些元器件较小，而且形状不一，精度要求又非常高，常采用丝网印刷来完成。

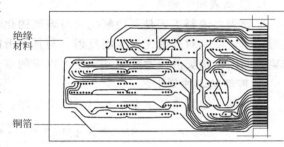

图 9-4　印刷电路板

　　印刷电路板如图 9-4 所示，是在以绝缘层材料为基底，覆以铜箔为导电载体的层压材料上，有选择地进行腐蚀，得到按设计要求的线路图形，有单面、双面和多层印刷电路板之分，以下为单面印刷电路板的制作工艺流程：

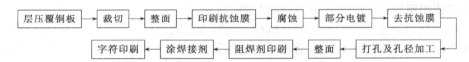

　　① 印刷电路板要求精度高，应采用变形小而坚固的金属网框。

　　② 最好使用不锈钢丝网，尤其是对印刷抗蚀膜、集成电路板的超精密印刷，更应选用镀镍的不锈钢丝网，丝网目数应根据所用印刷涂料的黏度、颗粒度及印刷图形的厚度、精度等来决定。例如，印刷涂料颗粒大、图形涂层厚，可选用目数低、丝径大的丝网；反之则应选用目数高、丝径小的丝网。

　　③ 丝印模版根据工艺条件和习惯进行选择，目前，多采用直间法。导线抗蚀膜模版将电路图形印在铜箔层上，通过腐蚀而获得电路。阻焊模版在焊接元器件时，对不需焊接部分先印刷一层焊接保护层，以便在熔锡液中做一次性锡焊。字符模版为便于元器件的安装和检修，印刷有关字符。

　　④ 印刷电路板使用的油墨，大多为特种油墨、涂料、油漆等，本例主要是抗蚀涂料、阻焊剂涂料和字符印刷油墨，其他电路板印刷除此以外，还有如导体印墨、电阻印墨、助焊剂涂料、防电镀涂料和其他防保护性涂料等。要求这些涂料或印墨应具备其良好的化学稳定性、耐酸、耐碱、耐电镀、耐高温、有较高的电阻率和绝缘性，并且不与丝网发生化学作用等性能。

　　电路板丝印油墨的黏度一般为 $10Pa \cdot s$ 左右。黏度过大，印刷费力；黏度太小，易产生漏印，影响图形精度。此外，要求油墨还应有良好的黏附性和适宜的干燥速度，在模版上应慢干，在网下则应快干。

⑤ 电路板尤其是集成电路的图像均是微型的，最好是采用高精度丝印机，印压（刮墨刀压力）、印速和承印平台均可以进行调节。

第五节 玻璃蚀刻印刷

玻璃制品具有清洁卫生、美观大方、化学稳定性好、易于密封、保持盛装物质不变以及原料丰富、价格低廉等特点，广泛应用于各个行业。玻璃装饰有多种方法，如彩色、乳化、色釉印花、贴花印刷和玻璃蚀刻等，这里介绍采用丝印方法的玻璃表面的蚀刻工艺。

1. 玻璃表面蚀刻原理

玻璃表面蚀刻工艺是利用氟化物与玻璃的化学反应，腐蚀并去除玻璃表面的光滑层，露出粗糙面，使其对入射光产生漫反射，与其光滑的表面形成对比。若与印刷工艺配合，可使玻璃表面印出精美的图案和线条，给人以美的享受。

2. 玻璃丝印蚀刻工艺

玻璃丝印蚀刻工艺主要包括以下几个工序：

工艺过程基本与丝印相同，只是承印材料不同而已，现将有关问题说明如下。

（1）丝网的选择　考虑到蚀刻油墨的特征和颗粒度，丝网最好选用80~120目的尼龙丝网，网框应使用耐腐蚀、变形小的铝合金材料。

（2）玻璃蚀刻油墨　是由氟化氢、硫酸、淀粉等物质所组成，是黏度较大的膏状水性油墨。为改善油墨的印刷适性，可以通过适当地加入水以改善其流动性，但必须注意 pH 值的变化，防止酸性的减弱，影响腐蚀的效果。良好的蚀刻油墨与玻璃有较好的黏结力，并可对玻璃发生腐蚀作用。

（3）玻璃的准备　玻璃表面必须进行清洁处理，一般可采用1%的稀盐酸加热至20~30℃清洗，烘干后待用。

（4）印刷　可采用全自动或半自动的丝印机，刮刀应选用中等硬度的耐酸性较好的聚氨酯材料，因为油墨黏度高，印刷压力可稍大些，但必须保持压力均匀一致，以保证墨层均匀，最终达到同等的腐蚀深度。若发现腐蚀深度不够，可进行1~3次套印，但一定要注意定位准确。

（5）印后处理　丝印蚀刻工艺最终不是在玻璃上要得到油墨印迹的图像，而是通过油墨印后的耐蚀刻的作用使玻璃产生磨砂的效果，因此，印刷后要将玻璃上的蚀刻油墨以及附着的其他沉淀物清洗去而露出腐蚀的图像。一般印刷后约1min，即可用清水进行清洗处理，清洗完烘干即成。

玻璃丝印蚀刻工艺因油墨中含有强腐蚀性物质，同时腐蚀中还会产生一定的 SiF_4 气体，应注意环境保护。

第六节 瓷面砖印刷

在陶瓷上进行印刷，无论采用何种工艺，是釉上印刷或釉下印刷，其使用的印刷油墨成分基本上相似。例如，近年开发的热印刷油墨，是由陶瓷颜料与热塑性树脂配制而成，主要原料为甲基丙烯酸酯类聚合物或蜡类物质，不含游离单体，软化温度低，可用耐热丝网印版直接在陶瓷上进行印刷，特别适宜在平面型的瓷面砖上印刷。

瓷面砖有墙面砖、地面砖和其他平面瓷器装饰画等，花色品种多。由于瓷面平整或瓷面图案进行压纹处理，比较适合直接瓷面印刷，即将设计好的图案，如花岗岩花纹、大理石花纹或其他彩色画面，制成丝网印版直接印到陶瓷坯体上，再经施釉、烧制，最后成为一种陶瓷装饰品。丝印釉面砖，多采用直接丝印法装饰，其工艺流程大致如下：

现将丝印釉面砖不同于一般丝印工艺的工序应注意的问题作一简介。

(1) 丝网模版　采用的丝网目数由图案的粗细而定，一般条纹、实地图案可用粗些的，而彩画则应细些。模版宜用直接制版法，感光膜的厚度可随工艺的要求进行控制。

(2) 瓷釉制备　瓷釉通常由着色剂、基础釉、连结料组成。釉面砖上的釉层，是基础釉与着色剂按适当的比例混合，再加入适当的连结料，经过球磨，过 250 目筛，制成釉浆，经丝网版印刷在表面处理过的素坯上，在适当的温度下焙烧而成的。釉浆中连结料的用量视釉浆的流动性和实际试用情况而定。

常用的基础釉料，有长石釉和石灰釉两大类。长石釉中碱金属含量较多，且它的熔融范围宽，高温黏度大，光泽较强。石灰釉是用釉，含碱金属多，特点是透明度高，釉的高温黏度小，光泽好。此外，尚有以氧化锌为主要助熔剂的锌釉，以铅为助熔剂的铅釉，以及以含硼、铅的化合物为主要助熔剂的铅硼釉等。基础釉的组成对于釉的呈色效果有一定的影响，同一种着色剂，尽管剂量和工艺条件都相同，但由于使用的基础釉不同，焙烧后呈色效果也会不同。着色剂在同一釉中，由于剂量不同，呈色变化一般是由浅到深。

(3) 打样　目的是在制好版后检查一下分色效果；烧成的色釉是否符合颜色要求。

(4) 砖坯处理　砖坯机压成型后，在进入施釉线以前，用海绵块含少量水分清扫砖坯表面，浇施底釉后，再经印花机印花。

(5) 丝印　在丝印过程中应保持适当的色釉量，经常观察版面网孔通透情况，并注意各色版与瓷坯上压凸图纹的套准情况。

丝印后，经施上一层透明的瓷釉，使釉层覆盖整个瓷坯，最后送去焙烧，经检验合格，包装入库。

第七节　光　盘　印　刷

光盘表面的装潢印刷有：UV 油墨丝印、胶丝结合印刷、柔丝结合印刷和移印，其中丝网印刷是其主要印刷方式，占光盘印刷的 90% 左右。其主要原因是丝网印刷设备投资少、成本低、制版方便，适合 CD 光盘多品种印刷的特点。另外，CD 光盘的材料聚碳酸酯特别适合丝网印刷。丝网印刷不仅可以进行实地图案的印刷，还可以进行多色加网印刷，并可达到图像清晰美观。现将光盘丝网印刷过程中应注意问题加以说明。

1. 制版

在制版时主要考虑的变量是网框、网版张力、丝网和模版。

(1) 网框　CD光盘丝网印刷的网框应坚固稳定，一般采用铝框，且同一类活件使用同一类网框。网框要求光洁、干净，与丝网黏结牢固。

(2) 网版张力　对同一个活件，或活件与活件之间，网版的张力应保持一致，这不仅有利于不同活件之间的快速转换，而且可以减少和消除印品的不一致性，可以采用"一网六"的方法绷网，即先拉紧一块大网，再同时固着六个网框（白底、上光、黄、品红、青和黑），以保证各块网版张力一致，对套印、节约丝网都有利。网版张力通常为22～26N/cm。

(3) 丝网　CD印刷的丝网可选择200～460目的涤纶丝网，一般印刷线条、色块选用350目/in、丝网直径31μm或380目/in、丝网直径34μm的单面压光丝网；印刷网目调彩色图像选用380目/in、丝网直径20～30μm的丝网；印刷精细图像选用420目/in、丝网直径27～30μm或450目/in、丝网直径31μm的单面压光染色聚酯丝网。

(4) 模版　一般使用直接液体感光乳剂或毛细感光膜片，模版乳剂厚4～10μm，过厚会影响精细线条、小网点的完整性以及线条、网点边缘的光洁度。制备模版应根据模版所具有的耐印力、使用简复性和油墨的相容性诸因素来考虑。模版愈厚，印刷时通过的油墨就愈多，因此实地印刷宜用较厚的丝网模版，网目调印刷宜用较薄的丝网模版。

2. CD印刷工艺

在印刷时主要考虑印刷机的选择、油墨的使用和印刷参数的设定。

光盘丝印机：丝印CD光盘的种类主要有8cmCD、外径76mm以下、内径46.5mm以上和12cmCD、外径116mm以下、内径46mm以上两种，印刷光盘的丝印机有日本文化精工制造和德国KAMMAN，以及AUTOROLL制造的五色圆盘式丝网印刷机，都是全自动密封印刷CD光盘。

德国KAMMAN公司的K15H和K15I系列全自动丝网印刷机：K15H最多可印刷三色，有19个工位，采用UV油墨，带UV干燥装置，既可与光盘制造设备组成流水生产线，也可脱机印刷，联机生产时印刷速度为1000印/h，脱机印刷速度为3600印/h。K15I丝网印刷机能满足光盘印刷高速、高精度、色彩鲜艳的需求，采用UV油墨，最多可印刷六色，有32个工位，带UV干燥装置，无级变速电机转速可达3600～4500r/h，印刷头可以自动抬高，便于更换和清洗网版，网版可从X、Y、Z三个方向进行调节。

油墨的使用：光盘用印刷油墨为专用UV光固化油墨，其必须具有不含NVP、快速固化、附着力好、耐划伤性强、遮盖力强、墨层间附着力好、光泽好等特点。常用的有进口迪高牌UV光盘丝印油墨、杜比公司的紫外光固化丝印油墨、国产的虹牌光盘油墨等。在印刷网点和细线条、文字时，应使用黏度稍大的硬油墨，使图文层次分明、清晰。印刷粗线条或实地图案时，应使用黏度稍小的软油墨。油墨黏度大小可用溶剂来调节。

刮墨板的选用：刮墨板的硬度、角度、刃口形状对印刷质量有影响。刮板硬度影响油墨的挤出量，其硬度为肖氏硬度60～90，使用不同刃口和硬度的刮墨板，可以有效地控制油墨的附着量。由于光盘表面十分光滑，应选用硬性刮板印刷，通常使用肖氏硬度80的聚氨酯刮墨板，刮板角度为90°，厚度6～7mm，宽度40～70mm，长100mm。

刮墨板的刃口形状和硬度是用来补偿不同印刷要求的主要变量。一般用带平直刃口的刮墨板可以确保印刷品墨色均匀稳定，刃口较钝或不平的刮墨板在印刷过程中可造成色彩偏差，有时在印品上会出现划痕。另外，要根据印刷活件类型变化刮墨板刃口的形状，当印刷实地时使用刃口倒圆的刮墨板可得到较厚的墨层，带锋锐刃口的刮墨板更适合阶调印刷。最好使用较软的、圆刃口的刮墨板印刷实地，用较硬的、刃口锋锐的刮墨板印刷精细印刷品。

印刷压力的确定：印刷压力过大，不仅会破坏丝网，还会造成墨量过大、墨色深；若印刷压力过小，则得到的印品墨层薄、墨色淡。所以，在确保准确印刷的条件下，印刷压力应以最小为宜。

网印版与承印材料之间的距离：印刷时通常将网印版与承印材料表面之间的距离调节为1～4mm，并进行印刷试验，以确定最佳的距离，一旦确定了最理想的距离，就应该保持不变。

第八节　铭 牌 印 刷

铭牌印刷是指以铭牌为主要产品的印刷。铭牌有铝制铭牌和塑料铭牌。

一、铝制铭牌的制作与印刷

1. 铝制铭牌的表面处理

铝制铭牌以铝板为基材（铝板的选择必须符合国家有关规定），并按照使用目的不同对其表面进行有关处理，主要处理方法有：机械法（物理）处理、化学处理、电化学处理、涂料涂饰等。

（1）机械法处理　一般用专用设备，多数情况下用手工单件操作，有时也用化学法交替处理。机械处理法有：机械抛光、机械磨砂、仿瓷药白、刷丝纹、喷砂、旋纹等。

机械抛光就是用抛光机借助磨料对铝板表面进行抛光，消除铝板表面划痕，使得铝板表面变得光滑平整。

机械磨砂是用铜丝刷筒对铝板表面进行打磨，使铝板表面呈漫反射状的银色金属质感，具有细腻柔和的装饰效果。经机械磨砂后的铝板可制作感光染色。

仿瓷药白是一种物理-化学混合式的铝表面精饰工艺，其工艺流程如下：

铝板 → 热碱除油 → 清洗 → 刷老粉 → 清洗 → 冷碱处理 → 清洗 → 硝酸出白 → 清洗 → 烘干

经仿瓷药白处理的铝板失去金属光泽，呈瓷白色，表面细腻光滑，经加罩丙烯酸清漆，更具"瓷"的质感，处理后的铝板是做丝印面板的好基材。

刷丝纹是用金属丝刷或粘有金刚砂里的聚合物（如百洁布、PVA 砂轮）与铝板作相对运动，在铝板表面形成纤长的丝状纹理，既掩饰了铝表面原有的轻度划痕又留下银色的丝纹装饰。由于所用刷丝设备不同，形成的纹理也就不同，有直丝纹和放射丝纹，直丝纹又有连续丝纹和断续丝纹。

喷砂是借助于砂粒对铝表面产生的撞击力，使铝表面造成砂面效果，以改善铝表面大面积反光眩晕的不良视觉效果，同时铝表面产生压应力，使表面硬化。若在铝表面覆以花纹图案掩模（膜），对铝表面进行局部掩盖，再进行喷砂处理，就会形成明、暗色谱花纹。掩模（膜）可用金属箔、涤纶膜、感光胶膜或丝印墨层。

旋纹又称旋光，是在经过抛光处理的铝表面再用特殊抛盘、精细磨料，用特殊方法再次抛光，形成螺旋状的抛光纹理。所用抛轮一般为直径 30～40mm、厚 5～10mm 的毛毡或含金刚砂的 PVA 弹性砂轮。当抛轮平行，铝板就形成一个圆形多环状的旋纹；若抛轮平旋，铝板进给，则形成鱼鳞状的旋纹；若抛轮倾斜一定角度旋抛，铝板连续进给（或抛轮连续移动），则形成连续旋光纹；连续旋光时，若用涤纶片掩盖一部分，则形成规则的波浪旋光纹，具有立体感。

（2）铝基材的化学法精饰处理　用化学法对铝基材进行精饰，较机械法劳动强度低、工效快、一致性好，但要消耗一定量的化工原料，而且有相应的废气、废水产生，必须附加三废处理。化学法精饰处理有化学除油、化学抛光、化学砂面、化学氧化等。

化学除油是用除油剂的皂化和乳化作用去除铝板表面的封装油和其他生产过程中可能粘上的动、植物油。

化学抛光是对要求高的表面在机械抛光后再进行化学抛光或电解抛光，有三酸化抛、无黄烟化抛和碱性化抛等。一般喷砂面板都需要化学抛光，化学抛光设备简单，成本低，但属于氮氧化物污染，必须对黄烟进行治理。

化学砂面是利用铝（合金）在化学溶液中不同溶解度、晶间腐蚀、微粒吸附等作用形成铝基材表面凹凸不平，呈现各种砂粒状的方法。

化学氧化是用化学或电化学方法使铝板表面形成微密、质硬的氧化膜，以起到防护或装饰功能，常用氧化液由碱性氧化液、磷酸-铬酸盐氧化液、铬酸氧化液等。

（3）铝基材的电化学法精饰处理　用电化学方法对铝材表面进行再加工，以提高其装饰效果和防护功能。电化学精饰包括电解抛光、阳极氧化和电解着色。

（4）铝基材的涂料涂饰处理　用涂料涂装铝材表面，掩饰铝板表面缺陷，并赋予铝表面各种丰富色彩和所期望的光泽，起到防护和装饰作用。常用的有喷涂、滚涂、淋涂等几种方法。

2. 铝制铭牌的丝网印刷

（1）铝精饰丝印铭牌工艺　精饰处理多用打磨砂、拉丝、仿瓷药白、化学砂面等进行，底涂用醇酸清漆、丙烯酸清漆喷涂、滚涂均可，丝印用金属丝印油墨，印后进行烘干处理或用双组分油墨，面漆用丙烯酸清漆或丙烯酸烘干清漆，喷涂、滚涂均可。此工艺流程短，操作简单，可机械连续化生产，生产过程无三废。铭牌保持铝的金属光泽，又呈亚光色调，印刷色彩鲜艳，表面漆层丰满，防护性、装饰性都好，适用于仪器仪表、家用电器作面板、标牌或装饰件。

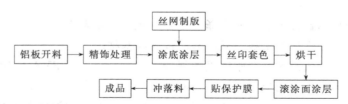

（2）铝涂饰丝印铭牌工艺　单件印刷可以先落料，去油可选热碱去油工艺，阳极氧化可用化学氧化替代，用金属丝印油墨印刷。特点：底色由所用漆决定，可与产品配套选用，适合做各种面板。

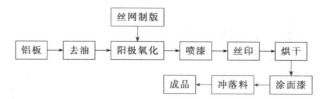

（3）白漆（或色漆）丝印铭牌工艺　采用去油、磨砂、氧化等工艺，喷漆选用氨基无光色漆，表面罩光是为了达到消光目的，故选用消光涂料。特点：板面光泽柔和不炫目，适用

各种仪器仪表的标度盘、汽车仪表等，高精度仪表不适用。

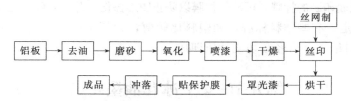

铝板 → 去油 → 磨砂 → 氧化 → 喷漆 → 干燥 → 丝网制 → 丝印

成品 ← 冲落 ← 贴保护膜 ← 罩光漆 ← 烘干

（4）多色印染铭牌

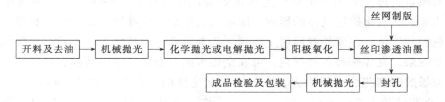

开料及去油 → 机械抛光 → 化学抛光或电解抛光 → 阳极氧化 → 丝网制版 → 丝印渗透油墨

成品检验及包装 ← 机械抛光 ← 封孔

（5）瓷质氧化法制作铭牌

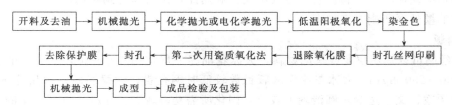

开料及去油 → 机械抛光 → 化学抛光或电化学抛光 → 低温阳极氧化 → 染金色

去除保护膜 ← 封孔 ← 第二次用瓷质氧化法 ← 退除氧化膜 ← 封孔丝网印刷

机械抛光 → 成型 → 成品检验及包装

铝制铭牌的制作工艺还有许多种，在此就不一一介绍。

二、塑料铭牌的制作

塑料铭牌具有强度性能良好、可直接裁切冲压成型、不碎不裂以及颜色、品种、规格繁多等特点，广泛应用于家用电器、仪器仪表、汽车标牌等，现以透明的 PVC 塑料标牌为例做一介绍，其丝印的工艺流程如下：

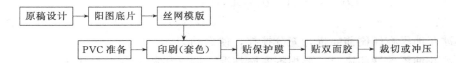

原稿设计 → 阳图底片 → 丝网模版

PVC 准备 → 印刷(套色) → 贴保护膜 → 贴双面胶 → 裁切或冲压

丝印中应注意的问题有以下几点。

① 仪器标牌可能只是几个简单的文字或图形，尺寸较小，可利用电脑制作原稿，同时用拼版系统按一定尺寸要求将小块图形拼成大版，并标出定位孔和套印规矩线，最后输出正阳图底片（或反阳图底片），以节约材料和提高工效，如图9-5所示。

② 丝印油墨的选择应与 PVC 塑料相匹配，市场上有配套的油墨和稀释剂供应。

③ PVC 塑料承印材料有透明的、亚光的和黑色的等颜色，图文一般都是印在正面，但有时对透

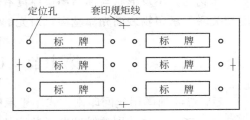

图 9-5 拼大版的示意图

明的 PVC 材料则印在反面，这时如果反过面来看则 PVC 本身成为了保护膜，可增强反射效果，不过应注意丝网印版此时也必须是反的。

④ 印刷时最好使用精密的丝网印刷机，有较为精确的套印装置，便于多色套印，印刷后经检验合格，对于正面印刷的标牌，可贴保护膜以防止图形擦伤，并可起到增强反射作用。

⑤ 视情况而定，有些塑料标牌，如塑料比较薄，为便于粘贴使用，可在其反面涂布双面胶，然后垫以衬纸，最后经裁切或冲压即成。

第九节　UV冰花油墨印刷

冰花油墨是经过 UV 光固化后产生冰花效果，其原理是有些涂料在干燥时受到二氧化氮、二氧化硫、二氧化碳等气体的影响，涂膜的表面会产生晶纹。UV 冰花油墨一般为无色透明或有色油状流体，在紫外线照射下，墨层逐渐收缩，形成大小不一的冰花裂纹图案，有强烈的闪光效果、立体感和各种颜色，可在金银卡纸、金属、塑料薄膜、玻璃等基材印刷。

冰花油墨的印刷花纹可分为大、中、小。大花纹的冰花图案为 6～9mm，中花纹的为 4～6mm，小花纹的为 2～4mm。大、中、小花纹油墨混合使用，可以营造出大花套小花的装饰效果，即使印刷工艺相同效果也会不同，利用此特点可以达到防伪的目的。

冰花油墨丝网印刷要点如下。

1. 制版

(1) 丝网可以选用尼龙或聚酯材料，大冰花油墨一般选用 150～200 目/in，小冰花油墨则选用 200～250 目/in。大冰花油墨网版目数较低时网孔粗，油墨层厚，印品分辨率偏低，即印出的图案、文字边缘轮廓清晰度较差，固化所需功率较大。印刷干燥后产生的冰花花纹粗犷，冰花结晶效果明显。若大冰花用的丝网目数高时，油墨层变薄，会出现冰花不连续，甚至无法覆盖承印物的现象。而小冰花油墨网版目数较低时，油墨层过厚，会出现不易干燥和边缘不清的现象，因此要针对不同冰花油墨选用合适的丝网。

(2) 绷网张力依丝网类型选择 12～20N/cm。

(3) 网版印刷面涂布感光胶一般为 12～14μm。

(4) 为提高网版耐印力最好进行二次曝光。

2. 印刷

(1) 冰花油墨在印刷前要进行充分搅拌，使之均匀。

(2) 冰花油墨丝网印刷时，要根据实际情况，调整印刷压力、刮刀角度及网距等。

(3) 冰花油墨适合调好色后再印刷，不适合叠印。

(4) 印刷后，应立即进行固化干燥。

冰花的大小及形状与油墨墨层厚度有一定的关系，冰花的闪光效果与承印物的表面光泽度相关联。承印物表面光泽越高，对光的反射作用越强，冰花会花纹更闪、更亮。

第十节　UV皱纹油墨印刷

UV 皱纹油墨用丝网印刷方式印于承印物表面，经特定波长紫外线照射后，油墨收缩形成皱纹，产生一种特别的皱纹花样装饰效果。承印物材料可以是纸、复合纸、聚氯乙烯、聚碳酸酯及其他材料，墨层固化快，固化的墨膜表面形成类似于真皮纹一样的花纹，花纹独特、效果逼真、金属立体感强，且墨膜具有极好的柔韧性。

UV 皱纹油墨丝网印刷工艺要点如下。

1. 制版

网版的选择一般使用 100～150 目/in，绷网张力约为 18～22N/cm，绷网的角度视印刷品的精度为 25°～60°，涂布感光胶厚 20～30μm 的网版。感光胶的厚度决定印刷品的效果，网目越低，涂层越厚，皱纹越大，立体感越强；网目越高，涂层越薄，花纹越小。晒版时间视丝网目数、感光胶厚度、软片的精细度具体情况而定。

2. 印刷

UV 皱纹墨印前要充分搅匀，无气泡。在印刷中选用耐溶剂的刮刀，要求刮刀锋利、平整。印刷网距一般为 5～10mm。UV 皱纹墨要求光固机加装引皱装置，UV 引皱装置与 UV 光固灯之间的距离不能低于 1.2m，以保证印品先经 UV 引皱装置照射引出皱纹后再经 UV 灯光固化。

UV 皱纹墨在印刷中的花纹大小除与印刷速度、刮刀角度、油墨厚度有关外，还与紫外灯照射时间和灯距有关。一般印刷速度快、刮刀角度小时，皱纹花纹小；反之则花纹大。传送带的速度一般为 18～25m/min，太快或太慢均无皱纹产生；灯距一般为 2～3cm。UV 引皱灯的功率大，传送带的速度要快；反之，UV 引皱灯的功率小，传送带的速度则要慢。

第十一节　激光全息防伪商标制作

激光全息印刷是印在真空镀铝聚酯薄膜上的图像，不是客观景物在某一平面上的投射和色调再现，而是许多极微细的、密密麻麻、错综复杂的光栅条纹；它不着色，但能显现立体景物，从不同角度观察可获得所表现物体不同画面，具有完美的立体感。

激光全息防伪商标是利用激光摄像形成干涉条纹，利用一定的技术手段将图像显现在承印物上，具有一定的防伪效果，需要用专用的设备制版和印刷。

激光全息防伪商标的制作工艺流程如下。

（1）商标图案　选择合适的题材及其在空间的最佳布局。具体要求：①一种实在的物体；②三维效果明显；③合适的大小。

（2）拍摄全息图　以用户选定的实物商标为模型，一般按 1∶1 比例全息照相，也可在一定限度内缩放。如被拍摄的物体反射性差，还必须进行"金属化"处理，以改善其在激光中的反射性能。用激光全息照相设备拍摄。

（3）制作全息图母版　拍摄的全息图不能直接用来制版印刷，要经过处理制成单向视差全息图，将其与光致抗蚀膜密附，用激光曝光后显影，在光致抗蚀膜上形成凹凸形状的干涉条纹，而制成光刻原版，即全息图母版。

（4）制压印模版　在母版上镀上一层极薄的能导电的金属银，用电铸的方法，在金属银膜上电铸适当厚度（5mm）的镍层，再剥去母版和金属银，制成一块坚硬的模压金属版（镍版），带有浮雕型全息图。母版为阳图版，而镍版为阴图版。

（5）压印　将金属模压版装在模压机上，用镀铝聚酯或聚乙烯薄膜，在镀铝面进行热压，将浮雕型的全息图转移到镀铝聚酯薄膜上。

（6）复合与模切　将压印好的带全息图的镀铝聚酯薄膜涂上不干胶，与衬纸复合，再进行模切，制成粘贴型全息防伪商标，随用随贴。

参 考 文 献

[1]　智文广. 特种印刷技术. 北京：中国轻工业出版社，2008.

[2]　吴敕政，陈娜. 特种印刷. 北京：化学工业出版社，2002.

[3]　臧广州. 特种印刷技术分册. 合肥：安徽音像出版社，2003.

[4]　臧广州. 柔版印刷技术分册. 合肥：安徽音像出版社，2003.

[5]　臧广州. 丝网印刷技术分册. 合肥：安徽音像出版社，2003.

[6]　臧广州. 平版印刷技术分册. 合肥：安徽音像出版社，2003.

[7]　郑德海，郑军明，沈青. 丝网印刷工艺. 北京：印刷工业出版社，2000.

[8]　许文才，智文广. 现代印刷机械. 北京：印刷工业出版社，1999.

[9]　智文广. 包装印刷. 北京：印刷工业出版社，1999.

[10]　钱军号. 特种印刷新技术. 北京：中国轻工业出版社，2001.

[11]　张海燕. 印刷机与印后加工设备. 北京：中国轻工业出版社，2004.

[12]　张逸新. 特种承印材料印刷技术. 北京：化学工业出版社，2003.

[13]　金银河. 包装印刷. 北京：印刷工业出版社，2003.

[14]　中国印刷及设备器材工业协会. 印刷科技实用手册（上）. 北京：印刷工业出版社，1992.

[15]　中国印刷及设备器材工业协会. 印刷科技实用手册（下）. 北京：印刷工业出版社，1992.

[16]　骆光林. 特种印刷 1000 问. 北京：印刷工业出版社，2007.

[17]　金银河编著. 特种印刷技术及其应用（第二版）. 印刷工业出版社，2008.

[18]　金银河编. 印刷工艺. 北京：中国轻工业出版社，2007.

[19]　金银河编著. 玻璃、陶瓷、搪瓷装饰与印刷. 北京：化学工业出版社，2006.

[20]　金银河著. 印后加工 1000 问. 北京：印刷工业出版社，2005.

[21]　唐正宁，李飞 等编著. 特种印刷技术. 北京：印刷工业出版社，2011.

[22]　许文才，智川. 特种印刷技术问答. 北京：化学工业出版社，2008.

[23]　胡更生，李小东，龚修端编著. 凹版印刷技术问答. 北京：化学工业出版社，2005.

[24]　智文广，许文才，智川. 柔性版印刷技术问答. 北京：化学工业出版社，2006.

[25]　刘尊忠. 金属包装印刷 400 问. 北京：化学工业出版社，2005.

[26]　许文才著. 包装印刷技术（第二版）. 北京：中国轻工业出版社，2015.

[27]　刘世昌. 印刷品质量检测和控制. 北京：印刷工业出版社，2000.

[28]　楚高利. 特种印刷技术. 北京：印刷工业出版社，2009.

[29]　赵秀萍. 特种印刷技术. 北京：化学工业出版社，2006.

[30]　张逸新. 印刷与包装防伪技术. 北京：化学工业出版社，2006.

[31]　骆光林. 实用印刷技术问答. 北京：印刷工业出版社，2007.

[32]　陈黎敏. 塑料软包装印刷 500 问. 北京：化学工业出版社，2005.

[33]　阎素斋，李文信. 特种印刷油墨. 北京：化学工业出版社，2004.

[34]　胡更生，储国海，董志超. 凹版印刷及故障. 北京：化学工业出版社，2009.

[35]　王澜. 不干胶标签印刷技术手册. 北京：印刷工业出版社，2005.

[36]　王强. 特种印刷制版技术. 北京：印刷工业出版社，2007.

[37]　王强，刘全香，洪杰文. 印前图文处理. 北京：中国轻工业出版社，2006.

[38]　孙刘杰，樊丽萍. 印刷图像处理. 北京：文化发展出版社，2013.

[39]　钱军浩. 现代印刷机与质量控制技术. 北京：中国轻工业出版社，2007.

[40]　万晓霞. 印前制作与印刷工艺. 武汉：武汉理工大学出版社，2006.

[41]　智文广. 特种印刷技术. 北京：印刷工业出版社，1996.

[42] 齐成．证卡磁性油墨网版印刷中要注意的问题．印制电路信息．2009（4）：38-42.

[43] 许伟光．如何应对玻璃印刷所出现的质量问题．玻璃与搪瓷．2011，39（6）：20-23.

[44] 黄太福．瓦楞纸板的发展趋势及水性油墨柔版印刷适性．科技与创新．2015（24）：91-92.

[45] 申冉，陈威．瓦楞纸箱柔性版印刷工艺探讨．今日印刷．2015（9）：60-62.

[46] 任烨．一种柔版印刷水性UV油墨的研发．今日印刷．2014（4）：50-51.

[47] 杨华峰．柔性版印刷品的品质控制．印刷工艺．2016（3）：45-47.

[48] 齐成．水性油墨凹版包装印刷中应注意的问题．印刷质量与标准化．2007（6）：19-21.

[49] 蔡成基．凹印特点与常见印刷质量缺陷的关系．印刷技术，2008（22）49-56.

[50] 许文才．金属印刷技术及印品质量分析．中国包装工业．2003（1）：38-42.

[51] 刘东，王建华．影响丝网印刷品质量的因素及常见故障分析．网印工业．2014（4）：43-46.

[52] 赵子琪，马秀峰，陈桥．丝网印刷质量的影响因素．网印工业．2014（3）：41-43.

[53] 裴改红．影响丝网印刷质量的因素．印刷质量与标准化．2010（1）：40-43.

[54] 王红伟．浅谈数字印刷的质量控制与检测技术．中国印刷．2014（3）：83-86.

[55] 王强．激光雕刻柔性版网点质量控制．今日印刷．2007（3）：24-25.